北京大學《儒藏》編纂與研究中心 編

《儒藏》精華編選刊

〔明〕呂維祺 撰
陳居淵 校點

北京大學出版社
PEKING UNIVERSITY PRESS

圖書在版編目(CIP)數據

孝經大全 /（明）吕維祺撰；北京大學《儒藏》編纂與研究中心編. —北京：北京大學出版社，2024.5

（《儒藏》精華編選刊）

ISBN 978-7-301-34975-5

Ⅰ.①孝… Ⅱ.①吕…②北… Ⅲ.①家庭道德－中國－古代 Ⅳ.①B823.1

中國國家版本館CIP數據核字（2024）第072352號

書　　名　孝經大全
XIAOJING DAQUAN

著作責任者　（明）吕維祺 撰
陳居淵 校點
北京大學《儒藏》編纂與研究中心 編

策劃統籌　馬辛民

責任編輯　吴冰妮

標準書號　ISBN 978-7-301-34975-5

出版發行　北京大學出版社

地　　址　北京市海淀區成府路205號　100871

網　　址　http://www.pup.cn　新浪微博：@北京大學出版社

電子郵箱　編輯部 dj@pup.cn　總編室 zpup@pup.cn

電　　話　郵購部 010-62752015　發行部 010-62750672
編輯部 010-62756449

印 刷 者　三河市北燕印裝有限公司

經 銷 者　新華書店
650毫米×980毫米　16開本　21印張　250千字
2024年5月第1版　2024年5月第1次印刷

定　　價　75.00元

目録

具奏。喜而賦此 …… 二四一

孝經或問卷之三……二六六

校點説明

吕維祺(一五八七—一六四一),字介孺,號豫石,新安(今屬河南)人。明萬曆四十一年(一六一三)進士,授兖州推官,擢吏部主事。崇禎元年(一六二八),起尚寶卿,遷太常少卿,督四夷館。崇禎三年,拜南京兵部尚書,參贊機務。崇禎十四年,爲李自成農民軍所殺。南明福王政權爲表彰其純孝精忠,加贈太傅,謚忠節。吕維祺幼承家學,一生以弘揚儒家孝道爲己任,潛心研究《孝經》三十餘年,《孝經大全》就是他的代表作。

《孝經大全》正文二十八卷、卷首一卷,内容包括:卷首《孝經節略》,卷一至卷十三《孝經》十八章,卷十四至卷二十八論孝諸端。前有序、表、義例等,後附《孝經》詩等,較全面地反映了自漢至明「孝經學」研究情況和作者研讀《孝經》的心得。作者認爲該書足以「闡聖言於將湮,扶名教於幾衰」,被當時士大夫譽爲重振「孔曾餘緒」的典範之作,具有一定的社會影響。

《孝經大全》的編排形式,除卷首輯録歷代帝王、儒臣、學者研究《孝經》的種種主要著作和論孝格言外，與一般研究《孝經》的著作亦有不同。首先，《孝經大全》採納了漢代劉向始定《孝經》爲十八章的意見，也將《孝經》分爲十八章，並仿照《中庸》、《論語·鄉黨》的體例，各章均不標明題名，表示作者研究《孝經》不分今古的治學態度。其次，在《孝經大全》的每章每句經文後，作者先訓詁字義，然後闡發自己的見解，又結集歷代學者的有關詮釋，或闡玄微，或辨疑似，或廣義類，或採引證，或詳節目，間附己見而加以論證。最後對《孝經》一章加以總結，包括整章宗旨、今古文之間差異及部分内容的流傳等。其中《孝經》原文爲單行大字，作者解釋經文的文字爲單行中字（今爲低一格大字），訓詁字義、歷代學者的詮釋及作者的一些見解，則爲小字。全篇層次分明，井然有序。

《孝經大全》現在流傳的版本，是吕維祺的兒子吕兆璜、吕兆琳於清康熙二年（一六六三）所刻，天津圖書館、北京大學圖書館、國家圖書館有收藏，《續修四庫全書》據天津圖書館藏本影印。《中國古籍善本書目》著録湖南省圖書館藏明崇禎刻本，實與天津圖書館等藏康熙本爲相同版本。另據楊家駱先生介紹，吕兆琳於康熙七年刻有《吕忠節公孝經三種》，《孝經大全》爲其中的一種，凡十八卷，今未見。《孝經大全》是否還有其他未發現的版本，有待進一步尋覓。

此次校點整理，以《續修四庫全書》影印清康熙二年吕兆璜、吕兆琳刻本爲底本。《孝經大全》附刻之吕維祺《孝經或問》三卷、吕維祜《孝經翼》一卷及吕兆琳《刻孝經大全後跋》亦一併收入。《續修四庫全書》影印本有殘缺字，據北京大學圖書館藏本補足。

校點者　陳居淵

序

《孝經大全》者，西雒太傅忠節吕公所輯，而嗣君孝芝、敬芝爲排纘其先人之遺言槧版行世者也。昔吾夫子志在《春秋》，行在《孝經》。因以《春秋》屬子夏，《孝經》屬曾子。蓋《春秋》乃聖人之刑書，《孝經》乃聖人之德教。是二書之在孔門，如左右手然，相爲用也。自漢唐盛世敦重經術，《孝經》一書，諸儒注者，百家所言，皆煌然若鼓鐘之不可隱，乃至期門、羽林、屯營、飛騎悉授章句，可謂盛矣。其在一介縫掖之士，用以警世勵俗，蒸祥致和。如仇覽之化頑，顧歡之卻病，亦岦岦雜見於諸傳記中。大矣哉，孝之爲道乎！逮宋熙寧間，金陵王氏專國變法，以明經取士，而《孝經》遂與《春秋》俱罷，不列學宫，相沿至今，僅爲家塾童子所私習。嗟乎！疏進《孝經》者，司馬涑水也。金陵之罷《孝經》者，懟涑水也。懟涑水而併懟其所進之書，蓋幾幾乎懟孔、曾矣。不寧惟是，孔、曾亦人子也。孔、曾而可懟，則是幾幾乎懟父母矣。廢《孝經》而懟父母，此北宋之所以靖康也。昧《春秋》而忘復讎，此南宋之所以德祐也。宋社之屋，非金陵氏之爲而誰爲耶！迄乎元末，而隱士釣滄子者出，爰著《孝經管見》一書，以爲後五百年必有聖王振起，先聖遺經復明於世。或以釣滄子爲知數學者。余謂此説非也。《易》曰「无往不復」，夫子删《詩》，係《豳》於十五《國風》之末，明變之復可正也。大倫不可以終斁，天性不可以終隱，學術不可以終詭，人心不可以終死。然則《孝經》一書，其晦蝕於金陵氏者垂五百年。鈞滄子所云，殆亦有否極而泰、《匪風》《下泉》之思乎？太傅公當明之末，乃力尋孔、曾墜緒，潛心是書三十年而始闡繹之。《本義》既成，《大全》隨輯。其取材也博，其持論也精，訂定訓解，綱明目張。書成之日，芝十八莖產於庭。蓋嘗以表章八要、五疏請之於朝，事雖報聞，行之未果，而寇陷西雒，公竟身殉國難矣。

夫太傅公以純孝攄爲精忠，其日星河嶽之文，正不必以立言傳，即以立言傳，亦不止《孝經》一書。而本朝受命以來，首崇教孝。恭覩世祖章皇帝簡命儒臣纂修《孝經衍義》，薄海内外固已罔不嚮風。而今天子御極，又懲制科之弊，黜經義，崇論策，赫然下明詔，專舉安石奸臣爲言。然則聖王孝治高掩千古，而金陵氏之學術，顛倒錯繆，爲萬世人心蠹害，至今日而益可覩矣。其爲金陵氏所創造者，今已罷去弗用。則其爲先皇帝所尊尚而金陵氏所罷去者，廟堂之上，亦可以次第而議興復之矣。而嗣君剞劂其先公之遺書，乃適於是時。然則鈞滄子所言，非驗於明末而驗於皇清之興運可知也。

太傅公純孝精忠，前代雖已表襮乎，而其立言遺緒，益昌大於後人今日之手，又可知也。吾知《孝經》之與《春秋》必相輔以行，而洙泗正統復歸伊洛，固有不待卜而自決者矣。至於太傅公之生平，其立朝也，則如裴中立、韓稚圭；其死國也，則如顏清臣、文宋瑞。朝典家乘，彪炳烜著，苟非聾與嘳者，孰弗聞且見之。予小子何人，又安敢贅加稱述乎？是爲序。

時康熙癸卯除夕前二日，後學瑯琊王昊頓首薰沐拜書。

孝經大全序

戊申初夏，天地清和，日月開朗。吴江計東于廣陵旅次，焚香默坐，展河南新安故大司馬贈太傅謚忠節吕公所著進呈《孝經大全》卒業之，歎曰：「至矣哉！」以東所見前賢註釋箋記《孝經》凡百數十家，未有若忠節吕公所著之詳切明備，使人悚然改觀者也。孝弟之道，雖曰孩提之童，無不知愛知敬，可以不學不慮，自然合于要道。此以論率性則然，若以語乎修道，則《孝經》亦但舉其大綱而已。其曲折纖悉，必合三禮、《家語》、小學及漢宋諸儒箋註各經之章句，彙觀而分析之，然後知一語一動、一食一息之節，莫不有仁人孝子不敢過、不敢不及之義，雍容肅穆中乎情，文之矩矱者在焉，此修道之所以率性也。

嘉、隆以來，學者大率宗姚江之教，以不學不慮爲宗。至心齋、近溪，益主直指人心見性即道之説，海内靡然從風。其最易動人者，于《孟子》「孩提」之章尤三致意。若是，是無論三禮、小學諸書可廢，即《孝經》一書舉其大綱者，皆可廢而不讀也。夫不合三禮、小學諸書之言孝者以箋釋經文，不知孝道之廣大而精微也。不合他經所載曾子之言，及漢宋諸儒所推述曾子之孝行，不知孝道之篤寔而巧變也。

忠節公生平以講學爲己任，首致力乎德本，而博採載籍，集成《大全》，誠哉大全矣！進呈之疏，十數上而不倦，忠愛之意彌綸乎天地。經曰「資於事父以事君」，公之盡瘁報國，從容就義，于註《孝經》之時，早矢之矣。此可不學而能者乎！東益以嘆姚江之教，心齋、近溪之專主率性不言修道者，即于孝弟之道而未得其大全，而公之書爲粹然無弊已。

康熙七年四月初一日，吴江後學計東拜手序。

孝經大全序

愚既著《孝經本義》已，復櫛比諸家之同異，潛玩孔、曾之心傳。久之，興而歎曰：大哉！聖人之言孝也。其言近而旨遠，其守約而施博。其理至廣大而淵微，至神奇而平易。其文至暢達而精約，至參錯變化而脉絡貫通，前後照應，非天下至聖，其孰能與於斯也。慨秦焰既灰，諸儒羽翼《孝經》者，殆數百家，而今古分壘，爭勝如讎。嘗考今古所異，不過隸書、蝌蚪，字句多寡，於大義奚損？且夫正緣互異，愈徵真傳，苟能體認，皆存至理，而諸儒多以其意見自爲家。卑者襲謏舛，高者執胸臆。如長孫、江翁、韋昭、王肅、虞翻、劉炫之流，論著蠭起，互有出入。孔傳既亡，鄭説無徵，唐註浮讕，邢疏繁蕪，學士揺揺莫知所宗。迨夫涑水《指解》，紫陽《刊誤》，庶幾學者之津筏，而疑非定筆。他如董廣川、程伊川、劉屏山、范蜀公、真西山、陸象山、鈞滄子、宋景濂、羅近溪諸君子，亦各有所發明，而或鮮詮釋。又如吴臨川、董鄱陽、虞長孺、蔡弘甫、朱申、周翰、孫本、朱鴻諸家，各有詮註行于世，亦似有功闡翼。然或是古非今，分經列傳，牽合附會，改易增減，亦失厥旨。嗚呼！孝之道，本天地之性，傳帝王之心，通貴賤之分，因愛敬之良，而孔子發明之，以統六經之要，垂萬世之法。爲人君父者，不可不知《孝經》。爲人臣子者，不可不知《孝經》。爲人君父而不知《孝經》，則必無以立德教之極。爲人臣子而不知《孝經》，則必無以盡忠孝之倫。昔明道先生看詳武學經制，猶欲添習《孝經》，雖漢、唐、宋中主，猶知置博士，講殿廷，刻石臺，令虎賁、羽林悉通章句。而安石獨以私見罷黜，至今猶不得與麟經共恢復。嗟夫！以孔子作於七十後者，今乃視爲蒙穉之句讀。以孔子所謂天經地義通於神明者，今尚不得爲稽古之筌蹄。何怪夫忠孝風微，廉耻道喪，士紕其學，民敝其俗，浸淫至於盜侵兵譁，妖興亂起，邪慝熾而良知燼，斯不亦人心之秦火至今焰哉！洪惟我二祖以孝治天下，其振鐸之諭首曰孝，其序贊《孝實》嘗曰「《孝經》者，聖賢之格言大訓」，而我皇上親灑宸翰，屢諭表章習學，且曰「朕不敢與天地祖宗並」，孝孰大於此者。往歲上釋奠太學，一儒生犯蹕上書，乞行《孝經》，所司劾奏治罪，上猶優容下其議，意者二千年志行之精靈固有在耶！

愚幼志此經有年，及鶴署歸省，始捃摭群書，淹貫折衷。時欲任此，顧未敢爾，意謂海内必有人焉先得我心者。遲迴十載，跂望稍孤，於是更不敢不自任。會以視南膺之明年，食足人悦，鞅掌小暇，不揣狂僭，下鍵脱草，成《本義》若干卷。又四年，成《大全》若干卷，冠以義例、羽翼、引證姓氏、節略若干卷，附以孔曾論孝、曾子孝言、曾子孝行、曾子論贊及宸翰、入告、述文、紀事、識餘若干卷，蓋欲明孔子作經之意，爲明王以孝治天下而發，其義理節次皆有本領條貫。大哉！非天下之至聖，其孰能與於斯乎！豈諸儒可以其意見自爲家者？然諸儒之説，亦有雅正淵閎，可發聖藴，可裨治理，可互存就質者，皆取節焉。乙亥履端，業擬繕寫爲表上之，會以恩放歸田不果。深山之暇，間簡原草，重加箋訂，而《孝經或問》成。尚有續著《衍義》、《圖説》、《外傳》等若干卷，俱藏諸笥，以訓子弟及門之士云爾。敢曰闡聖言於將湮，扶名教於幾衰，提良知於未死，足爲導忠孝、翼德教、正人心之一助哉！杏壇不遠，斯文在兹，幸孝治之方興，庶吾身之親見。

明崇禎戊寅端月元日，原奉勑參贊機務南京兵部尚書伊雒豫石吕維祺齋沐焚香，告備于天而書於雒社之明德堂。

男 兆璜 兆琳 重梓

進孝經表

原任參贊機務南京兵部尚書臣吕維祺恭以所撰《孝經本義》二卷、《大全》二十八卷、《或問》三卷謹奉表稱進者。伏以王化風行，象夫巽，教孝已敷菁莪；帝心虚受，法乎咸，闡經不遺葑菲。四表之光徽五典，仰聖謨之孔彰；一人之媚祜萬年，矢嘉猷而入告。經繇孔、曾面授，道接堯、舜心傳，敢獻愚忠，敬陳睿覽，臣維祺誠惶誠恐，稽首頓首。竊惟羲一畫以開天，範九疇而錫極。《關雎》《麟趾》之意輝映《周官》，五禮六樂之遺踳駁漢簡。明德率性，猶存泗水之微言；二論七篇，誰窺杏壇之奥旨？非《春秋》奚存王迹，惟《孝經》乃統聖真。會五經四書之指歸，垂千聖百王之模範。道必待人而授，及門群彦，推參獨得其宗；教必本所由生，百行殊名，惟孝實居其首。故以至德要道爲本，乃見天經地義之尊。愛因親，敬因嚴，天地之性人爲貴；則而象，畏而愛，孝弟之至神可通。大哉，孝乎！文在兹矣。是以修經卒業，獨標志行之靈；垂老談經，直傳德教之訣。意明王南面而治，布王化所最先；猶上天北斗之樞，答天心而告備。淳風既邈，正學隨荒，思、孟方極力以迴瀾，嬴、斯遂乘權而煽焰。偕六籍以灰没，踰貳紀而雲蒸。幸存顔衣，重開孔壁。自河間獻王之奏，業通曉於薦紳先生；經中壘較尉之編，❶遂傳布於期門子弟。雖漢唐代有表章之舉，而朝野未聞禮樂之興。然光岳積儲，道如懸而不絶；豈雒濂後起，機有開以必先！胡平章任曲學之儒，每憑臆以自用；致經筵缺進講之例，遂束卷而不觀。窮理通人，微存刊誤未定之筆；明謨元老，莫施引君當道之方。羽翼殆數百家，理解僅二三種。多分經列傳而謬附，且是古非今以紛爭。訓詁半屬師心，增改皆同食耳。睠彼勝國，迺有釣滄。謂二千載聖人精華，必發明王之夢；期五百年王者興起，當弘孝治之風。肆我明興，聿崇經學。洪惟我太祖高皇帝生知出類，神武統天，註《洪範》以新萬世之平成，宣孝鐸而揭大明之日月。我成祖文皇帝聖學纂《心法》，經書集《大全》，製《孝順事編》以樹倫物之範，著《文華寶鑑》以養皇儲之蒙。我宣宗章皇帝御書，首重《五倫》、《臣鑒》，折衷歷代。我世宗肅皇帝郊社一秉於周禮，宗祀特秩乎獻皇。我光宗貞皇帝純孝性成，稱一月昇平天子；至仁天縱，允萬古有道聖人。然《孝經》未布學宫，即士紳曷知標凖？幸聖政方崇教化，從經書獨會本源。上天之微意若留，千載之盛事如待。恭惟皇帝陛下聰明剛健，孝友中和。日旦群陰，消狐鼠，識太平之氣；聖作萬物，睹風雲，奮至德之光。制節謹度，以凜萬幾；夙興夜寐，而勤召對。明察致敬，答天地所尊所親；德禮修身，講帝王大經大法。聖不自聖，録諍臣以屢詔求言；刑期無

❶「較」，當作「校」，避明熹宗名諱而改。下同。

刑，教謹身而時軫欽恤。禳災側身釋繫，沛禹湯下車解網之恩；臨軒論相遴才，修唐虞敷奏明試之典。乃猶布告中外，命學官士子通習《孝經》；蓋欲啓迪臣民，俾薄海馮生悉知政本。監於先王成憲，在此至聖遺經。始事親，中事君，終立身，念爾祖而得歡萬國；盡愛敬，加百姓，刑四海，慶一人以允賴兆民。思孝子致敬、致樂、致憂、致哀、致嚴，篤孝思而維則；念君子可道、可樂、可尊、可法、可度，建皇極以錫疇。大闡聖宗，屢灑宸翰。龍文掩映，天開七曜之輝；鳳札飛揚，瑞奪五雲之色。矧兹吉祥善事，幸際迪教元儲。保泰運以方亨，紫電遶重離之照；端蒙養以作聖，丹霞垂出震之祥。宜沃天性之良，聖以孝而傳孝；用資修德之助，學日新而又新。立身行道，揚名顯親，孝子不匱；博愛敬讓，德義禮樂，孫謀永貽。屬以三加，禮成愈篤。終身孺慕，册崇顯號。揚太妊太姜之慈徽，恩布普天；暢善繼善述之大孝，際斯聖朝。曠典亟望，君子反經。第聖經久當殘廢之餘，非王言孰立尊信之軌。宿儒尚狃岐見，後學安所適從。況《小學集註》既頒，且《六諭訓解》廣布。而猶載涣宸諭，遡固本厚生之源；更復實課師模，醒誦讀力行之要。此誠明王孝治之會，宜廣先王化民之心。

臣學愧賈生，望慚君實。恰受廛于伊雒，頗知山仰邵程；曾筮仕於龜蒙，妄意管窺洙泗。蒐羅久而臆撮其要，沉潛深而心會其微。蓋當東山歸省之時，已加箋訂；更於南庾視政之暇，謬效編摩。《本義》初成，《大全》繼纂。總明作經之意，非專言乎庭闈；尤重敷教之原，必立極於天子。服其服，言其言，行其行，非曰能之；教以孝，教以弟，教以忠，固所願也。兩書業告成於乙亥，《或問》復詳辯乎戊寅。畎畝不忘朝廷，每惓惓於報主；藩墻皆置筆墨，幾矻矻以窮年。聊殫作述之蹄筌，微資化理之涓滴。研丹鉛而抱槧，豈青藜分太乙之精；積縹緗以充囊，值紫禁焕前星之耀。赤虹黄玉，竟不燼於秦灰；蝌蚪竹絲，恍猶存乎魯壁。安得一詞襄泰祉，愧非半部佐豐亨。積二十年之葵丹，心終向日；集十八章之竹素，志在回天。剽芸架之西藏，點朱分金盤之露；塵楓宸之乙夜，汗青惹玉爐之香。伏願法舜夔夔，師文翼翼，暢遺旨於言湮聖遠，執大本而經正民興。參三才，貫其中，謂人之王，王者無私，合天地神明以效順；分一極，身其統，爲天之子，子止於孝，聯盡忠補過而相親。會孔、曾之授受見諸行，毋爲空言之託；本堯、舜之孝弟施於政，必廣錫類之仁。文武聖神以光天，首敦親睦；禄位名壽而受命，必本克諧。體兢戰淵冰之微言，傳聖賢大孝心法；順愷悌父母之至德，培帝王有道靈長。快睹車同軌，書同文，行同倫，過八百年猶綿駿業；會見日重輝，月重輪，海重潤，歷億萬歲益振鴻猷。臣無任瞻天仰聖、激切屏營之至，謹奉表恭進以聞。

孝經大全義例

一、《孝經》乃至聖精神命脉所寄繼，古帝王之道統、治統皆在此。諸家多視爲養親一節，不求其本旨大義。今以明王孝治天下立論，而中所闡發，頗于孔、曾微言，略窺萬一。其首卷《節略》十二條，附註四十四條，皆記孔、曾之言及諸儒格言、《漢·藝文志》等書，庶《孝經》本旨大義，展卷便已瞭然。

一、《孝經》章第題名，皆後人爲之，非孔、曾之舊也。劉向始比較今古文，定一十八章。唐玄宗時，儒臣集議，重加商量，始定《開宗明義》等題名。今以卷帙既多，不宜統同無別，倣《中庸》例，仍爲十八章，删去題名以存大雅。

一、《孝經》今古經傳之説，諸家紛紜，莫知所從。後之學者，又復憑臆增減，多所改竄，遂使至聖真經混淆莫辨。幸顔本自漢至今，世所通行。今細加玩味，真非天下之至聖莫之能作也。謹一依元本，片語隻字，不敢增減移易。

一、《孝經本義》訓詁字義，發明意旨，其説已備。今復集諸家之論，或闡玄微，或辨疑似，或廣義類，或採引證，或詳節目，大抵以先儒醇正之説爲主，以闡明孔、曾之心傳爲要，間附己意以訂之，庶於孔子作經之意或有小補。

一、凡引先聖先賢先儒及近世諸君子言，或以謚，或以子，或以字，或以號，或以氏，或以名，或以書名，隨所引用，無定例也。惟國朝諸賢皆以氏而名之，雖陽明、文清諸大儒亦然。蓋此書進呈御覽，故不敢不名。君前臣名，禮也。

一、凡右第某章下，註古文有無、字句多寡之異，以備查考。間及文公、草廬諸賢議論而附以愚見訂證，以俟後之君子。

一、後附《孔曾論孝》及《曾子孝言》、《孝行》、《論贊》四卷，以見孔門傳授心法皆在此。經末及《宸翰》、《入告》、《述文》、《紀事》、《識餘》等卷，蓋節略所未盡者。學者潛心詠玩，庶孔、曾傳孝心法昭然盡明於天下後世，而後儒紛紛之疑，斷斷之説，皆渙然冰釋矣。

古今羽翼《孝經》姓氏

吕維祺曰：

按《孝經》爲孔門授受心法，明王以孝治天下之大道皆本於此。歷漢、唐、宋表章舊矣，要之，未有如我朝二祖列宗與我皇上之躬行於上、教民於下者。近蒙我皇上加意興起此經，超越千古，屢奉表章，力行命題之旨。竊意明王孝治天下之效，將旦暮遇之矣。謹歷敘帝王之羽翼《孝經》者，而首列我聖祖列宗與我皇上以爲萬世法，次及歷代帝王，次及列國以迨儒臣。大抵古今闡翼此經者亡慮數百家，而博採群書，輯録其有據者若干姓氏。但見聞有限，或不無舛譌掛漏之失，容俟續訂補正焉。

帝王

明

太祖高皇帝教民榜文，首曰「孝順父母」。

成祖文皇帝《御製孝順事實》嘗曰：「《孝經》者，聖賢之格言大訓。」

宣宗章皇帝《五倫全書》多引《孝經》語。

崇禎皇帝諭士子習《孝經》、小學，頒《六諭訓解》。且曰：「朕不敢與天地祖宗並。」

歷代

漢文帝置《孝經》博士。

平帝令庠序置《孝經》師，又令天下通知《孝經》者所在以聞。

光武帝令虎賁士俱習《孝經》。

明帝令期門羽林悉通《孝經》章句。

晉元帝置《孝經》博士一人。

穆帝帝講《孝經》，親釋奠于中堂。

梁武帝注《孝經義疏》，國學置《孝經》助教一人。

簡文帝注《孝經》五卷。

隋文帝親臨釋奠，頒賜《孝經》。

唐太宗帝詣國子監釋奠，命祭酒孔穎達講《孝經》，又命趙弘智講《孝經》忠臣孝子之義。

高宗自幼受《孝經》，永徽初，召趙弘智講《孝經》。

玄宗開元十年，御注《孝經》頒天下。天寶三載，詔天下家藏《孝經》，精敏教習。

代宗禮部侍郎楊綰議明經科以《論語》、《孝經》、《孟子》兼爲一經，詔從之。

穆宗註解《孝經》。

宋太宗御書《孝經》賜李至，仍命重加讐較。

真宗咸平三年，命邢昺等修纂《孝經正義》以獻。刻板杭州。祥符間，資善堂講《孝經》。

仁宗命王洙書《孝經》四章，列置左右。又命丁度書《孝經·天子》《孝治》《聖治》《廣要道》四章爲圖，增設明經試法。又命國子監取《孝經》爲篆、隸二體，刻石兩楹。

哲宗元祐二年，尚書省言加試《論語》、《孝經》大義，註官并依科目次序，詔集議以聞。

高宗出御書《孝經》宣示吕頤浩等，御書《孝經》刻石賜見任官及學生。又作《孝經贊》。

孝宗詔童子科凡全誦六經、《孝經》、《論》、《孟》爲上等，與推恩。

列國

魏文侯作《孝經傳》。

漢河間獻王得隸書《孝經》于顔氏，上之。問「天經地義」于董仲舒。

沛獻王輔光武子。善説《孝經》、《論語》，著《孝經通論》。

梁昭明太子《梁書》：「昭明太子講《孝經》殿中。」

唐越王貞太宗子。撰《孝經解》，號爲「越王新義」。

明魯王府刊《孝經注疏》十二卷。

儒臣

秦顔芝隸書《孝經》，以授其子貞，藏於家。

顔貞顔芝子。出《孝經》於衣裹以獻。

孔鮒藏古文《孝經》於孔壁。

漢劉向以顔芝本較古文《孝經》，除其繁惑，定一十八章。

董仲舒答河間獻王「天經地義」解。

長孫氏註《孝經》一卷。

江翁註《孝經》一卷。

后蒼註《孝經》一卷。

翼奉註《孝經》一卷。

張禹註《孝經》一卷。以上五家著《孝經》説，各自名家。

孔安國傳孔壁中古文《孝經》。

魯國三老獻古文《孝經》。

衛宏字敬仲，較古文《孝經》。

鄭衆注今文《孝經》。

馬融注古文《孝經》。

鄭玄注今文《孝經》，以爲五經之總會。

許慎撰《孝經》一篇。

高誘作《孝經解》。

仇覽爲陽遂亭長，好行教化。有陳元不孝，與《孝經》使讀之，元感化。

荀爽對策：「漢火德，其德爲孝。」又曰：「漢制使天下誦《孝經》，選吏舉孝廉。」

何休註訓《孝經》。

宋梟疏：「涼州寡于學術，屢致反暴。欲多寫《孝經》，家家習之。」

無名氏《孝經直解》。

三國韋昭注《孝經》一卷。

王肅注《孝經》一卷。傳：「奉詔令諸儒注述《孝經》，以肅說爲長。」

蘇林注古文《孝經》。

孫熙注古文《孝經》。

何晏注古文《孝經》。

劉邵注古文《孝經》。

嚴畯《孝經傳注》。
梁有晉著《孝經雜緯》一卷。
宋均《孝經緯注》。
晉謝萬《集解孝經》。
虞盤佐《孝經注》。
虞翻《孝經注》。
殷仲文《孝經注》。
郭璞著《孝經錯緯》。
殷叔道作《孝經注》。
范曄注《孝經》一卷。
徐整《孝經注》一卷。
袁克己《孝經旁訓》。
袁敬仲《孝經集文》一卷。
荀昶撰《集孝經諸説》。
孫昶《孝經集解》。

傅咸作《孝經四言詩》。
鄭志注今文《孝經》。
虞喜《孝經注》。
楊泓《孝經注》。
車胤《孝經講義疏》。
何約之《孝經講義疏》。
孫氏《孝經注》，失其名。
庾氏《孝經注》，失其名。
荀勖《孝經集解》。
何承天《孝經注》。
陶潛著《五等孝傳贊》。
祁嘉字孔賓。依《孝經》作《二九神經》，教授門生百餘人。
太史叔明著《孝經義》一卷，每講説，聽者常數百人。
戴明《孝經雜緯》十卷。
齊陸澄《孝經注》。

周顒撰《孝經義疏》。

祖沖之《孝經注解》。

梁皇侃撰《孝經義疏》三卷。

岑之敬五歲通《孝經》，十六策《孝經》義，擢高第。武帝召入，升座講「士孝」章，應對如響。

賀瑒《孝經注》。

王玄載《孝經注》。

沈文阿《孝經義記》。

明僧紹《孝經注》。

嚴植之作《孝經注》。

蕭子顯《孝經敬愛義》一卷。

王元規著《孝經義記》二卷。簡文在東宫，引爲賓客。

張譏《孝經義》八卷。簡文在東宫，發《孝經》題，譏議論往復，甚見優賞。

劉真簡《孝經説》。

趙景昭《孝經義》一卷。

阮孝緒《孝經七録》。

陶弘景《孝經集説》。

孔僉著《孝經講疏》數十篇，生徒數百人。

張士儒《演孝經》十二卷。

袁宏《孝經注》。

魏陳奇注《孝經》，其説異鄭玄，與崔浩同，頗爲縉紳所稱。

盧景裕《孝經説》。

明山賓《孝經説》。

沈麟士《孝經要略》。

後魏周弘正《孝經疏》二卷。

陳奇始《孝經注》。

宇文弼《孝經注》。

阮瑀《孝經錯緯》。

何遜《孝經注》。

龍昌期《孝經注》。

黄金色編定《孝經》古文。

韋節《孝經注》。

楊少愚《孝經續義》。

林起宗《孝經圖解》。

熊大年《孝經養蒙大訓》。

陳選《孝經注》。

余息《刊誤説》。

汪宇祁門人，有《孝經考誤集解》。

柯遷之考定古文。

周樊深《孝經問疑》。

熊安生《孝經義疏》。

陳顧越《孝經序論》。

李鉉《孝經義疏》。

賈公彦《孝經義疏》。

隋劉炫作《稽疑》一篇，《述義》五卷。其所出古文，儒者皆云炫自作，非古本也。

劉綽作《孝經疏》。

張沖《孝經義》三卷。
樂遜《孝經序論》一卷。
何妥《孝經義疏》二卷。
魏貞克《孝經訓》。
明克讓《孝經義疏》。
費希冉《孝經解》。
唐趙匡開元時,上舉人條例,《論語》、《孝經》名一經舉,簡試《孝經》口問五道。
陸德明《孝經釋文》。
盧陵《孝經注》。
孔穎達字仲達,《孝經注疏》。
謝諤撰《孝史》五十卷。
韓愈字退之。李陽冰子服之,貞元中授愈蝌蚪《孝經》,行於世。
平真昚《孝經義》。
李嗣真《孝經指要》一卷。
劉子玄《孝經注議》。

徐浩《廣孝經》十卷。

楊栖爲刺史，嘗標《孝經》以示訓，今饒州府有孝經潭。

元行沖作《孝經疏》，唐玄宗詔立學官。

尹知章《孝經注》。

薛放對唐穆宗曰：「《孝經》人倫之大本。」

李適《孝經章句》。

王元感《孝經注》成，魏知古見其書歎曰：「可爲指南。」

王漸著《孝經義》五十卷。

徐孝克至德中，著《講疏》六卷。

楊晏精《孝經》，手寫數十篇，可教者輒遺之。

任希古著《越王孝經新義》十卷，以越王爲問目，釋疏文是非。後周顯德中，高麗遣使進《新義》八卷。

宋周敦頤著《太極圖》，明大孝之本源。

程顥看詳武學經制，添習《孝經》。又曰：「神明孝弟，不是兩事。」

程頤作《孝經卜其宅兆解》。

邢昺　杜鎬咸平中，奉詔同修纂《孝經正義》三卷。

崔遵度仁宗開壽春王府，拜爲王友，授王《孝經》，御書寵之。

尹焞論《孝經》非堯、舜大聖不能盡，伊川極稱之。

司馬光《古文孝經指解》二卷，進藏秘府。

劉子翬論孝爲百行之宗，以敬爲本。

趙克孝《孝經傳》一卷。

張載著《西銘》，以天地爲大父母，明大孝之理。

任奉古《孝經講疏》。

張崇文《孝經簡疏》一卷。

張元老《孝經講義》一卷。

宋綬太后命擇前代文字可補政治者，遂録《孝經節要》以上。

蘇彬《孝經疏》一卷。

孫覺字莘老。英宗時，爲昌王府記室。王問終身之戒，陳《孝經·諸侯》章，復作《富貴》二箴，稱爲知理。

吕公著元祐二年，節取《孝經》要語切于治道者進覽。

范祖禹元祐中，上《古文孝經説》一卷。

朱申註古文《孝經》。

周翰同朱申註古文《孝經》。

吉觀國《孝經新義》一部，《解義》二卷。

方逢辰《孝經解》。

何初《孝經解》。

胡子實《孝經注》。

王文獻《孝經詳解》一卷。

林椿齡《孝經全解》一卷。

沈處厚《孝經解》一卷。

趙湘《孝經義》一卷。

張師尹《孝經通義》三卷。

張九成字子韶。作《孝經解》一卷。

王�紹興中，獻《孝經解義》，詔賜粟帛。

洪興祖《古文孝經序贊》。

李克孝《孝經注義》。

朱熹字元晦。幼讀《孝經》，曰：「若不如此，便不成人。」作《刊誤》，分經、傳，然非定筆也，故未註。其稱格言精約者不一而足，復採入《小學》以訓後世。

蔡子高作《孝經註》。

陸九淵字子静。謂《孝經》十八章，聖人踐履實地，非虚言也。作《天地之性人爲貴論》。

真德秀字景化。作《孝經・紀孝行》并《庶人章解》。

龔栗作《孝經集義》，西山真氏敘。

胡一桂《孝經傳贊》。

黄幹《孝經本旨》。

項安世《孝經説》一卷。

陳少愚青陽人，好學，博通群書，註《孝經衍孝編》。

馮椅《孝經輯註》。

趙景緯知台州，先務化民。取《孝經・庶人》章爲四言咏贊，俾民歌之。旌孝行，作《訓孝文》。

徐國和撰《至孝通神集》，記孝感事，取通于神明之義。

楊簡陸九淵門人，作《古文孝經解》。

袁廣微楊簡門人，諸生録其《孝經講義》三卷。

王行作《孝經同異》三卷。

袁甫《孝經説》三卷。

程全一進《孝經解》。

應氏新昌令，失其名，作《孝經春秋祭祀以時思之論》。

林獨秀進《孝經指解》。

陳鄂著《孝經釋文》。

姜融著《孝經釋文》。

元吴澄號草廬，較定今文《孝經》，自注。

許衍註《孝經》一卷，見《續文獻考》。

李孝光字季和。隱居雁宕山，至正七年，應詔進《孝經圖説》。

董鼎字季亨。註朱子《孝經刊誤》，名《孝經大義》，熊禾序。

釣滄子至正間隱士，著《孝經管見》，其姓名不傳。

皇明宋濂字景濂。作《孝經註》一卷，見《續文獻通考》。

曹端詳論《太極圖説》，明大孝之理。又著《孝經説》。

孫蕡字仲衍，廣東人。洪武壬寅鄉貢進士，著《孝經集善》，宋濂序。

王禕著《孝經集説自序》。

方孝孺著《孝經誡俗》。

丘濬進《大學衍義補》，論《孝經》以敬爲本。

王守仁以良知爲學之宗，良知即孟子所謂孩提愛親之良知也，是明于大孝之原者。又著《孝經大義》。

陳獻章字公甫，廣東新會人。性至孝，篤信《孝經》，發明孝旨。謂張詡曰：「孔子之道至矣，勿畫蛇添足。」

沈度著《孝經旁注》。

薛瑄訂次《孝經》今古文。

章品重定《孝經傳注》。

周木考定古今《孝經》節次。

朱升作《孝經注》。

陳深字子淵，浙江人。著《孝經解詁》。

余時英《孝經集義》。

陳雒範《孝經求蒙》。

陳三槐《孝經繹》。

沈易《孝經旁註》。

楊守陳《孝經私抄》八卷。

陳炫《孝經章句集解》。

胡時化《註解孝經》。

潘府《孝經正誤》。

蔡復賞《編次孝經》。

陳堯道《孝經考注》。

羅汝芳著《孝經宗旨》。

陳曉作《孝經問對》。

李槃作《孝經別傳》。

鄧以誥江西人。著《孝經全書》。

沈淮《孝經會通》。

朱鴻集録家塾《直解》、《經書孝語》、《質疑》等書。

朱鼎材《孝經考注》。

孫本作《孝經解意釋疑》。

孟化鯉字叔龍，新安人。著《孝經要旨》。

虞淳熙作《孝經邇言》、《孝經集靈》等書。
楊起元歸善人。作《孝經引證》。
褚相作《孝經本文説》并參訂。
韓世能萬曆丙戌進《孝經》。
李材豐城人。纂《孝經疏義》。
鄒元標著《孝經説》，又作《孝經敘》，以真性立論。
馮從吾著《孝經義説》。
方學漸桐城人。作《孝經繹》。
歸有光崑山人。作《孝經敘録》。
蔡悉著《孝經孝則》。
蔡毅中註古文《孝經》，萬曆時進。
吴從周作《父母生之續莫大焉衍義》。
曹于汴訂正《孝經本義》。
畢懋康編次《孝經大全》。
王鐸訂正《孝經大全》。

陳仁錫訂刻《孝經翼》。

王元祚訂次《孝經》並《彙註》三卷。

張鼎延較訂《孝經大全》。

馮夢龍刻《孝經翼》並《彙註》。

吴甡較訂《孝經本義大全》。

梅鼎和刻《孝經疏抄》。

江旭奇崇禎己巳進《疏義》。

瞿罕崇禎甲戌進《孝經貫注》。

吕維祺著《孝經本義》二卷，節略《大全》二十八卷，《或問》三卷，崇禎己卯恭進。又輯《孝經衍義圖説》、《外傳》等書。

吕維祜祺之弟。訂次《孝經本義》、《大全》、《或問》、《衍義》。又作《孝經翼》。

吕兆璜祺之子。訂次《孝經本義》、《大全》等書。

孝經大全卷之首

明新安吕維祺箋次

孝經節略

子曰：「吾志在《春秋》，行在《孝經》。」〇又曰：「《春秋》屬商，《孝經》屬參。」

祺按：《中庸》注：「孔子曰：『吾志在《春秋》，行在《孝經》。』二經固足以明之，孔子祖述堯、舜之道而制《春秋》，斷以文王、武王之法度。」〇《公羊·何休序》：「孔子有云：『吾志在《春秋》，行在《孝經》。』此二經者，聖人之極致，治世之要務也。」

班氏固曰：「已作《春秋》，後作《孝經》何？欲專制正。於《孝經》何？夫孝者，自天子下至庶人，上下通夫《孝經》者。制作禮樂，仁義之本，聖人道德已備。」

《孝經緯》云：「孔子曰：『欲觀我褒貶諸侯之志在《春秋》，崇人倫之行在《孝經》。』」是知《孝經》與《春秋》爲表裏。〇《史記》曰：「魯哀公十四年，西狩獲麟，孔子作《春秋》。至十六年，夏四月己丑孔子卒。」則《孝經》之作，在哀公十四年之後，十六年之前。〇《鉤命訣》云：

「孔子曰：『《春秋》以屬商，《孝經》以屬參。』」則《孝經》之作，在《春秋》後也。

宋朱光庭《兼明書》云：「六親不和有孝慈，閔之父和而孝不顯，曾參父嚴而孝道著，所以孔子獨與之論孝。」孫奭云：「曾子在七十弟子中，孝行最著，孔子乃假立曾子爲請益問答之人，以廣明孝道。既説之後，乃屬與曾子。」夫所云假立曾子，聖人制作，斷不其然。然謂既説之後乃屬曾子，則此經爲孔子口授矣。朱子直以爲曾子門人記録之書，觀「仲尼居，曾子侍」及中間「子曰」字，理亦近似。蓋此書疑曾子與其門人所記，然必有經孔子裁定者，故曰「行在《孝經》」也。

《宋志》云：「孔子告備於天曰：『《孝經》四卷，謹已備。』」

老泉蘇氏曰：「夫子繫《易》謂之《繫辭》，言孝謂之《孝經》，皆自名之，則夫子私之也。」洵蓋實信其爲孔氏之書矣。

曾子曰：「夫孝，天下之大經也。」〇又曰：「小孝用力，中孝用勞，大孝不匱。」〇又曰：「居處不莊，非孝也。事君不忠，非孝也。涖官不敬，非孝也。朋友不信，非孝也。戰陳無勇，非孝也。」

祺按：曾子力行孝道，故孔子傳以《孝經》，曾子遂得其傳之宗，其言多本於《孝經》。張氏九成曰：「人各有入道處，曾子則由孝而入。」

程子曰：「孔子没，曾子之道日益光大。曾子傳孔子之道，只是一個誠篤。」

朱子曰：「曾子爲人，敦厚質實，其學專以躬行爲主，其所以自守而終身者，未嘗離乎孝敬信讓之規。」〇又曰：「曾子大抵偏於剛毅，這終是有立脚處，所以其他諸子皆無傳。」

象山陸氏曰：「懿哉！曾子之論孝也，世人知不得於親之爲非孝，亦孰知夫居處不莊、事君不忠、涖官不敬、朋友不信、戰陳不勇之非孝也。」

李氏槩曰：「曾子聰明弘毅，藏於朴魯。凡教語所傳，皆勤於日省，獨唯一貫善發其蘊，孔子知其任重道遠可與托也。故語之以孝，皆明王孝治天下，君臣上下一德之事，蓋非世俗所謂奉養之末也。」

《漢·藝文志》曰：「《孝經》，漢興，長孫氏、江翁、后蒼、翼奉、張禹傳之，各自名家。唯孔氏壁中古文爲異。」

祺按：《漢·藝文志》：「《孝經》者，孔子爲曾子陳孝道也。夫孝，天之經，地之義，民之行也。舉大者言，故曰《孝經》。『父母生之，續莫大焉』，『故親生之膝下』，諸家説不安處，古文字讀皆異。」

師古曰：「桓譚《新論》云：『《古孝經》千八百七十二字，今異者四百餘字。』」

孔氏安國曰：「魯共王壞孔子舊宅，於壁中得先人所藏虞、夏、商、周古文書及《論語》、《孝經》，皆蝌蚪文字。又升孔子堂，聞金石絲竹之音，乃不壞宅。蝌蚪書廢已久，時人無能知者，以所聞伏生之書，考論文義，定其可知者爲隸古，而更以竹簡寫之。其餘錯亂磨滅，弗可復知，悉上送官，藏之書府，以待能者。」

陳氏曰：「世傳秦火之後，河間人顔芝得《孝經》藏之，以獻河間王，今十八章是也。相承云康成作註，古文有孔安國傳，不行於世，劉炫僞作《稽疑》一篇。按《三朝志》，五代以來，孔、鄭註皆亡。周顯德中新羅獻《别序孝經》即鄭註者，而《崇文總目》以爲咸平中日本僧奝然所獻，未審孰是，世少有其本。乾道中，熊克子復從袁樞機仲得之，刻於京口學官，而孔傳不可復見。」

《隋·經籍志》曰：「孔子既敘述六經，作《孝經》以總會之，明其枝流雖分，本萌於孝者也。遭秦焚書，爲河間人顔芝所藏。又有古文《孝經》，孔安國爲之傳。至劉向典較經籍，以顔本比古文，除其繁惑，以十八章爲定。安國之本亡於梁。」

祺按：《隋·經籍志》：「孔子既敘述六經，題目不同，指意差别，恐斯道離散，故作《孝經》以總會之，明其枝流雖分，本萌於孝者也。遭秦焚書，爲河間人顔芝所藏。漢初芝子貞出之，凡十八章。而長孫氏、博士江翁、少府后蒼、諫議大夫翼奉、安昌侯張禹皆名其事。又有古文《孝經》，經文大較相似，篇簡闕解。又有衍出三章，并前合爲二十二章，孔安國爲之傳。至劉向典較經籍，以顔本比古文，除其繁惑，以十八章爲定。鄭衆、馬融，並爲之註。又有鄭氏註，相傳或云鄭玄，其立義與公所註餘書不同，故疑之。梁代，安國及鄭氏二家並立國學。安國之本亡於梁亂，陳及周、齊唯傳鄭氏。至隋，秘書監王邵於京師訪得孔傳，遂示河間劉炫。炫因序其得喪，述其議疏，講於人間，漸聞朝廷，後遂著令，與鄭氏並立。儒者諠諠，皆云炫自作之，非孔舊本，而秘府又先無其書。」

宋《三朝藝文志》曰：「古文《孝經》世不傳，歷晉至唐，所行唯鄭氏者，世以爲鄭玄也。咸平中，祭酒邢昺作《正義》。」

祺按：宋《三朝藝文志》：「古文《孝經》世不傳，歷晉至唐，所傳唯鄭氏者，世以爲鄭玄。唐開元中，史官劉子玄證其非鄭玄者十有二，諸儒非子玄之説。天寶中，玄宗自註，元行沖造疏授學官，迄今儒者傳習焉。五代以來，孔、鄭二註皆亡。周顯德末，新羅獻《別敘孝經》，即鄭註者。本朝咸平中，令祭酒邢昺取行沖疏刪定，《正義》行焉。」

邢氏昺曰：「古文《孝經》，曠代亡逸。隋開皇十四年，秘書學生王逸，於京市陳人處得本，送與著作郎王邵，以示河間劉炫，仍令較定。炫遂以《庶人》章分爲二，《曾子敢問》章分爲三，又多《閨門》一章，凡二十二章，因著《古文稽疑》一篇。」〇又曰：「按今文《孝經》，是漢河間王所得顔芝本。至劉向比較古文，定一十八章。其古文二十二章出孔壁，未之行，遂亡其本。近儒輒穿鑿更改，僞作《閨門》一章，文句凡鄙。又分《庶人》章從『故自天子』以下別爲一章，以應二十二章之數。」

明道程子因禮部看詳武學制，添習《孝經》，或疑迂闊。曰：「其添入者，欲令武勇之士能知義理，未足爲迂闊。」

祺按：漢文帝置《孝經》博士，司隸有專師，制使天下誦習。明帝令期門、羽林之士，悉通《孝經》章句。唐太宗詣國子監釋奠，命孔穎達講《孝經》，自屯營飛騎亦授以經。明道所見，未爲無據。今文學之士且棄置之，安問武勇之士？儒者之効不彰，治不逮古，有由然矣。

清源蘇濬曰：「漢世表章經術，而《孝經》一書出之衣袠，列之東觀，薦紳先生類能言之。迨中元間，令期門、羽林悉通《孝經》章句，豈不斌斌乎盛哉！嗣是仇覽以之化頑，顧懽以之却病，誠孝之極可諧神人尤足多焉。宋王安石立明經取士之法，而《孝經》一書不列學官，相沿以至於今，未有表而章之者，遂使孔、曾相傳之微言，竟等之土苴弁髦，且不得與呂不韋《月令》之書並傳於世。學士大夫袖手而語良知，抗顏而談性命。至庸行本根，率以無甚高論寘之。經學不明，其害固若是烈耶！余謂金陵之罪，浮於李斯，殆不爲過也。」

司馬温公曰：「聖人之德，莫加於孝，猶江河之有源，草木之有本。」

祺按：涑水司馬君實光《進孝經表》云：「聖人之德，莫加於孝，猶江河之有源，草木之有本。源遠則流大，本固則葉繁。秘閣所藏古文《孝經》，先秦舊書，傳注遺逸，孤學湮微，不絶如綫。」書進，詔藏秘府。王安石與公有隙，遂罷《孝經》並《春秋》。

王氏褘曰：「孝者，天之經，地之義，而百行之原也。自天子達於庶人，尊卑雖有等差，至於爲孝，曷有間哉？五經、四子之言備矣。而教孝必以《孝經》爲先，則以聖言雖衆，而《孝經》者實總會之也。是書大行，其必人曾參而家閔損，有關於世教甚重，豈曰小補而已！」

朱子曰：「若不如此，便不成人。」○又曰：「經文首尾相應，次第相承，文勢連屬，脉絡通貫。」○又曰：「此皆格言。」○又曰：「其語尤精約也。」

祺按：吴氏澄曰：「中有格言，朱子每於各章註出，而《小學》書所纂《孝經》之文，其擇之也精矣！學者豈可因後儒之傅會，而廢先聖之格言也。」

虞氏淳熙曰：「朱子幼讀《孝經》，手題曰『若不如此，便不成人』，後雖稍疑其誤，而於首章則斷以爲經文，於卒章則贊以爲精妙，於《紀孝行》、《五刑》、《感應》等章，則並以爲格言，未嘗不尊信而表章之也。其跋屏山遺帖云：『老大無成，不能有以仰副當日付授之意，抱此愧恨，每念無以見先生於地下。今病已力，何所復云。』其晚年之悔深矣。」

范氏祖禹曰：「《孝經》道之根本，學之基址。其言近，其旨遠，其守約，其施博。」

祺按：范蜀公祖禹，元祐中侍經筵，上《古文孝經説》。嘗曰：「《孝經》自微至顯，自小至大。自身體髮膚受之父母，至於嚴父配天。自親生之膝下，至於天地明察。通神明、光四海，充其道者，大舜、文王、周公也。」尹氏焞曰：「《孝經》事父孝，故事天明。事母孝，故事地察。天地明察，神明彰矣。道至通神明，光四海，非堯舜大聖，不能盡此。」或以語伊川，伊川曰：「極是，縱使某説，亦不過如此。」

沈氏淮曰：「大哉《孝經》！其先聖之微言乎！彼視爲蒙穉之習而弁髦之者，固無論已。若謂孔子發五等始終之義於曾子以教人，亦井天管豹之見。其於聖人旨趣，均之乎瞶覩而聾聽哉！蓋聖人立言，指近而遠，詞約而博，匪可以寡邇窺者。孔子删述六經，匡持理道，參贊化育，詳且悉矣。又慮夫天下後世求派遺源，而不知大經大法之要，故諄諄與曾氏發明孝行，示天下後世治平之準、萬化之源焉。」

草廬吴氏曰：「《孝經》肇自孔、曾一時問答之語。今文出於漢劉向手較，世所通行。隋時有稱得古文《孝經》者，與今文增減異同不過一二字，而文勢曾不若今文之從順。以許慎《説文》所引及桓譚《新論》所言攷證皆不合。」

祺按：吴澄云：「今文出於漢初。武帝時，魯共王壞孔子宅，於壁中得古文《孝經》，以爲秦時孔鮒所藏。昭帝時，魯國三老始以上獻，劉向、衛宏蓋嘗手較。魏晉以後，其書亡失。世所通行，惟今文《孝經》十八章而已。隋時，有稱得古文《孝經》者，決非漢世孔壁中之古文也。」

○又曰：「許慎學《孝經》孔氏古文，《説文》中所引用者。慎自序云：『其引《論語》、《孝經》，皆古文也。』今按《説文》『居』字下引《孝經》『仲尼居』，見得當時古文『居』上即無『閒』字，劉炫本增此一字，妄矣。又桓譚言古文千八百七十二字，與今文異者四百餘字。今按劉炫本止有千八百七字，多於今文八字，除增《閨門》一章二十四字外，與今文異者僅二十餘字。其所增，或一字，或二字，比今文徒爲冗羨。其所減，多是句末『也』字，比今文更覺突兀。」

釣滄子曰：「聖人之經，安得竟廢不行！五百年必有王者興，嗣是有以孝治天下之明王在上，而海内仁人、孝子興起而振作之，則必輯録是經，發明奥藴。」

祺按：元至正三年，隱士釣滄子著《孝經管見》，今逸其名。朱鴻曰：「萬曆庚寅季春，望後三日，鴻過南屏山村中，偶獲《孝經管見》一卷，迺元隱士釣滄子所撰也。其語意梗概，率以孝治爲先，不分章第經傳。閲後語期五百年必有明王振起，先聖遺經復明於世者，嘗考荆公執政罷黜此經，至今適五百餘年，正我明孝治之會，而隱士預卜其期，若執左契，非特精於數學，蓋亦至誠之道耶！」

吕維祺曰：「《春秋》，孔子之刑書也。《孝經》，孔子之教書也。皆天子之事也。《春秋》成而亂臣賊子懼，《孝經》成而上下無怨，天下和平，通於神明，光於四海。」〇「有天下國家者，不可不知《孝經》，《孝經》先德教後政刑。」〇「《孝經》其用大而理約。」

祺按：《學記》曰：「古之教者，家有塾，黨有庠，術有序，國有學。」舜命契曰：「百姓不親，五品不遜，汝作司徒，敬敷五教在寬。」

《周禮·大司徒》：「以鄉三物教萬民而賓興之。一曰六德：知、仁、聖、義、中、和。二曰六行：孝、友、睦、婣、任、恤。三曰六藝：禮、樂、射、御、書、數。以鄉八刑糾萬民：一曰不孝之刑，二曰不睦之刑，三曰不婣之刑，四曰不弟之刑，五曰不任之刑，六曰不恤之刑，七曰造言之刑，八曰亂民之刑。」

仲素羅氏曰：「瞽瞍底豫，而天下之爲父子者定，只爲天下無不是底父母。」了翁聞而善之曰：「唯如此，而後天下之爲父子者定。彼臣弒其君，子弒其父，常始於見其有不是處耳。」

温氏純曰：「子云：『吾志在《春秋》，行在《孝經》。』夫《春秋》法至嚴，爲亂臣賊子作也。《孝經》則導之愛敬，蓋曰出於孝必入於法。譬之狂瀾既倒，以《春秋》爲隄防，而《孝經》乃其所導而歸之海者也。」

郭氏孝曰：「夫子云：『志在《春秋》，行在《孝經》。』夫《春秋》，孔子之刑書。《孝經》，孔子之德教。昔嘗並黜於王氏，今《春秋》與四經並列爲五，而《孝經》僅爲家塾童子之習，是使後世徒見聖人之志，而不見聖人之行矣。」

羅氏汝芳曰：「聖賢立教，爲天下後世定之極則。曰：『堯舜之道，孝弟而已矣。』後世不察，乃謂止舉聖道中之淺近爲言。噫！天下之理，豈有妙於不思而得者乎！夫人能日周旋於事親從兄之間，以涵泳乎良知良能之妙，俾此身此道不離於須臾之頃，則人皆堯舜之歸，而世皆雍熙之化也。」

歸氏有光曰：「大哉！孝之道，非聖人莫之知也。昔孔子嘗不對或人之問禘矣。其言明王之以孝治天下，至於刑四海、事天地，言大而理約，豈非極萬殊一本之義，意其所以告曾子者如此。」

蔡氏悉曰：「夫孝，天性也。本乎至情，隨分自盡。大舜養以天下，曾子養以酒肉，其道一也。《虞書》顯設於當時，《孝經》、《大學》垂憲於萬世，其道一也。愛敬生於孩提，仁義達之天下，沛然而不可禦也。教成而政治矣。率性而愛敬之謂之孝，是曰性善至於配天，而性無毫髮之不盡矣。夫子言性，何其切近精實如此也。」

虞氏淳熙曰：「孔子爲曾子開陳堯、舜、禹、湯、文、武、周公相傳之宗，明生天、生地、生人之大義，只一孝字，都包得盡。」

孝經大全卷之一

明新安吕維祺箋次

孝　經

《説文》:「孝,善事父母者。」《祭統》:「孝者,畜也。」謹按:《爾雅》:「善事父母爲孝。」○《説文》:「孝,從老省,從子;子承老也。」《禮記·祭統》:「孝者,畜也。順於道,不逆於倫之謂畜。」○邢昺《疏》:「孝,好也。取道常在心,盡其色養,中情悦好,承順無怠之義。」○《援神契》曰:「元氣混沌,孝在其中。」○《鈎命訣》云:「孝者,就也,度也,譽也,究也,畜也。」《辨正論》曰:「天子之孝曰就,諸侯曰度,卿大夫曰譽,士曰究,庶人曰畜。」○《鈎命訣》:「百王聿修,萬古不易者,孝之謂。」○《子華子》曰:「事心者,宜以孝。」○杜欽曰:「孝者,人之由靈也。」○荀爽云:「火德爲孝,其象爲離。在天者,用其精則爲日。在地者,用其形則爲火。夏火旺,其精在天,温煖之氣,養生百木,是其孝也。」○《白虎通》:「男不離父母,何法?法火不離木也。」○張説云:「孝哉!一心混成衆妙。」○王維云:「夫孝於人爲和德,其應爲陽氣。」○劉子翬曰:「孝爲百行之宗,以敬爲本。敬心既純,大本發露。求其名,匹夫匹婦能焉。核其實,聖人以爲難矣。」○謚法:「至順曰孝,五宗安之曰孝,慈惠愛親曰孝,秉德不回曰孝,協時肇厚曰孝。」經,常也。

謂古先聖王興道致治之常法也。《説文》：「經，織也。從系，巠聲。」又：「機縷也。一曰書也。」《釋名》：「徑也，典常也。言如徑路，無所不通。」〇《白虎通》云：「五經，《易》、《書》、《詩》、《禮》、《樂》。」《初學記》：「九經，《易》、《書》、《詩》、《周禮》、《禮記》、《儀禮》、《春秋》三傳。」後人以《易》、《書》、《詩》、《周禮》、《禮記》、《春秋》爲六經。又《孝經》、《論語》、《孟子》、《易》、《書》、《詩》、《周禮》、《禮記》、《春秋左氏傳》爲九經。〇董鼎曰：「人之行，莫大於孝。堯舜大聖人也，其道不過孝悌而已。孔子傳之，曾子以爲經。上自天子，下至庶人，皆當受用。近之閨門妻子，兄弟長幼，遠之天地鬼神，四海百姓，皆自此推。名之曰《孝經》者，以其可爲天下萬世常法也。」《漢・藝文志》：「《孝經》者，孔子爲曾子陳孝道也。」《緯》云：「孔子七十二，語曾子著《孝經》。」鄭康成曰：「《孝經》者，五經之總會也。」《漢・藝文志》曰：「夫孝，天之經，地之義，民之行也。舉大者言，故曰《孝經》。」〇邢昺《正義》曰：「孝者，事親之名。經者，常行之典。」〇皇侃曰：「經者，常也，法也。此經爲教，任重道遠，雖復時移代革，金石可消，而爲孝事親常行，存世不滅，是其常也。爲百代規模，人生所資，是其法也。孝爲百行之本，故名曰《孝經》。經之創制，孔子所撰也。」〇前賢以爲曾參雖有至孝之性，未達孝德之本。偶於閒居，因得侍坐。參起問於夫子，夫子隨而答，參是以集録，因名爲《孝經》。〇邢昺曰：「修《春秋》，撰《孝經》，孔子之志行也。何爲重其志而自筆削，輕其行而假他人？劉炫《述義》其略曰：『炫謂孔子自作《孝經》，本非曾參請業而對也。』」按：二説以前賢所論爲正。〇鄭玄謂《孝經》爲五經之總會，嘗還高密，道遇黄巾賊數萬，見玄皆拜，相約不敢入境。玄病夢孔子，告之曰：「起起。今年歲在辰，明年歲在巳。」既卒，自郡守以下受業者千餘，皆縗絰赴會，孔融爲特立一鄉，曰

「鄭公鄉」，廣門衢，令容高車，號「通德門」。○謹按：何休稱：「子曰：吾志在《春秋》，行在《孝經》。」晁氏曰：「何休稱：『子曰：吾志在《春秋》，行在《孝經》。』今詳其文書，當是曾子弟子所爲。柳宗元謂《論語》載弟子必以字，曾參不然，蓋曾氏之徒樂正子春、子思相與爲之耳。余於《孝經》亦云。」孔子本欲以孝治天下，一生精神蘊結，全在於此。夾谷隳費，三月大治，爲之兆也。按：《春秋傳》定公與齊侯會於夾谷，孔子攝相事。曰：「臣聞有文事者，必有武備。有武事者，必有文備。古者諸侯並出疆，必具官以從。請具左右司馬。」定公從之。至會所，爲壇位，土堦三等，以遇禮相見，揖讓而登。既畢，齊使萊人以兵鼓譟刼定公，孔子歷階而進，以公退。曰：「吾兩君爲好，裔譯之俘，敢以兵亂之，非齊君所以命諸侯也。」齊侯心怍，麾而避之。有頃，齊奏宮中之樂，俳優侏儒戲於前，孔子趨進，歷階而上，不盡一等。曰：「匹夫熒惑諸侯，罪當誅。」請右司馬速加刑焉。於是斬侏儒。齊侯懼，有慚色。將盟，齊人加載書曰：「齊師出境，而不以兵車三百乘從我者，有如此盟。」孔子使兹無還對曰：「而不返我汶陽之田，吾所供命者，亦如之。」齊侯歸，乃歸所侵魯之四邑及汶陽之田。○孔子因三家之問，言於定公曰：「家不藏甲，邑無百雉之城，古之制也。今三家過制，請皆損之。」乃使季氏宰仲由隳三都。叔孫不得意於季氏，因費宰公山弗擾，率費人以襲魯。孔子以公與季孫、叔孫、孟孫入于季氏之宮，登武子之臺，費人攻之，及臺側。孔子命申句須、樂頎勒士衆下伐之，費人北，遂隳費、郈。彊公室，弱私家，尊君卑臣，政化大行。及隳成，公圍之，弗克。○周敬王二十三年春，魯以孔子攝相事，與聞國政，時孔子年五十六，由大司寇攝行相事，七日而誅魯大夫亂政者少正卯。孔子曰：「人有大惡者五，而竊盗不與焉。一曰心逆而險，二曰行僻而堅，三曰言僞而辯，四曰記醜而博，五曰順非而澤。此五者，有一於人，則不得免於君子之誅。而少正卯兼有之，故不可以不誅也。」初，魯之販羊，有沈猶氏者，常朝飲其羊以詐市人。有公慎氏者，妻淫不制。有慎潰氏者，奢侈踰法。魯之鬻六畜者，飾之以儲價。及孔子爲政，沈猶氏不敢朝飲其羊，公慎氏出其妻，慎潰氏越境而徙。三月，則鬻牛馬不儲價，賣羔豚者不加飾，男女行者別其塗，道不拾遺，男尚忠信，女尚貞順焉。孔子爲政，民初謗之曰：「麛裘而韠，投之無戾；韠之麛裘，投之無郵。」政成化行，民誦之曰：「袞衣章甫，實獲我所；章甫袞衣，惠我無私。」齊人聞而懼，選齊國中女子好者八十人，皆衣文衣而舞康樂，文馬三十駟，遺魯君。陳女樂文馬於魯城南高門外。季桓子微服往觀再三，將受，乃語魯君爲周道游。往觀終日，怠於政事。郊，又不致膰俎於大夫。孔子遂行，宿乎屯。歌曰：「彼婦之口，可以出走；彼婦之謁，可以死敗。優哉游哉，聊以卒歲！」道既不行，故口授曾子，以詔後世，學者要思使孔子得志行《孝經》時，其作爲如何？釣滄子曰：「孔子因敦孝之人，以發孝旨，實指化民成俗治天下之要。故二帝三王之治本於道，二帝三王之道本於身，二帝三王之身極本於心，二帝三王之心極本於孝。」〇羅氏汝芳曰：「道之爲道，不從天降，不從地出，切近易見，則赤子下胎之初，啞啼一聲是也。聽着此一聲啼，何等迫切。想着此一聲啼，多少意味。其時母子骨肉之情，毫髮也似分離不開，頃刻也似安歇不過，真是繼之者善，成之者性，而直見乎天地之心，亦真是推之四海皆準，垂之萬世，無朝夕舍此，不著力理會而言學焉，是謂遠人以爲道。」〇謹按：孝道甚大，不專指事父母一節言。孫本曰：「孔子所以興東周之教，而繼帝王之治統在是。」

仲尼居，曾子侍。子曰：「先王有至德要道，以順天下，民用和睦，上下無怨。女知之乎？」女、汝通用，下同。

仲尼，孔子字。按：《家語》：「孔子父叔梁紇，娶顏氏之女徵在，徵在禱尼丘山而生孔子，故名丘。」杜氏云：「孔子生而圩頂，首象尼丘，故名丘，字仲尼。」按：《孔子世家》云：仲尼其先宋人也。宋閔公有子弗父何，長而當立，讓其弟厲公。何生宋父周，周生世子勝，勝生正考父，正考父受命爲宋卿，生孔父嘉，嘉別爲公族，故其后以孔爲氏。孔父嘉生木金父，木金父生皐夷父，皐夷父生防叔，避華氏之禍而奔魯。防叔生伯夏，伯夏生叔梁紇，紇生孔子。○朱子曰：「昔人未嘗諱字。程子云：『予年十四五從周茂叔。』本朝先輩尚如此。伊川亦嘗稱明道字。」居，閒居也。按：邢昺《正義》：「居謂閒居，蓋謂乘閒居而坐，與《論語》云『居，吾語汝』義同，而與『居則致其敬』之『居』不同。」曾子，孔子弟子，名參，字子輿。按：《史記》：「曾參，南武城人，字子輿。少孔子四十六歲，孔子以爲能通孝道，故授之業，作《孝經》。」侍，侍坐也。按：邢昺《正義》：「卑者在尊者側曰侍，故經謂之侍。凡侍有坐、有立，此曾子侍即侍坐也。《曲禮》有『侍坐於先生』，『侍坐於所尊』，『侍坐於君子』。」子，謂孔子。按：《公羊傳》云：「子者，男子通稱也。古者謂師爲子。」先王，謂古先聖王。至，極也。要，切要也。德者，人心所得於天之性。道者，事物當然之理。草廬吴氏曰：「德謂己所得，道謂人所共由，蓋己之所得人之所共由者，其理曰仁、義、禮、智，而仁兼統之。仁之發爲愛，而愛先於親，故孝爲德之至、道之要也。」○董鼎曰：「德者，人心所得於天之理，仁、義、禮、智、信是也。此五者，皆謂之德，而此獨舉其德之至道者。事物當然之理皆是，而其大目則父子也，君臣也，夫婦也，昆弟也，朋友之交也。此五者，即仁、義、禮、智、信之性。率而行之，以爲天下之達道者也。皆謂之道，而此獨舉其道之要順者，不過因人心天理所固有，而非有所强拂爲之也。」〇潛室陳氏曰：「道謂事事物物當然之理，德乃行是道而實得于心者。在一人身上，只是一箇物事。」〇北溪陳氏曰：「道與德，不是判然二物。道是公共的，德是實得於身，爲我所有的。」上下，統下文天子、諸侯、卿大夫、士、庶人而言。吴氏曰：「上謂天子在諸侯之上，諸侯在卿大夫之上，卿大夫在士之上。下謂士在卿大夫之下，卿大夫在諸侯之下，諸侯在天子之下。」孔子言古先聖王有至極之德、切要之道，以順天下。而天下之民，一歸于順，故協和雍睦，上與下俱無怨尤，女知此否？吴氏曰：「爲下者，順事其上，而上無怨於下。爲上者，順使其下，而下無怨於上。天地之間，一順充塞，九族既睦，百姓昭明，黎民於變時雍，人人親其親，長其長，而天下平，唐虞成周之盛也。」蓋孔子欲傳孝道于曾子，而其道至大，難以輕言，故先發端以啓問也。引而不發，重其事而未欲遽言之也。〇謹按：所謂先王有至德要道者，見孝雖人所固有，而不能全盡，惟先王能有之也。然必以先王立言者，見孝治天下，非王者不能。使孔子得明王輔之，當執此往矣！朱鴻曰：「孔子慨明王不作，天下莫宗，既删述六經，復呼曾子，授以《孝經》，誠諸經之總會，治世之宏綱也。統觀是經，稱先王者六，明王者二，天子者四，聖人者六，君子者七。復兩舉政教之神，一則天明，一因人性。兩申教孝之意，子臣與弟，無不悦從。又申移孝爲忠，事上盡職，以諍臣諍子無非諭君父於道，而不拘拘於命令之從，獨事親、喪親二節，止著孝子者三。又合上下貴賤而言，若夫出治佐治之孝，禮樂政教之敷，亹亹推明而不已。曷嘗沾沾於温清定省之儀，飲食起居之節，謂孝養細事而云然哉！世傳童習之書，意已謬舛，至謂人子事親之經者，亦各局於所見也。豈測夫子著先王治平之典，必本因心之孝爲之乎！」〇又曰：「孔子著經之意，蓋欲以孝治天下，故於事親之儀節略焉。而諸家註解，非不分文析字，而本原大旨，或有昧焉而未闡者。」〇又曰：「人苟致學於孝，則事君事長，齊家治國，舉而措之，天下裕如。夫子首揭至德要道以授曾子，又嘗志於周公，故他日復夢見周公，曰：『如有用我者，吾其爲東周乎！』又云：『期月可也，三年有成。』蓋欲以孝爲治者也。夫孝本人性之固有，以此順民，而民焉有不順者哉！」〇熊禾曰：「誠使天子公卿躬行其上，凡禮樂刑政之具壹是以孝爲本。則斯道也，固天性之自然，人心之固有。一轉移間，王道顧不易易乎！惜徒託之空言，而僅見于記録之書也。然雖不能行之一時，猶可詔之來世。」

曾子辟席曰：「參不敏，何足以知之？」子曰：「夫孝，德之本也，教之所由生也。復坐，吾語女。」辟與避同。夫音扶，下同。復，扶又反。語，去聲。

禮，侍坐君子，更端起對。敏，聰達也。曾子聞孔子之言甚大，瞿然起敬，避席立對。《禮》曰：「侍坐于先生，先生問焉，終則對。請業則起，請益則起。」〇又曰：「侍坐于君子，問更端，則起而對。」〇周氏汝登曰：「耿恭簡定向有一問頭曰：『道莫妙于一貫，曾子聞之唯。至問孝，曰：「先王有至德要道，汝知之乎？」却避席不敢當，曰：「參不敏，何足以知之？」夫子以知天命自任，子臣弟友之庸行，乃曰：「未能也。」此何以故？』舉莫能對。焦太史竑爲之語曰：『理須頓悟，事則漸修；頓悟易，漸修難。』或以問予。予曰：『不然。』曾子謂『何足以知之』，不知爲不知，是知也。是知就是一貫。莫爲者天，莫致者命，此中可容得一『能』字否？或者首肯，復問曰：『頓悟、漸修之説如何？』予曰：一日克己復禮，便天下歸仁。朝聞道，便可夕死。此中加得漸修之功否？太史之言，亦不敢謂然也。」而孔子告之所謂至德要道者，非他，孝也。孝統衆善，爲德之本，本猶根也。按：《禮記·祭義》曾子云：「衆之本教曰孝。」《尚書》「敬敷五教」，謂教父以義，教母以慈，教兄以友，教弟以恭，教子以孝，舉此則其餘順人之教，皆可知也。○五峰胡氏曰：「德有本，故其行不窮。」○延氏篤曰：「近取諸身，則耳有聽受之用，目有察見之明，足有致遠之勞，手有飾衛之功。功雖顯外，本之者心也。遠取諸物，則草木之生，始于萌芽，終于彌蔓。枝葉扶疎，榮華紛縟，木雖鬱蔚，致之者根也。夫仁人之有孝，猶四體之有心腹，枝葉之有根本也。」○庾子輿五歲讀《孝經》，手不釋卷。或曰：「此書文句不多，何用自苦。」答曰：「孝者，德之本，何謂不多。」○羅氏汝芳曰：「盡四海九州之千人萬人，而其心性渾然只是一箇天命。雖欲離之而不可離，雖欲分之而不可分。如木之許多枝葉而貫以一本，如水之許多流派而出自一源。」○虞氏淳熙曰：「夫子言孝，不只是孝德。凡是道德，都是他資助，都是他推移出來。譬如樹木有根本，就生枝葉，誰人止遏得住？莫看這孝小了。」行仁必自孝始，而教化由此生焉，所以爲德之至道之要也。董鼎曰：「聖人以五常之道立教，本立則道生。移之以事君，則忠矣。資之以事長，則順矣。施之于閨門，則夫婦和矣。行之于鄉黨，則朋友信矣。充擴得去，舉天下之大，無一物不在吾仁之中，無一事不自吾孝中出，故曰教之所由生。」○朱鴻曰：「孝乃仁之本原，仁乃心之全德。仁主于愛，而愛莫切于愛親，故孝爲德之本。本立則道生，自然親親而仁民。仁民而愛物，以至綏中國、保四海，無一物一事，不在吾孝之中。」語將更端，曾子猶立，故命之復坐而詳語之。吴氏曰：「孔子之言未竟，又將更端，以曾子避席起立，故命之還坐而聽也。」○董鼎曰：「孝之義甚大，而其爲説甚長，非直談可盡，故使之復坐，而詳以告之。」

身體髮膚，受之父母，不敢毀傷，孝之始也。髮音發，膚音扶。

身，躬也。體，四肢也。髮謂毛髮，膚謂皮膚。邢昺《正義》曰：「身謂躬也，體謂四肢也，髮謂毛髮，膚謂皮膚。《禮運》曰：『四體既正，膚革充盈。』《詩》曰：『鬒髮如雲』。此則身體髮膚之謂也。」言人之一身，父母全而生之，子當全而歸之，一有虧毁損傷，是爲虧體辱親。《正義》曰：「子之初生，受全體于父母，故當常自念慮，至死全而歸之，若曾子啓手、啓足之類是也。毁謂虧辱，傷謂損傷，故夫子云：『不虧其體，不辱其身，可謂全矣。』鄭註《周禮》『禁殺戮』云『見血爲傷』是也。」○《曲禮》曰：「不登高，不臨深，不苟訾，不苟笑。孝子不服闇，不登危，懼辱親也。」樂正子下堂傷足，憂形于色，蓋爲此也。樂正子春下堂而傷其足，數月不出，猶有憂色，門弟子曰：「夫子之足瘳矣，數月不出，猶有憂色，何也？」樂正子春曰：「吾聞曾子聞諸夫子，曰：『父母全而生之，子全而歸之，可謂孝矣。不虧其體，不辱其身，可謂全矣。』故君子頃步而弗敢忘孝也。今予忘孝之道，予是以有憂色也。」不辱其身，不羞其親，可謂孝矣。○陶潛曰：「樂正子春下堂傷足，猶有憂色，蓋不敢毁傷，孝之始也。夫能敬慎若此而災患及者，未之有也。」○范宣子年十歲能誦《詩》、《書》，嘗以刀傷手，捧手改容，人問：「痛耶？」答曰：「不足爲痛，但受全之體而致毁傷，不可處耳。」及長，隱居積學，躬耕養親。不敢毁傷者，敬之至也。孔子曰：「君子無不敬也，身爲大。身也者，親之枝也，敢不敬與。不能敬其身，是傷其親。傷其親，是傷其本，傷其本，枝從而亡。」○曾子曰：「身也者，父母之遺體也。行父母之遺體，敢不敬乎！」○張子曰：「體其受而全歸者，參乎！」朱子曰：「父母全而生之，子全而歸之。若曾子之啓手足，則體其所受乎親者而歸其全也。」○或問盡其道謂之孝弟。夫以一身推之，則身者資父母血氣以生者也。盡其道者，則能敬其身。敬其身者，則能敬其父母。不盡其道，則不敬其身，不敬其身，則不敬其父母。程子曰：「今士大夫受職於君，期盡其職，受身於父母，安可不盡其道。」○慈湖楊氏曰：「人咸以身體髮膚爲己，不知受之於父母。孔子於是破其私有之窟宅，而復其本心之大公。人莫切于己，莫愛于己。因其愛己而啓之以受之父母，則愛出於公。因其不肯毁傷而轉曰『不敢』，則公而不私，因而不拂。」○虞氏淳熙曰：「四體、頭髮、皮膚，不是自己的，是父母生下你來，你親受得，你的毁傷了自身，就是毁傷了父母。雖然不該貪生怕死，豈可驕亂争鬭，觸天怒，犯王法，損壞他的遺體。須是戰戰兢兢，如抱着父母出入，方是孝子的起頭處。」○徐氏幹曰：「身體髮膚，受之父母，不敢毁傷，孝之至也。若夫求名之徒，殘疾厥體，冒厄危戮以狥其名，曾參不爲也。」○尤氏時熙曰：「人苟知父母之生成此身甚難，則所以愛其身者，不容不至，而義理不可勝用矣。」○曹氏于汴曰：「愛親者愛日，自愛者愛日，親衰愛之日短，身衰學之日短，其皇皇等也。」

立身行道，揚名於後世，以顯父母，孝之終也。行，如字。

又言孝非惟不毁而已，必卓然植立此身於天地之間。不愧不怍，中立不倚，道則身之所當行者，窮則獨行其道，達則大行於天下。羅氏汝芳曰：「所謂立身者，立天下之大本也。首柱天，足鎮地，以立極於宇宙之間。所謂行道者，行天下之達道也。負荷綱常，發揮事業，出則治化天下，處則教化萬世。必如孔子《大學》方爲全人而無忝所生，故孟子論志，願學孔子。」○又曰：「立身行道，果何道？曰：『《大學》之道也。』《大學》明德親民止至善，如許大事，惟立此身。蓋丈夫之所謂身聯屬天下、國家，而後成者也。」○廣川董子曰：「勉强學問，則聞見博而智益明。勉强行道，則德日起而大有功。」祺謂立身行道，不可不知學問。○蘇氏頲曰：「孝者貴於立身，立而不廢，則安夷險，保明哲。太社于是乎暢其風，太常于是乎書其事。」○五峰胡氏曰：「窮則獨善其身，達則兼善天下者，大賢之分也。達則兼善天下，窮則兼善萬世者，聖人之分也。」○羅氏洪先曰：「此身可爲天地立心，爲生民立命，何物哉！非以此心之虚而能神乎！而吾未免有所欲焉。則所以窒其源而遏其流者，不知其何紀極也。其如天地生民，何哉？誠有意于此，固不能一日悠悠爾矣。」○王氏艮曰：「能立此身，便能位天地，育萬物，病痛自將消融。」○或問立身之義。維祺曰：「身也者，天地之所付也，父母之所遺也。天地父母原不虚生此身，撑天柱地，致君澤民，繼往開來，光前裕後，爲法可傳，只是此一身承當。一有傾頹顛墜，依倚摇奪，便立不住，所以必要亭亭鼎鼎，孑孑楚楚，磊磊落落，站立得住，仰不愧於天，俯不怍於人，中立不倚，獨行不懼，昂然爲天地完人。父母肖子，富貴功名，是非毁譽，人情世故，都摇動不倒，方是立身本領。」○或問何謂立身？維祺曰：「中立而不倚，强哉矯，是何等力量。己欲立而立人，爲天地立心，爲萬民立命，是何等心術。立天下之正位，富貴不能淫，貧賤不能移，威武不能屈，是何等氣象。夭壽不貳，修身以俟之，所以立命也，是何等學問。立之斯立，道之斯行，綏之斯來，動之斯和，是何等事業。」○維祺嘗作《身銘》曰：「大哉，身乎！其備也，元氣混沌，包而無外，是故天地憾吾身缺陷，吾身虧天地傾欹，身非塊然，天地參也。合之爲一體，分則三也。首圓象天，足方象地，中虚象極，神行象次。耳、目、鼻、舌、手、足，吾五行之官。視、聽、言、動，吾四時之吏。呼吸，吾之潮汐。寢興，吾之分至。察於人倫，三辰序也。喜怒哀樂，吾露、雷、風、雨也。其中有君，上帝臨汝也。思無邪，宋景之退熒惑。誠則形，鄒衍之飛霜雪。進修及時，魯陽公之揮日。克己復禮，靈媧氏之補石。慎爾樞機，虞廷之齊七政。戒慎不睹，成湯之顧明命。不違其志，文王陟降之事帝也。無思無爲，禹之行水，行無事也。清寧奠位，疏吾之榮衛。陽罔或愆，陰罔或伏，調吾之嘘吹。草木鳥獸，愛惜吾之爪髮。痌瘝一體，撫摩吾之顛頞。荐德馨，郢斤之鑿鼻堊。旦游衍，金鎞之刮眼翳。灝乎若太虚，中存元氣，與天地參，萬物備也。」雖無意求名，而名自稱揚於後世。遡流窮源，即父母亦有顯榮。若行孝不至揚名顯親，未得爲立身也。按：《禮記·祭義》曰：「亨熟羶薌，嘗而薦之，非孝也，養也。君子之所謂孝也者，國人稱願然，曰：『幸哉，有子如此！』所謂孝也已。」○曾子曰：「慎行其身，不遺父母惡名，可謂能終矣。」○皇侃曰：「若生能行孝，没而揚名，則身有德譽，乃能光榮其父母也。」按：哀公問孔子，對曰：「君子也者，人之成名也。百姓歸之名，謂之君子之子，是使其親爲君子也。」此則揚名榮親也。○屏山劉氏曰：「曾子之孝，立身揚名，惟此一節，而于聞道最爲超警。死生之際，燦然明白。蓋始則因孝心而致敬，終則因敬心而成己。啓手足則見于戰戰兢兢之時，發善言則存乎容貌辭氣之際，皆敬之謂也。戴經所記奥義甚多，首文三語，已盡其要，學者非弗知也。然皆有愧于曾子者，行之弗至也。恭于昭昭者，孝之名也。謹于昏昏者，孝之實也。求其名，匹夫匹婦能焉。核其實，聖人以爲難也。」○王氏守仁曰：「子爲賢人也，則其父爲賢人之父矣。子爲聖人也，則其父爲聖人之父矣。夫叔梁紇之名，至今不朽，則亦以仲尼之爲子邪？」○馮氏宿曰：「揚名顯親，教孝申敬，是爲率德，可以觀政。」○《存古篇》曰：「孝子每一舉念措足，必於其父母立身體道，顯親揚名，以成父母志。」○又曰：「人能念念事事，想到父母身上，便自不敢分毫虧損。大禹八年於外，只爲成就箇孝。」始終非分先後，猶言孝之始基，孝之完全爾。邢昺《正義》曰：「不敢毁傷，闔棺乃止。立身行道，弱冠須明。經雖言其始終，此略示有先後，非謂不敢毁傷唯在於始，立身獨在於終也。明不敢毁傷，立身行道，從始至末，兩行無怠。此於次有先後，非於事理有始終也。」○董鼎曰：「始言保身之道，終言立身之道，蓋不敢毀傷者，但是不虧其體而已。必不虧其行，而後方可立身，故以是終之。」○按：立身行道揚名，所包最廣，不專指得位事君者言，事君特行道揚名中一事爾。屏山劉氏曰：「孝子之心，萬慮俱忘，唯一敬而已。敬念之所通，無間無傍，塞乎天地，橫乎四海，莫知其紀極也。敬心既純，大本發露，虛明洞達，躍如於兢兢肅肅之中。此至孝之士，所以行成於外而性修于內也。曾子立身揚名，唯此一節，平日服膺，念茲在茲而已。」○伊川程子曰：「古之學者，四十而仕。未仕以前三十餘年，得盡力于學問，無他營也。故人之成材可用。今之士，十四五以上，便學綴文覓官，豈嘗有意爲己之學！夫以不學之人，一旦授之官，而使之事君、長民、治事，宜其效不如古也。故今之在仕路者，人物多凡下不足道，以此。」○龜山楊氏曰：「方太公釣于渭，不遇文王，特一老漁父耳。及一朝用之，乃有鷹揚之勇，非文王有獨見之明，誰能知之？學者須體此意，然後進退隱顯，各得其當。」○呂氏柟曰：「古之功名，爲天地立心，爲生民立命，爲萬世開太平，轉乾旋坤，繼往開來。今之功名，富貴之標的而已。」○方氏孝孺曰：「養有不及，謂之死其親。没而不傳道，謂之物其親。斯二者罪也，物之尤罪也。是以孝子修德修行，以令聞加乎祖考。守職立功，以顯號遺乎祖考。」○或問立與行是兩事否？維祺曰：「立身行道，非兩事。立得定，方行得不差。」○或問行道指得位事君否？維祺曰：「得位事君，固是行道，所謂達可行于天下，而後行之者也。道必如此，而後大行。然亦不必專指得位，孟子曰：『得志與民由之，不得志獨行其道。』」

夫孝，始於事親，中於事君，終於立身。

中結上文之意，孝本愛親，故以事親爲始。《曲禮》曰：「凡爲人子之禮，冬温而夏清，昏定而晨省。」

〇又曰：「爲人子者，出必告，反必面，所遊必有常，所習必有業，恒言不稱老。」〇又曰：「視於無形，聽於無聲。」〇《檀弓》云：「子路問曰：『傷哉，貧也！生無以爲養，死無以爲禮也。』孔子曰：『啜菽，飲水，盡其歡，斯之謂孝。』」〇《坊記》曰：「子云：父母在，不稱老。言孝不言慈。閨門之内，戲而不嘆，君子以此防民，民猶薄於孝而厚於慈。」〇曾子曰：「吾及親仕三釜而心樂，後仕三十鐘而不洎，吾心悲。」〇閔損字子騫，早喪母，父娶後妻，生二子，損孝，事不怠。母嫉損，所生子衣綿絮，衣損以蘆花絮。父冬日令損御車，體寒失靷，父責之。損不自理，父察知之，欲遣後母。損泣啓曰：「母在，一子寒。母去，三子单。」父善之，母亦悔過。三子一視，遂成慈母。耿氏定向曰：「一言悟母，幾于舜之底豫。」〇南軒張氏曰：「以孝於親論之，自其粗者，知有冬温夏清昏定晨省，則當從温清定省行之。而又知其有進於此者，則又從而行之。知之進，則行愈有所施。行之力，則知愈有所進。以至于聖人人倫之至，其等級固遠，其曲折固多，然亦必由是而循循可至。」〇滎陽吕氏曰：「孝子事親，須事事躬親，不可委之使令也。嘗觀《穀梁》言天子親耕以供粢盛，王后親蠶以供祭服。國非無良農工女也，以爲人之所盡事其祖禰，不若以己所自親者也。此説最切事親之道。」行道揚名，非事君不能全盡，故以事君爲中。《表記》曰：「事君慎始而敬終。」〇召公曰：「事君者，險而不懟，怨而不怒。」〇廣川董子曰：「上臣事君以人，中臣事君以身，下臣事君以貨。」〇莊氏周曰：「子之愛親，命也，不可解于其心。臣之事君，義也，無適而非君也。無所逃于天地之間。夫事親者，不擇地而安之，孝之至也。事君者，不擇事而安之，忠之盛也。」立身行道，以全親之所付，方可以爲人爲子，故以立身爲終。章氏懋曰：「身也者，親之枝也。親雖不存，而吾身存焉。必思所以立其身，夙興夜寐無忝所生。一出言，一舉足，皆不敢有忘。若古之聖人、君子者，行道揚名，以顯其親於無窮，豈非所思之大者乎！」〇來氏知德曰：「爲人在世，須立身行道，與乾坤同其悠久。不然，亦猶草木之靡朽耳。」〇草蘆吴氏曰：「事親者，不敢毁傷其大也，左右就養等事，在其中矣。事君者，推愛親之心，以愛君也。立身者，行道揚名之謂也。」〇鄭氏玄曰：「父母生之，是事親，爲始。四十强仕，是事君，爲中。七十致仕，是立身，爲終。」或駁云：「若以始爲在家，終爲致仕，則兆庶皆能有始，人君所以無終。若以年七十者始爲孝終，不致仕者皆爲不立，則中壽之輩盡曰不終，顔子之流亦無所立矣。」事親立身，循環無端。事君者，所以光大其始終也。陳氏曰：「上言孝之始終而不言中，于事君者，謂行道揚名，則事君之道在其中矣。然所以如此立言者，蓋世之人，或有隱居以求志、修身以俟命，豈必皆事君哉！」〇或曰：「此總論孝之終始也。夫上文止言孝之始終，而此又兼言中于事君者，蓋行道顯揚非事君不能。況四十始仕，移孝爲忠，亦理之常也。」〇齊宣王謂田過曰：「吾聞儒者親喪三年，君之與父孰重？」田過對曰：「殆不如父重。」王忿曰：「則曷爲去親而事君？」田過曰：「非君之土地無以處吾親，非君之禄無以養吾親，非君之爵無以尊顯吾親，受之於君，致之於親，凡事君者以爲親也。」

《大雅》云：「無念爾祖，聿修厥德。」聿，以律反。

《詩·大雅·文王》之篇。無念，念也。聿，語助辭。厥，其也。邢昺《正義》曰：「無念，念也。聿，述也。厥，其也。義取常念先祖，述修其德而行之。此經有十一章引《詩》及《書》。夫子叙經申述先王之道，《詩》、《書》之語事有當其義者，則引而證之，示言不虚發也。七章不引者，或事義相違，或文勢自足，則不引也。五經唯傳引《詩》，而《禮》則雜引《詩》、《書》及《易》，並意及則引。若汎指則曰『《詩》曰』、『《詩》云』，若指『四始』之名即云《國風》、《大雅》、《小雅》、《魯頌》、《商頌》，皆隨所便而引之，無定例也。」引《詩》言人能念其祖先而聿修其德，則孝之始終盡是矣。虞氏淳熙曰：「孔子引《大雅·文王》之詩，謂文王之德，無聲無臭，與上天一般。蓋臣勸成王修這様德，何患自身不立就，是文王的令聞，一發遠布，一發可以配天了。如今所修之至德要道，即是無聲無臭之祖德。因此事君、事親、立身都來完備，毫髮不缺。前言先王，今文王豈不是先王！觀一文王，其餘先王誰不如此！」○吴氏曰：「前言至德要道，蓋言在上者之孝而通乎下，『夫孝』以下二句，結前意也。後言孝之終始，蓋言在下者之孝而通乎上，『夫孝』以下三句，結後意也。」

右第一章。蓋孔子欲明孝道之大，而先發其大端，以爲全經張本。其下遂次第通言之而復三，因曾子之疑問，以推廣其義。陸象山謂《孝經》十八章，聖人踐履實地，非虚言也，旨哉！今文、古文皆有。古文首二句爲「仲尼閒居，曾子侍坐」，「子曰」下有「參」字，「夫孝」二句各無「也」字。今文爲《開宗明義》章。

謹按：《漢·藝文志》：《孝經》一篇，十八章。長孫氏、江翁、后蒼、翼奉、張禹傳之，各自名家。經文皆同，惟孔氏壁中古文爲異。《隋·經籍志》：孔子既叙六經，作《孝經》以總會之。遭秦焚書，爲河間顏芝所藏。漢初芝子貞出之，凡十八章。宋邢昺《正義》云：「劉向較經籍，比量二本，除其繁惑，以十八章爲定，不列名。又有荀昶集其録及諸家疏，並無章名，唯皇侃標其目，冠于章首。」○按：卷帙既多，不得不分章次，但題名非古也。今倣《中庸》右第某章及《論語·鄉黨》篇此一節例，爲十八章而不列名。

孝經大全卷之二

明新安吕維祺箋次

子曰：「愛親者，不敢惡於人。敬親者，不敢慢於人。惡，去聲。○復稱「子曰」者，蓋言甫竟而又更端，是緊要提醒處。或問答偶間而更言之，非引語也。後倣此。

此承上文而首言天子之孝也。惡者，愛之反。慢者，敬之反。愛親者，必推愛親之心以愛人，而不敢惡。敬親者，必推敬親之心以敬人，而不敢慢。夫有所惡慢於人，則愛敬其親之心薄，且恐或以貽親之辱。言「不敢」者，兢業小心之極也。五等之孝，惟於《天子章》稱「子曰」者，皇侃云：「上陳天子極尊，下列庶人極卑，尊卑既異，恐嫌爲孝之理有别，故以一『子曰』通冠五章，明尊卑貴賤有殊，而奉親之道無二。」○沈宏云：「親生結心爲愛，崇恪表迹爲敬。」劉炫云：「愛惡俱在於心，敬慢並見於貌。愛者隱惜而結於内，敬者嚴肅而形於外。」皇侃曰：「愛敬各有心迹。烝烝至惜是爲愛心，温凊搔摩是爲愛迹；肅肅悚悚是爲敬心，拜伏擎跪是爲敬迹。」○羅氏汝芳曰：「子不思父母生我千萬劬勞乎？未能分毫報也。子不思父母望我千萬高遠乎？未能分毫就也。思之自然，悲愴生焉，疼痛覺焉，即滿腔皆惻隱矣。遇人遇物，必能方便慈惠，周卹溥濟，又安有残忍戕賊之私？」〇虞氏淳熙曰：「凡人愛惜父母之身，便不敢嫌惡衆人與我同受之身。尊敬父母之身，便不敢輕慢衆人與我同受之身。原來我與人不曾有這身來，完全是天地父母的，所以立起萬物一體之身，連四海百姓都不惡他慢他直至親民，然後是愛敬的盡處。到盡處時，人人學做孝子，人人都無怨心，此事非天子不能。」〇邢昺《正義》謂：「不敢惡於人，不敢慢於人，是天子施化，使天下之人皆行愛敬，不敢慢惡其親。」維祺按：此似後一層事，於「不敢」字不切。

「愛敬盡於事親，而德教加於百姓，刑於四海。蓋天子之孝也。

德教，謂至德之教。刑，儀刑也。天子，謂爲天之子，指有天下者言。《表記》曰：「惟天子受命於天，故曰天子。虞夏以上，未有此名。殷周以來，始謂王者爲天子也。」〇《白虎通》曰：「所以稱天子者何？王者，父天母地，爲天之子也。故《援神契》曰：『天覆地載謂之天子，上法斗極。』《鉤命訣》曰：『天子，爵稱也。帝王之德有優劣，所以俱稱天子者何？以其俱命於天而主治五千里内也。』《尚書》曰：『天子作民父母，以爲天下王。』」天子德教所從出，四海所視傚，以此不敢之心，盡愛敬其親之道，無所不至其極。而推以愛人敬人，則百姓之衆，皆被服其德意教化。四海之大，皆視爲儀刑。《堯典》曰：「以親九族，九族既睦，平章百姓。百姓昭明，協和萬邦，黎民於變時雍。」〇《舜典》曰：「慎徽五典，五典克從。納於百揆，百揆時敘。賓於四門，四門穆穆。」〇《伊訓》曰：「唯我商王，立愛唯親，立敬唯長，始於家邦，終於四海。」〇孔氏穎達曰：「《孝經·天子》之章，盛論愛敬之事。立愛唯親，立敬唯長，即《孝經》所云『愛親者，不敢惡於人。敬親者，不敢慢於人。』始於家邦，終於四海，即《孝經》所云『德教加於百姓，刑於四海』是也。」所謂以順天下，民用和睦，上下無怨如此。魯齋許氏曰：「事親大節目，是養體、養志、致愛、致敬。四事中，致愛、敬尤急，所以孝只是愛親、敬親兩事耳。天子之孝，推愛敬之心以及天下，亦惟此二事爲能。刑于四海，固結人心，舍此則法術矣。其效與聖人不相似。」○董鼎曰：「天子者，天下之表也。上行之，則下傚之；君好之，則民從之。天子所以愛敬其親者如此其至，則下之人所以愛敬其親者，亦莫敢不至。況孩提之童，無不知愛其親，及其長也，無不知敬其兄，愛親敬兄，本人心天理之固有，天子亦因其所固有而利導之耳，安有感之而不應、倡之而不和者！」○王氏艮《明哲保身論》曰：「明哲者，良知也。明哲保身者，良知良能也。所謂不慮而知、不學而能者也。人皆有之，聖人與我同也。知保身者，則必愛身。能愛身，則不敢不愛人。能愛人，則不敢惡人。不惡人，則人不惡我。能愛身，則必敬身。能敬身，則不敢不敬人。能敬人，則不敢慢人。不慢人，則人不慢我。此仁也，萬物一體之道也。天下凡有血氣者，莫不尊親。莫不尊親，則吾身保矣。吾身保，然後能保天下。此仁也，所謂至誠不息也，一貫之道也。經曰：『愛敬盡於事親，而德教加于百姓，刑于四海。』」蓋天子之孝，有終始，當如是也。蓋者，約詞，有不盡之意。孝道廣大，此特略言之爾，故下必引《書》以明之。

按：《孔傳》云：「蓋者，辜較之辭。」劉炫云：「辜較，猶梗概也。孝道既廣，此纔舉其大略也。」劉獻云：「蓋者，不終盡之辭，明孝道之廣大，此略言之也。」鄭註云：「蓋者，謙辭。」據此而言，蓋非謙也。○《孝經援神契》曰：「天子之孝曰就。」言德被天下，澤及萬物，始終成就，榮其祖考也。○方氏學漸曰：「愛親者，必愛身；愛身者，必愛天下，敢有惡於人乎？敬親者，必敬身；敬身者，必敬天下，敢有慢於人乎？我無所惡於人，人亦無所惡於我；我無所慢於人，人亦無所慢於我。愛敬始於親，而德教加於百姓，則無弗愛且敬焉。合天下之愛敬，歸之於吾親，是爲大孝。」

「《甫刑》云：『一人有慶，兆民賴之。』」

《甫刑》，即《吕刑》，《尚書》篇名。邢昺《正義》曰：「《甫刑》即《尚書・吕刑》。《禮記・緇衣》篇孔子兩引《甫刑》，辭與《吕刑》無别，則孔子之代以《甫刑》命篇明矣。今《尚書》爲《吕刑》者，孔安國云：『後爲甫侯，故稱《甫刑》。』穆王時，未有甫名，而稱爲《甫刑》者，後人以子孫之國號名之也。猶若叔虞初封於唐，子孫封晉，而《史記》稱《晉世家》也。」一人，謂天子。慶，作善降祥。兆民，庶民也，十億爲兆。陶氏潛曰：「高宗宅憂，亮陰三祀，鄭玄註引《孝經》云：『言不文也。』恭默思道，夢帝賚予良弼。蓋《孝經》所謂喪三年而通於神明也。三年不言，德教大行。《書》曰：『一人有慶，兆民賴之。』其此之謂乎！」○虞氏淳熙曰：「孔子引《尚書・吕刑》謂天子一人，法舜之孝，不敢輕易用刑，便有禄位名壽諸般喜慶的事。一人既有喜慶的事，兆民都受一人福蔭，家家和睦，箇箇無怨，與我前説天子盡孝，百姓都孝的説話一箇道理。」○朱鴻曰：「天子能愛敬其親，而不敢慢惡於人，即一人有慶也。德教遠被，四海典型，即兆民賴之也。」○鈞滄子曰：「孝者，良心之切近精實者也。二帝三王之心極本於孝，乃齊治均平之準也。」按：鈞滄子，元隱士，失其名，著《孝經管見》，以孝治天下立論，謂五百年必有王者興起。是經自序曰：「二帝三王之建極於身者，立心極也。立心極者，端極於孝也。推之齊家、治國、平天下，何莫不由是出，舍是而求適於治，無由也。」又曰：「齋栗底豫而風動四方，視膳三朝而汝墳遵化，善述善繼而四海永清，其功效成驗可知梗概哉！是孝立而心極建，心極建而身極端，身極端而治化美，自生民以來無改也。」○丘氏濬曰：「天生人君，而付之以肇修人紀之任，必使三綱六紀皆盡其道，然後不負上天之所命。然其所以肇修之端，則在乎愛敬焉。愛敬既立，則由家而國，而天下之人，無不能愛能敬，皆由吾君一人植立以感化之也。」○祺按：五等之孝，惟天子足以刑四海，而諸侯以下，漸有差焉。夫子之意，蓋有重焉者，以是知《孝經》乃孔子所以繼帝王而開萬世之治統者，非沾沾於家庭定省間也。

右第二章。按天子建中和之極，故特稱「子曰」，以天子之孝統之，以廣上文「先王有至德要道，以順天下」之意。今文、古文皆有。古文「蓋天子之孝」無「也」字。今文爲《天子》章。

在上不驕，高而不危。制節謹度，滿而不溢。高而不危，所以長守貴也。滿而不溢，所以長守富也。長，平聲。

此言諸侯之孝也。在上，在一國臣民之上。驕，矜肆也。高，處尊位也。危，將墜而不安也。制節，制財用之節。謹度，謹禮法之度。滿，處富足也。溢，汎濫也。鄭氏曰：「費用約儉謂之制節，慎行禮法謂之謹度，無禮爲驕，奢泰爲溢。」○五代博士馬縞曰：「《孝經》云『制節謹度』，唐節制皆從太府寺准三禮定之。」由縞言，蓋亦準《孝經》制器矣。○王氏守仁訓諸弟曰：「今人病痛大段只是傲，千罪百惡皆從傲上來。傲則自高，自是不肯屈下人。象之不仁，丹朱之不肖，皆只是一傲字，結果一生。傲之反爲謙，謙字便是對症之藥，謙非但是外貌卑遜，須是中心恭敬，樽節退讓，常見自己不是，真能虛己受人。堯舜之聖，只是謙到至誠處，便是允恭克讓，温恭允塞也。」位尊曰貴，財足曰富，諸侯貴踞一國之上，如自高臨下，處之者易以危。富有一國之財，如水滿器中，持之者易以溢。有如不自矜肆，雖高不危；謹守節度，雖滿不溢。邢昺《正義》曰：「諸侯在一國臣人之上，其位高矣。高者危懼，若能不以貴自驕，則雖處高位，終不至于傾危。積一國之賦税，其府庫充滿矣。若制立節限，慎守法度，則雖充滿而不至盈溢。滿謂充實，溢謂奢侈。《書》稱『位不期驕，禄不期侈』，是知貴不與驕期而驕自至，富不與侈期而侈自來。言諸侯貴爲一國人主，富有一國之財，故宜戒之也。」不危則不失其位，不溢則不至悖出。草廬吴氏曰：「諸侯在臣民之上，能不自驕，雖高不危，則不以陵傲召禍而致卑替。制財用之節，能謹侯度，雖滿不溢，則不以僭侈費財而致虚耗。」○方氏學漸曰：「居上不驕，非以爲貴也。制節謹度，非以爲富也。諸侯之道宜爾也，而可以長守其富貴，故君不患禄位之不永，而患吾道之不修。」

富貴不離其身，然後能保其社稷，而和其民人。蓋諸侯之孝也。離，去聲。

社主土，稷主穀，民生所賴以安養者。按：《韓詩外傳》云：「天子大社，東方青，南方赤，西方白，北方黑，中央黄土。若封四方諸侯，各割其方色土，苴以白苴而與之，諸侯以此土封之爲社，明受于天子也。社即土神也。經典所論社稷，皆連言之。皇侃以爲稷五穀之長，亦爲土神。據此，稷亦社之類也。言諸侯有社稷乃有國，無社稷則無國也。」○横渠張子曰：「祭社稷、五祀、百神者，以百神之功報天之德爾。」諸侯謂公、侯、伯、子、男，指有一國者言。《正義》曰：「次天子之貴者，諸侯也。按：《釋詁》云：『公、侯，君也。』不曰『諸公』者，嫌涉天子三公也。故以其次稱爲『諸侯』，猶言諸國之君也。」○《白虎通》曰：「《王制》云：『王者之制，禄爵凡五等。』謂公、侯、伯、子、男，此周制也。所以名之爲公、侯者何？公者通，公正無私之意也，侯者候也，候逆順也。《春秋傳》曰：『王者之後稱公，其餘人皆千乘，象雷震百里所潤同。大國稱侯，小國稱伯、子、男也。』又《王制》云：『公侯田方百里，伯七十里，子、男五十里。』伯者，百也。子者，孳也，孳孳無已也。男者，任也。人皆五十里，差次功德。」〇吴氏曰：「諸侯謂五等國君，公九命，侯、伯七命，子、男五命。」諸侯爲社稷之主，必不危不溢，長守富貴不至離其身，然後能保守社稷而民人和悦。皇侃云：「民是廣及無知，人是稍識仁義，即府史之徒，故言民人，明遠近皆和悦也。」〇或曰：「民是無位者，人是有位者。」〇班氏固曰：「《孝經》云：『保其社稷，而和其民人。』蓋諸侯之孝也。稷者得陰陽中和之氣而用尤多，故爲長也。」此蓋以和召和，盛德通靈之一驗也。蓋諸侯之孝有終始，當如是也。《援神契》曰：「諸侯行孝曰度，言奉天子之法度，能不危溢，是榮其先祖也。」〇董鼎曰：「諸侯自始封之君，受命于天子而有民人、有社稷以傳之子孫，所謂國君積行累功以致爵位，豈易得之！則爲諸侯之先公者，其身雖没，其心猶願有賢子孫世世守之而不失也。爲其子孫者，果若循理奉法，足以長守其富貴，則能保先公之社稷和先公之民人矣。諸侯之所以爲孝者，莫大于此。如其不念先公積累之艱勤，恣爲驕奢，至於危溢以失其富貴，而不能保其社稷民人，則不孝莫甚焉，此諸侯所當戒也。」

《詩》云：「戰戰兢兢，如臨深淵，如履薄冰。」

《詩·小雅·小旻》之篇。戰戰，恐懼。兢兢，戒謹。臨淵，恐墜。履冰，恐陷。按：邢昺《正義》：「恐墜，謂如入深淵不可復出。恐陷，謂没在冰下不可拯濟。」引此以明不危不溢之意。虞氏淳熙曰：「《詩》云：『戰戰兢兢，如臨深淵，如履薄冰。』夫子引《小雅·小旻》之詩，説道做諸侯的長戰戰的恐懼，兢兢的戒謹，恰似在深水邊頭立，生怕跌下去，恰似在薄冰兒上行，生怕陷下去，這般謹慎，方得免患。可見這富貴、這社稷、這人民，不是安逸受享的物事，就如深水、薄冰無有二樣。倘或一些差池，求生不得，所以諸侯必須不驕不侈，然後爲孝。我説山高要墜，水滿要翻，與《詩》説深水、薄冰有何分别？」○或曰：「此孝子保身之法，獨以證諸侯之孝者，以諸侯易於驕侈也。」○延平李氏曰：「凡蹈危者慮深而獲全，居安者患生于所忽，此人之常情也。」○謹按：此詩是傳孝心法，乃曾子平生着力處。後當有疾，口詠此詩以傳示弟子，易簀之夕，必曰：「吾得正而斃焉，得力于此多矣。」故聖門惟曾子之傳爲得其宗焉。薛氏瑄曰：「曾子云：『戰戰兢兢，如臨深淵，如履薄冰。』君子之守身，不可不謹。」○虞氏淳熙曰：「按此詩之旨，是全孝心法。後來曾子口詠此詩，親傳弟子，不但諸侯可行也。」○郭氏子章曰：「劉中壘較定《孝經》，已傳千禩，朱子始删《詩》爲經，餘改爲傳。」子章謂「戰戰兢兢」一詩，實《孝經》大旨，不觀曾子易簀語乎：「啓予足！啓予手！《詩》云：戰戰兢兢，如臨深淵，如履薄冰，而今而後吾知免夫！」非謂免於毀傷也，謂平生戰兢，至疾革始免，即仁以爲己任，死而後已也。由此言之，《詩》未可遽删也。○《禮記》：曾子寢疾，病。樂正子春坐于牀下，曾元、曾申坐于足。童子隅坐執燭。童子曰：「華而睆，大夫之簀與？」曾子曰：「然。斯季孫之賜，我未之能易也。元，起易簀。」曾元曰：「夫子之病革矣，不可以變。」曾子曰：「君子之愛人也以德，細人之愛人也以姑息。吾得正而斃焉，斯已矣。」○程子曰：「曾子傳聖人學，其德後來不可測，安知其不至聖人。如言『吾得正而斃』，且休理會文字，只看他氣象亦好，被他所見處大。後人雖有好言語，只被氣象卑，終不類道。」○又曰：「曾子易簀之際，志于正而已矣。無所慮也，與行一不義、殺一不辜而得天下不爲者同心。」

右第三章。今文、古文皆有。古文無三「也」字。今文爲《諸侯》章。

孝經大全卷之三

明新安呂維祺箋次

非先王之法服不敢服，非先王之法言不敢道，非先王之德行不敢行。「德行」之「行」，去聲。下「擇行」、「行滿」同。

此言卿大夫之孝也。法服，法度之服，先王制章服各有品秩。《左傳》曰：「衣，身之章也。」《尚書·皋陶》篇曰：「天命有德，五服五章哉。」孔傳云：「五服，天子、諸侯、卿、大夫、士之服也。尊卑采章各異。」○按：《尚書·益稷》篇舜命禹曰：「予欲觀古人之象，日、月、星辰、山、龍、華蟲，作會；宗彝、藻、火、粉米、黼、黻，絺繡，以五采彰施于五色，作服，汝明。」孔傳曰：「天子服日月而下，諸侯自龍衮而下至黼黻，大夫服藻、火、粉米，上得兼下，下不得僭上。」此古之天子冕服十二章，以日、月、星辰及山、龍、華蟲六章畫於衣，衣法於天，畫之爲陽也。以宗彝、藻、火、粉米、黼、黻六章繡之於裳，裳法於地，繡之爲陰也。日、月、星辰取照臨於下，山取其鎮，龍取其變，華蟲謂雉取耿介而文，宗彝、虎、蜼取其孝也，藻取其潔，火取其明，粉米取其能養，黼取斷割，黻取背惡鄉善，皆爲百王之明戒，以益其德。諸侯自龍、衮而下八章也，大夫藻、火、粉米三章也。」○周制天子冕服九章，象陽之數極也。按：《司服》云：「王祀昊天上帝，則服大裘而冕，祀五帝亦如之。享先王則袞冕，享先公饗射則鷩冕，祀四望山川則毳冕，祭社稷五祀則絺冕，群小祀則玄冕，而冕服九章也。」鄭注九章，初一曰龍，次二曰山，次三曰華蟲，次四曰火，次五曰宗彝，皆畫以爲繢；次六曰藻，次七曰粉米，次八曰黼，次九曰黻，皆絺以爲繡。則袞之衣五章，裳四章，凡九也。鷩畫以雉，謂華蟲也。其衣三章，裳二章，凡五也。絺次粉米，無畫也。其衣一章，裳二章，凡三也。玄者衣無文，裳刺黻而已，是以謂玄焉。凡冕服皆玄衣纁裳。又按：《司服》公之服自袞冕而下，如王之服。侯、伯之服自鷩冕而下，子、男之服自毳冕而下，卿、大夫之服自玄冕而下，士之服自皮弁而下，如大夫之服。則周自公、侯、伯、子、男，其服之章數與古之衆服頗異。法言，法度之言。德行，心有所得而見之躬行者。服之不衷，身之災也。《語》曰：「服奇者志淫。」《春秋傳》鄭子臧出奔宋，好聚鷸冠，鄭伯聞而惡之，使盜殺之。君子曰：「服之不衷，身之災也。」非法服而服之，是僭上偪下。邢昺《正義》曰：「言卿大夫遵守禮法，不敢僭上偪下。僭上謂服飾過制，僭擬於上也。偪下謂服飾儉固，偪迫於下也。《禮》曰『君子上不僭上，下不偪下』是也。」〇薛氏瑄曰：「古人衣冠偉博，皆所以嚴其外而肅其內，後人服一切簡便短窄之衣，起居動靜，惟務安適，外無所嚴，內無所肅，鮮不習而爲輕佻浮薄者。」非法言，是妄言也。武王《机之銘》曰：「皇皇惟敬，口口生㖃，口戕口。」〇富鄭公曰：「守口如瓶，防意如城。」〇薛氏瑄曰：「輕言戲謔最害事，蓋不妄發則言出而人信之，苟輕言戲謔，後雖有誠實之言，人亦弗之信矣。《易》曰：『修詞立其誠。』必須無一言妄發，斯可學道。苟信口亂談而資笑謔，其違道遠矣。必言謹則氣定心一，氣要顯一，心要顯一。」又曰：「進德則言自簡。」〇蔡氏清曰：「有道德者必不多言，有信義者必不多言，有才謀者必不多言，惟見夫細人、狂人、妄人乃多言爾。夫未有多言而不妄者也。」〇又曰：「戒爾重其言，言欲亮而貞出於我也。不重，則人之聽之也輕。惟古之聖賢兮，率然隻語達天聲，垂之後世而爲經。」○曹氏端曰：「今人輕易言語，是他此心不在，奔馳四出了，學者當自謹言語，以操存此心。」○尤氏時熙曰：「言語務在簡，然不得已而言亦不可多，養心養氣之功全在此。」非德行，是僞行也。《禮記・王制》曰：「行僞而堅，言僞而辨，學非而辨，順非而澤，以疑衆殺。」○蘇老泉《辨姦論》曰：「凡事之不近人情者，鮮不爲大奸慝，豎刁、易牙、開方是也。以蓋世之名而濟其未形之患，雖有願治之主、好賢之相，猶將舉而用之，則其爲天下患，必然而無疑者。」○鄒氏元標曰：「聖人之教，庸德是程，大經是經。而世之學者往往跳于經常之外，游情溟涬，脱略名教，自以爲逃世網、解天弢。知者謂之亂常，謂之拂經。夫亂常、拂經者，是曰邪慝，聖教所不容，而德之賊也。」服之、言之、行之，有虧孝道，故三者皆不敢也。祺按：卿、大夫所居之位，蓋輔翼人主，秉持世教，以爲斯民標的者也。衣冠言動之際，不敢不謹如此。

是故非法不言，非道不行，口無擇言，身無擇行，言滿天下無口過，行滿天下無怨惡。惡，去聲。

是故，言必守法，行必遵道，口之所言，身之所行，皆遵道法，故無可擇。言之多，雖至於滿天下，無率口之過；行之多，雖至於滿天下，不招人之怨惡。卿大夫立朝則敷奏接賓，出使則將命布德，故言行可滿天下。《正義》曰：「言之與行，君子所最謹，出己加人，發邇見遠。出言不善，千里違之；其行不善，譴辱斯及。故首章一叙不毁而再叙立身，此章一舉法服而三復言行也。」草廬吴氏曰：「人之相與，先觀容飾，次交言辭，後考德行。孟子言服堯之服，誦堯之言，行堯之行，意與此同，故首服次言次行。然『是故』以下申言行而不及服者，蓋以服明白易見不必更申，故下文又以三者總結之也。」王氏時槐曰：「儒者律身行己，自有法度。一念不敢妄萌，一言不敢妄出，一事不敢妄爲。子臣弟友，必盡其分，務期俯仰無愧，此躬行實際也。彼恣高談，薄踐履，甚者斁倫傷教，其謂妙道在形跡之外，此説倡人欲横流矣。」○呂氏柟曰：「父母生身最難，須將聖人言行一一體貼在身上，將此身喚作一箇聖賢的肢體，方是孝順。」

三者備矣，然後能守其宗廟。蓋卿大夫之孝也。

三者，法服、法言、德行也。宗廟者，按《祭法》天子七廟，諸侯五廟，卿大夫三廟。按：古者宗廟之制，天子七廟，諸侯五廟，大夫三廟，卿與大夫同。○又按：《祭法》卿大夫立三廟，寢之前屋，有東西廂者曰廟。○朱子曰：「《王制》『天子七廟，三昭三穆，與太祖之廟而七』。諸侯、大夫、士降殺以兩，而《祭法》又有適士二廟，官師一廟之文。大抵上無太祖而皆及其祖考也。」○或問官師一廟，得祭父母而不及祖，無乃不盡人情耶？朱子曰：「位卑則流澤淺，其理自然如此。」○或問今士庶人家亦祭三代，却是違禮？朱子曰：「雖祭三代却無廟，亦不可謂之僭。古所謂廟，體而甚大，皆具門堂寢室，非如今人但以一室爲之。」○吳氏曰：「古之大夫、元士有家，有家者，何謂？都邑有食采之田以奉宗廟，子孫雖不世爵而猶世禄，承家之宗子世世守其宗廟所在，而支子不得與焉。宗子出他國而不復，然後命其兄弟若族人主之。此古者大夫、士之家所以與國咸休而無時或替也。」卿大夫通指王朝列國言。按：卿大夫謂王朝侯國之臣，王之卿六命，大夫四命，公、侯、伯之卿三命，大夫再命，子、男之卿再命，大夫一命。○《正義》曰：「次諸侯之貴者，卿大夫。《説文》：『卿，章也。』《白虎通》云：『卿之爲言章也。章，善明理也。大夫之爲言大扶，扶進人者也。』故傳云：『進賢達能，謂之卿大夫。』《王制》云：『上大夫卿也。』又《典命》云：『王之卿六命，其大夫四命，則爲卿與大夫異也。』今連言者，以其行同也。」○按：卿大夫位以材進者，《毛詩傳》曰：「建邦能命龜，田能施命，作器能銘，使能造命，升高能賦，師旅能誓，山川能説，喪紀能誄，祭祀能語，君子能此九者，可謂有德音，可以爲大夫。」是位以材進也。言卿大夫世守宗廟，僭服、妄言、僞行有一則不免於罪廢，惟法服、法言、德行之三者全備而後能保守宗祀，蓋卿大夫之孝有終始當如是也。皇侃云：「初陳教本，故舉三事。服在身外可見，不假多戒，言行出於内府難明，必須備言。至於後結，宜應總言。謂人相見，先觀容飾，次交言辭，後考德行，卿大夫若能備服飾言行，故能守宗廟也。」○《援神契》云：「卿大夫行孝曰譽，蓋以聲譽爲義，謂言行布滿天下能無怨惡，遐邇稱譽是榮親也。」

《詩》云：「夙夜匪懈，以事一人。」懈，居賣反。

《詩·大雅·烝民》之篇。引仲山甫修其威儀，爲王喉舌，夙夜小心，式於古訓，不敢懈怠，以事其君，以明卿大夫之孝。虞氏淳熙曰：「仲山甫修其威儀，爲王喉舌，早晚小心翼翼，式於古訓，不敢懈惰，專心以事君王，其明哲保身，不辱父母之道在此。」○按：衣服言行與詩中威儀喉舌相合，法先王與詩中古訓是式相合，守宗廟與詩中明哲保身相合。○上天經常不易之法傳與天子，天子口代天言，身代天事，五服之錫亦代天命而彰有德，完全是天。就君臣父子之分論，又完全是父。孝順天子，便是孝順天地，孝順父母，故立身保宗全在於此。

右第四章。今文、古文俱同。今文爲《卿大夫》章。

資於事父以事母，而愛同。資於事父以事君，而敬同。故母取其愛，而君取其敬，兼之者父也。

此言士之孝也。資，藉也，言愛敬其父而藉以愛母敬君皆同也。母非不敬，以愛爲主。君非不愛，以敬爲主。董鼎曰：「取事父之道以事母，其愛母則同于愛父，雖未嘗不敬也而以愛爲主，以父主義、母主恩故也。取事父之道以事君，其敬君則同于敬父，雖未嘗不愛也而以敬爲主，以君臣之際義勝恩故也。」兼愛與敬，惟父而已，皆本人性自然而然，非有所强也，此移孝爲忠之道所由生也。劉氏瓛曰：「父情天屬，尊無所屈，故愛敬雙極。」○或曰：「人必有本，父者生之本也。愛與敬，父兼之，所以致隆於一本故也。」

故以孝事君則忠，以敬事長則順。長，上聲。

故，承上文而言。忠，謂盡心無隱。順，謂循理無違。薛氏瑄曰：「恭而不近于諛，和而不至于流，事上處衆之道。」○朱鴻曰：「移孝事君，則盡心無隱爲忠；移敬事長，則循理無違爲順。」士初離膝下，方登仕籍，或未盡知事君之道，第用事父之孝以事君，則爲忠矣。《正義》曰：「入仕本欲安親，非貪榮貴也。若用安親之心，則爲忠也；若用貪榮之心，則非忠也。」○嚴植之曰：「君父敬同，則忠孝不得有異，言以至孝之心事君必忠也。」○横渠張子曰：「聚百順以事君親，故曰：『孝者，畜也。』」又曰：「畜君者，好君也。」○虞氏淳熙曰：「愛敬二字，愛之極便是敬，敬之立原于愛，敬兼得愛，愛兼不得敬。事君敬同于父，故取父子之愛事君就唤做不忍欺君之忠。取父子之敬事君就唤做不敢慢君之順。總來孝君時連着孝親，孝親時連着孝君，原無二道也。」即用事父之敬以事長，則爲順矣。長謂士之上，有卿大夫爲之長也。

《正義》曰：「不言悌而言敬者，順經文也。《左傳》曰『兄愛弟敬』，又曰『弟順而敬』，則知悌之與敬，其義同。《尚書》云『邦伯師長』，安國曰『衆長，公卿也』，則知大夫已上皆是士之長。」〇維祺按：「以敬」之「敬」，即承上「敬同」「取敬」之「敬」。蓋以敬父之敬，事其長也。言敬父，而敬兄之敬在其中矣。《正義》之解，非也。

忠順不失，以事其上，然後能保其禄位，而守其祭祀，蓋士之孝也。

士如上士、中士、下士，指已仕者言。《正義》曰：「次卿大夫者，士也。《説文》數始于一，終于十。孔子曰『惟一答十爲士』，《毛詩傳》曰『士者，事也』，《白虎通》曰『士者，事也，任事之稱也』，傳曰『通古今，辯然不然，謂之士』。」〇按：士有上士、中士、下士，一命爲下士，再命爲中士，三命爲上士。〇《白虎通》云：「天子之士，獨稱元士，蓋士賤不得體君之尊，故加元以别于諸侯之士。」〇《王制》云「上農夫食九人」，謂「諸侯之下士，視上農夫，中士倍下士，上士倍中士」。合忠與順而不失其道，以事君與長，然後能安保其俸廩之禄，官爵之位，而永守其祖先之祭祀。惟士無田，則亦不祭，故禄位與祭祀相關。《正義》曰：「謂能盡忠順以事君長，則能保其禄位也。禄謂廩食，位謂爵位。《廣雅》曰：『位，涖也，涖下爲位。』」〇祭者，際也。人神相接，故曰際也。祀者，似也。謂祀者似將見先人也。〇皇侃云：「保者，安鎮也。守者，無逸也。社稷、禄位是公，故言保。宗廟、祭祀是私，故言守。士初得禄位，故兩言之。」〇吕氏本中曰：「事君如事親，事官長如事兄，與同僚如家人，待群吏如奴僕，愛百姓如妻子，處官事如家事，然後能盡吾之心。如有毫末不至，皆吾心有所未盡也。」〇按：君言社稷，卿大夫言宗廟，士言祭祀，各以其所事爲重也。庶人則薦而不祭。〇章氏懋曰：「先王廟祀之典，不及下士、庶人，蓋以其分之有限，禮不下達，而人情猶有歉焉。至宋，大儒君子創爲祠堂之制，則通上下皆得爲之，然後盡于人心，豈非禮之以義起者乎！」蓋士之孝有終始當如是也。《援神契》云：「士行孝曰究，以明審爲義，須能明審資親事君之道，是能榮親也。」

《詩》云：「夙興夜寐，無忝爾所生。」夙音宿。寐，密二反。忝，他點反。

《詩·小雅·小宛》之篇。引《詩》言早夜敬謹，無辱所生之親，以明忠順不失之意。○張子曰：「不愧屋漏爲無忝，存心養性爲匪懈。」虞氏淳熙曰：「引《小雅·小宛》之詩，言人生有如鸒鴝，一身首尾相顧，乃得全生。又有如蜾蠃，兩個形體相負，乃得化生。父母生我不必言，凡全我化我之人，皆有生我之恩，當得早朝起來，夜裡睡去，戰戰兢兢，無忝所生，方是孝子。」○黄香九歲失母，思慕骨立。事父竭力以致養，冬無被袴而盡滋味，暑則扇牀枕，寒則以身温席。和帝嘉之，特加異賜。歷位恭勤，寵禄榮親。陶氏潛曰：「可謂夙興夜寐，無忝爾所生者也。」○薛氏瑄曰：「因讀朱文公與子受之書『念之念之，夙夜無忝所生』之言，不勝感發興起，中心惻然，必欲不爲一事之惡以忝先人。」

右第五章。古文、今文皆有。古文「保其禄位」爲「保其爵禄」。今文爲《士》章。

孝經大全卷之四

明新安呂維祺箋次

用天之道，分地之利，謹身節用，以養父母，此庶人之孝也。養，去聲。

春生、夏長、秋收、冬藏，舉事順時，用天道也。《爾雅・釋天》云：「春爲發生，夏爲長毓，秋爲收斂，冬爲安寧。」安寧即閉藏之義也。舉農畝之事，順四時之氣。春生則耕種，夏長則芸苗，秋收則穫割，冬藏則入廩也。分別五土，視其高下，各盡所宜，分地利也。按：《周禮・大司徒》云：「五土：一曰山林，二曰川澤，三曰丘陵，四曰墳衍，五曰原隰。」謂庶人須能分別，視此五土之高下，隨所宜而播種之，則《職方氏》所謂青州其穀宜稻粱，雍州其穀宜黍稷之類是也。不順天道，物無以生。不辨地利，物無以成。二者皆得則生植成遂，衣食足矣。尤必謹守其身而不敢放縱，節其財用而不敢奢侈。鄭氏曰：「身恭謹則遠恥辱，用節省則免饑寒，公賦既充則私養不闕。」〇《禮》曰：「食節事時。」又曰：「庶人無故不食珍。」又曰：「三年耕，必有一年之食。九年耕，必有三年之食。以三十年之通，雖有凶旱水溢，民無菜色。」以此養其父母，不徒養口體，且養志矣。董鼎曰：「衣食既足，又必謹其身而不敢放縱，節其用而不敢奢侈，惟恐縱肆則犯禮，而自陷于刑戮。侈用則傷財，而不免于饑寒。常以此爲心，則所以養其父母者，不徒養口體有餘，而養志亦無不足。」○凡庶人及未受命爲士者，既不得以事君，所事者惟父母而已，故以養父母爲孝。○《存古篇》曰：「凡有綿帛，父母未衣，不忍先着體。凡有美鮮，父母未嘗，不忍先入口。此孝子之用心也。」○又曰：「世人慳吝，雖父母之養不肯盡心。或有兄弟互相推諉，至令父母凍餓。或富而力能養者，在父母前多粗率無狀，求其敬且和者，百無二三也。嗚呼！孝道之失久矣。」庶人之孝，有終始，惟此而已。《正義》曰：「庶者，衆也，謂天下衆人也。」皇侃云：「不言衆民者，兼包府史之屬，通謂之庶人也。」嚴植之以爲士有員位，人無限極，故士以下皆爲庶人。○或曰：「學爲士而未仕，與農、工、商、賈之屬皆是。」○《援神契》云：「庶人行孝曰畜。」以畜養爲義。言能躬耕力農，以畜其德而養其親也。○統觀夫子條陳五等之孝，於庶人始以養父母言，則孝之大指，自可默喻。○謹按：此章變「蓋」言「此」者，天子、諸侯、卿大夫、士，其應行之孝道甚廣，所言亦未敢以爲盡，故云「蓋」，而猶必引《詩》、《書》證之。若庶人之孝，其理易明，其事易盡，故直指之曰「此」，而不必引《詩》矣。按：天子、諸侯、卿大夫、士皆言「蓋」，而庶人獨言「此」，謂天子至士，孝行廣大，其章略述宏綱，所以言「蓋」也。庶人用天分地，謹身節用，其孝行已盡，故曰「此」，言惟此而已。庶人不引《詩》者，義盡於此，無贅詞也。○或曰：「孔子言天子至士之孝，還不敢決定，須着一『蓋』字，又要引《詩》、引《書》作證據，惟此一節，是爾見我聞的，又何必疑他。」○西山真氏作《庶人章解》曰：「春宜深耕，夏宜數耘，禾稻成熟宜早收斂，豆、麥、黍、米、桑、麻、蔬、果宜及時用功浚治，此便是用天之道。高田種早，低田種晚，燥處宜麥，濕處宜禾，田硬宜豆，山畬宜粟，隨地所宜，無不栽種，此便是分地之利。既能如此，又要謹身節用,念我此身父母所生,宜自愛恤;莫作罪過,莫犯刑責,得忍且忍莫要鬪毆,得休且休莫興詞訟,入孝出弟,上和下睦。此便是謹身。財物難得,當須愛惜;食足充口,不須貪味;衣足蔽體,不須奢華;莫喜飲酒,飲酒失事;莫喜賭博,賭博壞家;莫習魔教,莫信邪師;莫貪浪遊,莫看百戲;凡人皆妄費,便生出許多事端,既不妄費,即不妄求,自然安穩,無諸災難。此便是節用。謹身則不憂惱父母,節用則能供給父母。能是二者,即是謂孝,故曰以養父母。此庶人之孝也。」○司馬温公著《古文孝經指解》,一日省墓,止餘慶寺,有父老五六輩獻粟米、菜蔬,復請曰:「願聞資政講書,以爲鄉里之訓。」光欣然取紙筆,書《庶人章》講之。

故自天子至於庶人,孝無終始而患不及者,未之有也。

故自天子下至於庶人,雖有尊卑之分,其根於一本則一。孝雖有五等之別,其始於事親、終於立身則一。有如立心不純,用力不果,其於立身之終、事親之始皆無成就,如是而禍患不及,必無之理也。孔子爲天子、庶人通設此戒,以結上文之旨,可謂至儆切矣。曾子曰:「官怠於宦成,病加於小愈,禍生於懈惰,孝衰於妻子。察此四者,慎終如始。《詩》曰:『靡不有初,鮮克有終。』」○草廬吴氏曰:「孝之終謂立身,孝之始謂事親,孝無終始謂不能事親立身也。患,禍難也。不能事親立身,則禍難立及之,甚則天子不能保其天下,諸侯不能保其國,卿大夫不能保其家,士、庶人不能保其身也。」○或曰:「此通結上文,以重致戒勉之意。孝之終謂立身,孝之始謂事親,孝無終始謂不能事親立身,則禍患鮮有不及之者,理勢之必然也。」○又曰:「夫子既條陳五孝之用,而具言孝道之極至,則天子可以刑四海,諸侯可以保社稷,卿大夫可以保守宗廟,士可以守祭祀,庶人可以養父母,其必至之效有如此者,聞者亦宜有以自勸矣。然猶恐其信道之不篤，用力之不果，而反以吾言之行與不行爲無所損益，於是又有以警戒之。」○維祺按：邢昺註疏及近世儒者解「孝無終始」，謂孝無内無外、無久無暫，何嘗有終始。因心愛日，豈患不及。其論亦通。第反覆上下文義，「終始」原與第一章「孝之始」、「孝之終」、「始於事親」、「終於立身」相應，而「患不及」作「禍患」之「患」，亦與下「災害」、「禍亂」、「五刑」、「大亂」等語相合，更爲嚴切，令人悚然起畏。○又按：《孝經》、《大學》皆孔子格言，而曾子與其門人筆記之，故二書相爲表裏。今觀《孝經》結云「故自天子至於庶人，孝無終始而患不及者，未之有也」，與《大學》結「自天子以至於庶人」兩段，氣脉、文義皆酷相似。後復反覆發明，極其廣大精微，真天下萬世興道致治之本。而《大學》久頒學官，獨此經以淺近擯之，祖龍煽焰，金陵揚灰，惜哉！

右第六章。按：經之首章，統論孝之始終，中乃推極孝之通於天下，而末總結之。朱子曰：「首尾相應，次第相承，文勢連屬，脉絡通貫，至矣！」今文、古文皆有。古文「分地之利」爲「因地之利」，「自天子」句多「子曰」「已下」四字。今文爲《庶人》章。○朱子曰：「此一節，夫子、曾子問答之言，而曾子門人記之也。疑所謂《孝經》者，其本文止如此。其下則或者雜引傳、記以釋經文，乃《孝經》之傳也。」又曰：「經之首統論孝之終始，中乃敷陳天子、諸侯、卿大夫、士、庶人之孝，而其末結之曰『故自天子已下至於庶人，孝無終始而患不及者，未之有也』，其首尾相應，次第相承，文勢連屬，脉絡通貫，同是一時之言，無可疑者。而後人以爲六、七章，又增『子曰』及引《詩》、《書》之文以雜乎其間，使其文意分斷間隔。今合爲一章，而刪去『子曰』者二，引《書》者一，引《詩》者四，凡六十一字。」○維祺按：《孝經》、《大學》大意相同，而文體稍異。《大學》首爲經，其餘皆曾子以己意釋經，各有次第，故有所謂誠其意，所謂修身，所謂齊家、治國、平天下之起語也。《孝經》則仲尼、曾子以次問答，引伸觸類，以極言孝道之大觀。「甚哉孝之大也」、「敢問聖人之德」、「若夫慈愛恭敬」等章，語氣相承，結上起下，即有推廣，脉絡亦自貫串，非雜引孔子之言以解經也。不然，曾子若以傳解經，何無一語自解，而全引孔子之言？且既云傳矣，如「諫争」、「喪親」等章，又不解經，而别發一義，於傳何居？〇又按：《孝經》本孔、曾一時問答之語，或問以「子曰」字，則記者見孔、曾答問之外，有更端以告者，又有間歇而復告者，故皆以「子曰」起之，而意則未始不相貫也。〇又按：《孝經》之引《詩》、《書》者，蓋聖人之言，春容不迫，令人有餘味。語若有間而意更親切，如《大學》、《中庸》凡意所不盡，多引《詩》、《書》，《孟子》亦多用此體，正使人詠歎反覆，意味深長，未嘗有所分斷間隔也。〇又按：分章自劉向始，非經文之舊，題名則皇侃等所加也。但以卷帙之多而分之，又加題名，便於識記。如《詩·關雎》幾章章幾句，未嘗不分章也。《中庸》右第幾章，亦非子思之舊。分章固無害也，但題名如後章《三才》、《聖治》、《紀孝行》、《應感》等章，俱欠典切。且此章雖明庶人之孝，而「故自天子至於庶人」一段乃總結之，與《庶人》章無涉，亦總題《庶人》章，則非也，故皆删之。〇草廬吴氏曰：「古文『居』上有『閒』字，按許慎《説文》所引古文無之；『侍』下有『坐』字，按居即坐也，與上句義重。《禮小戴記》云『仲尼燕居，子張、子貢、子游侍』、『孔子閒居，子夏侍』，《大戴記》云『孔子閒居，曾子侍』，並無『坐』字，此經與彼所記，當爲一例。『先王』上有『參』字，『德之本』、『教之所由生』、『蓋天子之孝』、『所以長守貴』、『所以長守富』、『蓋諸侯之孝』、『蓋卿大夫之孝』、『蓋士之孝』、『此庶人之孝』九句之末並無『也』字，『禄位』作『爵禄』，『分地』作『因地』，『故自天子』下有

「已下」字，依《大學》經文例，亦不應有。凡此疑皆僞稱得古文者妄增減改易以異於今文，故今所定，悉從今文。」○維祺按：草廬固斥古文之僞，從今文矣。乃分經列傳，又頗駁朱子《刊誤》之説，中亦多所更定。張恒謂草廬授子文讀之，文謂先生整齊諸説，附入已見，不欲出以示人，豈亦有所未安與。

孝經大全卷之五

明新安呂維祺箋次

曾子曰：「甚哉，孝之大也！」子曰：「夫孝，天之經也，地之義也，民之行也。行，去聲，下同。

此因曾子之贊而推言之，以明本孝立教之義。曾子平日以保身爲孝，不知孝之通於天下，其大如此，故極贊之。而孔子言民性之孝原於天地，天以生物覆幬爲常，故曰「經」；地以承順利物爲宜，故曰「義」。得天之性爲慈愛，得地之性爲恭順，即此，是孝乃民之所當躬行者，故曰「民之行」。延氏篤曰：「人之有孝，猶四體之有心腹，枝葉之有根本也。聖人知之，故曰：『夫孝，天之經也，地之義也，人之行也。』孝以心體根本爲先。」〇河間獻王問董子曰：「夫孝，天之經，地之義，何謂也？」董子對曰：「天有五行，春木主生，夏火主長，季夏土主養，秋金主收，冬水主成。是故父之所生，其子長之；父之所長，其子養之；父之所養，其子成之。凡父所爲，其子皆奉承而續行之，乃天之道也。故曰：『夫孝者，天之經也。』此之謂也。」王曰：「善！願聞地之義。」對曰：「風雨者，地之爲。地不敢有其功名，必上之於天，可謂大忠矣。土者，火之子也。五行莫貴於土。土之於四時，無所命者，不與火分功名，此謂孝者地之義也。」王曰：「善！」

○《春秋繁露》曰：「忠臣之義，孝子之行，取之土。土者，五行最貴者也，其義不可以加矣。五聲莫貴於宮，五味莫貴於甘，五色莫貴於黄，此謂孝者地之義也。」○邢昺《正義》曰：「經，常也。《易・文言》曰：『利物足以和義。』人之百行，莫先於孝。《易》曰：『常其德，貞。』孝是也。孝爲百行之首，是人生有常之德。若日月星辰運行於天而有常，山川原隰分别土地而爲利，則知貴賤雖别，必資孝以立身，皆貴法則於天地。」○虞氏淳熙曰：「孝在混沌之中，生出天來，天就是這箇道理；生出地來，地就是這箇道理；生出人來，人就是這箇道理。因他常明，唤作天經；因他常利，唤作地義；因他常順，唤作民行。」○董鼎曰：「天以陽生物，父道也。地以順承天，母道也。天以生覆爲常，故曰經。地以承順爲宜，故曰義。人生天地之間，禀天地之性，如子之肖象父母也。得天之性爲慈愛，得地之性爲恭順，慈愛、恭順即所以爲孝。」○朱鴻曰：「孝之爲道，在天爲常經，一定而不可易。在地爲大義，裁制而得其宜。在民爲懿行，五常由之，而爲德之本。」○西山真氏曰：「人與天地並立而爲三者，形有大小之殊，理無大小之間。」和靖尹氏曰：「人本與天地一般大，只爲人自小了。若能自處以天地之心爲心，便是與天地同體。」○慈湖楊氏曰：「夫孝，天之經，地之義，民之行。此道通明，無可疑者。人堅執其形，牢執其名，而意始分裂不一矣。意雖不一，其實未始不一。人心本體，無所不通，無所限量。是故事親之道，即事君事長之道，即慈幼之道，即應事接物之道，即天地生成之道，即日月四時之道，即鬼神之道。」○曹氏端曰：「此身從天地來，其形雖小，理與天地渾合。」○又曰：「人生天地間，上戴天，下履地，參兩間而立者，不能以忠孝立身，非大丈夫也。」

「天地之經，而民是則之。則天之明，因地之利，以順天下，是以其教不肅而成，其政不嚴而治。治，去聲。

則，法也。孝者，天地之常經，而民所取以爲法則者。但民不能自則，聖人乃則之也。經故常明，義故利物，則其明，因其利，以順天下愛敬之心，而立之政教。是以教不待戒肅而成，政不待威嚴而治者，無他也，蓋以孝爲天性之自然，人心所固有，是以其化之神如此。邢昺《正義》曰：「天有常明，謂日月星辰，明臨于下，紀于四時，人事則之，以夙興夜寐，無忝所生。地有常利，謂山川原隰，動植物産，人事因之，以晨羞夕膳，色養無違，此皆人能法則天地以爲孝行者。」○慈湖楊氏曰：「民自膝下嬉嬉，皆知愛親，愛其親之心曰孝。天之健行，地之博載化生，一以貫之。」按：慈湖云：「孔子謂天地之經，民是則之。夫天之不可俄而度如彼，地之不可俄而測又如彼，而民何以則之？謂民則不惟聖賢，凡民皆在其中。然則凡民何以則之也，自膝下嬉嬉皆知愛其親，愛其親之心曰孝，是愛其親之心，吾不知其所自來也。窮之而無原，執之而無體，用之而不可，既廣大而無際。天之所以健行不息，吾之健行也。地之所以博載化生，吾之化生也。日月之所以明，吾之明也。四時之所以代謝，吾之代謝也。萬物之所以散殊於天地之間，吾之散殊也。吾道一以貫之。」○謹按：上言天之經，地之義，下言天地之經，言經而義在其中矣。下又變經言明，變義言利，經常明，義利物，非有二也。皆文法錯綜，極變化之妙，非聖人不能道。或改利爲義，非也。《正義》曰：「上言天之經，地之義，此云天地之經而不言義者，爲地有利物之義，亦是天常也。分而言之，則爲義；合而言之，則爲常也。」○草廬吴氏曰：「孝者，天地之理，民效法而行之。既分言天經、地義，又總言天地之經，則義在其中矣。」

「先王見教之可以化民也，是故先之以博愛，而民莫遺其親。陳之以德義，而民興行。先之以敬讓，而民不争。導之以禮樂，而民和睦。示之以好惡，而民知禁。《詩》云：『赫赫師尹，民具爾瞻。』」好，去聲。惡，烏路反。赫，許格反。

教，承上不肅而成之教，言政教皆可化民，而以孝立教，其化尤神，是以先王有見於此而必以身先之也。博，廣也，謂廣其愛於親也。遺，棄也。陳，布也。導，引也。示，昭明之也。禁，知所禁止而不敢犯也。博愛、敬讓以身前乎民，故兩曰「先之」。德義之美可布，故「陳之」。禮節樂和有節文聲容可引，故「導之」。善當好，惡當惡，善有慶，惡有刑，可以昭明勸戒，故「示之」。此五者，皆則天地之經以孝教民之目也。民之化之捷於影響，甚矣教之可以化民也。《正義》曰：「先王見因天地之常不肅不嚴之政教，可以率先化下，故須身行博愛之道，以率先之，則人漸其風教，無有遺其親者，於是陳説德義之美，以順教誨人，則人起心而行之。先王又以身行敬讓之道，以率先之，則人漸其德而不争競。又導之以禮樂之教，正其心迹，則人被其教，自和睦也。又示之以好者必愛之，惡者必討之，則人見之而知國有禁也。」〇又曰：「君行博愛之道，則人化之，無有遺忘其親者，即《天子》章之『愛敬盡于事親，德教加于百姓』是也。《易》稱『君子進德修業』，《論語》『義以爲質』，《左傳》趙衰薦郤縠『説禮樂而敦《詩》、《書》』。《詩》、《書》，義之府也。禮樂，德之則也。德義，利之本也』，言大臣陳説德義之美，是天子所重，爲群情所慕，則人起發心志而效行之。」祺按：言大臣陳説德義之美，是因引《詩》添出，非本旨也。〇《鄉飲酒義》「先禮而後財，則民作敬讓而不争」，言君身先行敬讓，則天下之人自息貪也。〇虞、芮之君相與争田，久而不平，乃相謂曰：

「西伯，仁人也。盍往質焉。」乃相與朝周。入其境，則耕者讓畔，行者讓路。入其邑，男女異路，斑白者不提挈。入其朝，士讓爲大夫，大夫讓爲卿。二國之君感而相謂曰：「我等小人，不可以履君子之庭。」乃相讓，以其所争田爲閒田而退。天下聞而歸之者四十餘國。○《禮記》「樂由中出，禮自外作」，中謂心，在其中也；外謂跡，見于外也。由心以出者，宜聽樂以正之。自跡以見者，當用禮以簡之。簡之謂約束也，言心跡不違于禮樂，則人自當和睦也。祺按：導之以禮樂，謂内外交養，非禮偏外，樂偏内也。○虞氏淳熙曰：「先王把愛父愛母極大的愛來順天下，天下人自然不忍遺棄二親，就將此仁愛之所統唤做德義的，與他陳説一番，衆人便都全修百行矣。先把這敬父敬母的敬讓來順天下，天下人自然不敢好勇鬭狠，就將此敬讓之節文唤做禮樂的，與他開導一番，衆人却都和順親睦矣。又將禮樂之情唤做好惡的，與他披露一番，衆人便都怕犯禁令矣。曰博愛、曰德義、曰敬讓、曰禮樂、曰好惡，乃先王之教也。曰莫遺親、曰興行、曰不争、曰和睦、曰知禁，乃先王之化民也。」○韓氏邦奇曰：「上行下效，有如桴鼓。聖賢之言，的然無疑。」引《詩·小雅·節南山》篇以證教明於上，民化於下之意。虞氏淳熙曰：「孔子引《節南山》之詩，謂尹氏不過太師，其威光赫然，百姓尚具瞻望，正謂人君挽回天意，俾民不迷，尚且賴于師尹，何況明明天子，四海具瞻，可不立教以化民乎！倘若有疑，當取此詩爲證。」○維祺按：學者多疑此章，不知此章與「天子」之孝互相發明，亦可作註解。先王，天子也。民教，德教也。博愛、敬讓者，愛敬盡于事親也。德義三者，皆德教也。先之、陳之、導之、示之，加于百姓也。民莫遺其親之五者，刑于四海也。引《詩》之師尹者，况一人也。民，兆民也。具瞻者，賴之也。○按：鄭氏註義取大臣助君行化，邢氏註謂君臣同體相須而成，殊非。維祺按：《大學》「平天下」章亦引此詩，朱子曰：「言在尊位者人所觀仰，不可不謹。」又曰：「古人引《詩》，多斷章取義，或姑借其辭以明己意，未必皆取本文之義。」○周子曰：「聖人立教，俾人自易其惡。」廣川董子曰：「夫萬民之從利，猶水之趨下，不以教化隄防之不能止也。是故教化立而姦邪皆止者，其隄防完也。教化廢而姦邪並出，刑罰不能勝者，其隄防壞也。古之王者明於此，是故南面而治，天下莫不以教化爲大務。」○胡氏寅曰：「天生斯民，立之司牧，而寄以三事。然自三代之後，能舉此職者，百無一二。漢之文、明，唐之太宗亦云庶且富矣。西京之教，無聞焉。明帝尊師重傳，臨雍拜老，宗戚子弟莫不受學。唐太宗大召名儒，增廣生員，教亦至矣。然亦未知所以教也。三代之教，天子、公卿躬行於上，言行政事皆可師法。彼二君者，其能然乎！」○丘氏濬曰：「在己者皆盡其道，則在下者各以類而應之，所謂正己而物正者也。」○鄒氏元標曰：「呼途之人曰『來，吾語汝以大道』，彼未必不四顧踟躕，惟語之以孝親，三尺豎兒心動神洽。聖人覺世，從人所常有者提撕之，則人不沮於其難，而吾言之入也常易。」

右第七章。前章之語已終，因曾子贊之而復極言本孝立教之義。其下七章，皆推廣此意而反覆言之。今文、古文皆有。古文「天之經」三句俱無「也」字。今文爲《三才》章。○按：朱子謂此章釋「以順天下」。○又曰：「但自其章首，以至『因地之義』，皆是《春秋左氏傳》所載子太叔爲趙簡子道子產之言，唯易『禮』字爲『孝』字，其曰『先王見教之可以化民』又與上文不相屬，故温公改『教』爲『孝』，乃得粗通。而下文所謂德義、敬讓、禮樂、好惡者却不相應，疑亦裂取他書之成文而强加裝綴，以爲孔子、曾子之問答，但未見其所出耳。然其前段文雖非是，而理猶可通，存之無害。至於後段則文既可疑，而謂聖人見孝可以化民，而後以身先之，於理又已悖矣。況先之以博愛，亦非立愛惟親之序，若之何而能使民不遺其親。」○維祺按：朱子謂聖人見孝可以化民，而後以身先之，於理已悖。蓋經文本意，謂先王真見身先之教可以化民，是故必以身先之也。是因其以身先教民，而知其真見有如此也，非謂見其可以化民而後以身先之也。朱子以「而後」二字，易「先之」二字，經固言先之，未嘗言而後也。○又按：「先王見教之可以化民也」，蓋承上文「是以其教不肅而成」之教。上文兼言政教，此獨言教者，即孟子「善政不如善教」之意。蓋謂政不如教也。教即孝之教，温公自不必改教爲孝，至「先之以博愛」十語，文語精整。「先之以博愛」與「博施濟衆」不同，蓋即「篤於親」之義，而「老吾老以及人之老」之義在後一層，於立愛惟親之序未嘗悖謬也。○或問博愛與博施濟衆，何爲不同？曰：「博字亦無異，但此謂博愛其親，彼謂博施於衆，且子貢所云博施濟衆亦不差。但要博施，又要能濟衆，若必以此爲仁，則求仁太遠太難，是子貢欲在遠處做，孔子教以近處做。又教以方，如要廣治人病，須有良方始施得。博濟得衆，非謂博施濟衆爲非是也。」○或問博愛之義。曰：「博，猶竭也，篤也，無方也，巧變也，不匱也，純也，聚也。《論語》『事父母能竭其力』、『君子篤於親』，《禮·檀弓》『左右就養無方』，曾子『孝子惟巧變』，《詩》『孝子不匱』，《左傳》『穎考叔純孝也』，張子『聚百順以事親』，皆博愛之義也。謂博愛其親，非博愛民也。」○又曰：「博，盡也，致也，備也，本經自明，不必他求。愛敬盡於事親，博愛也。居則致其敬，養則致其樂，病則致其憂，喪則致其哀，祭則致其嚴，博愛也。五者備矣，然後能事親博愛也。始於事親，中於事君，終於立身，合始、中、終而言，亦博之義也。然曰『先之以』，曰『而民』，便有『不敢惡於人』，『不敢遺小國之臣，故得萬國之歡心，以事其先王』意思在其中。」○或問：謂博愛爲博愛其親，有據乎？曰：「按：《説文》：

『博，大通也。』又《廣韻》亦曰：『大也，通也。』據本經文有云『人之行，莫大於孝。孝莫大於嚴父，嚴父莫大於配天』，其大也至矣！又云『孝弟之至，通於神明，無所不通』，其通也至矣！大而通，其博愛也至矣！故博愛爲博愛其親無疑也。」〇或問：近儒解博愛作「博愛其民」，子獨言「博愛其親」，何以知其然也。曰：「以理揆之，則知之耳。君子親親而仁民，仁民而愛物。若謂博愛其民，是不先之以親親，而先之以仁民也，於理通不去。」〇又曰：「以經文證之，則知之耳。本句經文先之以博愛，若謂博愛其民，是後一層事，不應言先，於本句經文通不去。前章經文『愛敬盡於事親，德教加於百姓，刑於四海』，若謂博愛其民，是愛敬先加於百姓，而遂刑於四海，於前章經文通不去。後章經文『不愛其親，而愛他人者，謂之悖德』，若謂博愛其民，經不應自相矛盾，而一則曰『先之』，一則曰『悖德』也，於後章經文通不去。」〇或問凡經文有疑者，作何解。曰：「於理不可通者，意見也。於經不可通者，信傳之過也。是故以意見解經，不如以理解經。以傳解經，不如以經解經。聖人之言千變萬化，一以貫之，只是個理，要虛心體認始得。」

孝經大全卷之六

明新安吕維祺箋次

子曰：「昔者明王之以孝治天下也，不敢遺小國之臣，而況于公、侯、伯、子、男乎？故得萬國之懽心，以事其先王。治，平聲，下同。

此又廣上文教可化民之意而極言之。明王，明聖之王，即首章之先王也。邢昺《正義》曰：「此章之首稱『子曰』者，爲事訖更别起端故。」〇按：《國語》：「古曰在昔，曰先民。」《左傳》：「照臨四方曰明。」昔者，非當時代之名。明王，則聖王之稱也。是汎指前代聖王之有德者，即指首章之先王也。以代言之，謂之先王；以聖明言之，則爲明王。遺，忘也。小國之臣，謂子、男以下之臣也。其先王，指明王之先王也。言明王見理最明，故以孝治天下。愛敬其親，不敢惡慢于人，雖小國之臣，尚不敢忘，況公、侯、伯、子、男五等之君乎？故得萬國懽悦之心。尊君親上，同然無間，人心和而王業固，社稷靈長，世德光顯，以此事其先王，孝道至矣，教之本立矣。按：公、侯、伯、子、男，舊解云：「公者，正也，言正行其事。侯者，候也，言斥候而服事也。伯者，長也，爲一國之長也。子者，字也，言字愛于小人也。男者，任也，言任王之職事也。」○陶氏潛曰：「文王孝道光大，自近之遠，故得萬國之懽心，以事其先王。」○草廬吴氏曰：「天子、諸侯無生親可事，故以事其先王、先君爲孝。或曰：子謂天子、諸侯無生親可事，獨無母存者乎？曰：聖人立言，舉尊以包卑，故上章及此章與《中庸》論武王、周公皆以宗廟事死之孝而言。若有母存，則事生之孝固在其中。」○維祺按：草廬謂無生親可事，又云有生母可事，然謂之明王，則豈必無一王有生親可事乎？如舜之瞽瞍，漢高之太上皇，非生親耶！此特舉其重者而言，生父生母固在其中。不然，下何以言「生則親安之」也。豈生則親安獨爲卿大夫以下發耶！○又按：鄭氏謂得萬國之懽心，以事其先王，言行孝道以理天下，皆得懽心，以其職來助祭。祺謂得懽所包者廣，不止言助祭。○謹按：孔子之稱明王，曰「不敢遺小國之臣」，不敢之心，即前不敢惡慢於人之心，一於敬也。堯舜之道，孝弟而已。然以欽明温恭，開萬世治道之源。禹以祗台幹父之蠱，湯以聖敬肇修人紀，文、武以敬止執競而止孝達孝，可見帝王傳授孝道心法，祗此一敬，有天下者所當深念也。西山真氏曰：「堯、舜、禹、湯、文、武皆天縱之聖，而《詩》、《書》敘其德，必以敬爲首稱，蓋敬者一心之主宰，萬善之本原。學者之所以學，聖人之所以聖，未有外乎此者。聖人之敬，純亦不已，即天也。君子之敬，自强不息，由人而天也。聖人之敬，安而行之。然成、湯之日躋，文王之緝熙，雖非用力，亦未嘗不用其力者，此湯、文之所以聖益聖也。人主而欲師帝王，其可不用力于此乎？」○又曰：「人君處宫闈之邃，極貴富之奉，故必以莊敬自持，凛然肅然，如對神明，如臨師保。莊敬則志立而日彊，安肆則志惰而日偷。」

「治國者，不敢侮於鰥寡，而況於士民乎？故得百姓之懽心，以事其先君。治家者，不敢失於臣妾，而況於妻子乎？故得人之懽心，以事其親。鰥，古頑反。

以此教諸侯而治一國者，不敢侮慢于無妻之鰥、無夫之寡，況知禮義之士與齊民乎？緣此，故得一國百姓之歡心，以事其先君。《王制》云：「老而無妻者謂之鰥，老而無夫者謂之寡，此天民之窮而無告者。」國之微賤者也。言微賤者國君尚不輕侮，況知禮義之士！以此教卿大夫、士、庶人而治一家者，不敢有愆失于臣僕妾侍之疎賤，況妻子之貴而親乎？緣此，故得一家人之懽心，以事其親。臣妾，家之賤者。《尚書·費誓》曰：「竊馬牛，誘臣妾。」孔安國云：「誘偷奴婢。」既以臣妾爲奴婢，是家之賤者也。妻子，家之貴者。《禮記》哀公問於孔子，孔子對曰：「妻者，親之主也，敢不敬與？子者，親之後也，敢不敬與？」是妻子家之貴者也。〇按：《禮記·内則》稱子事父母，婦事舅姑，日以雞初鳴，咸盥漱，以適父母、舅姑之所，問衣燠寒，饘、酏、酒、醴、芼羹、菽、麥、蕡、稻、黍、粱、秫，唯所欲。棗、栗、飴、蜜以甘之，父母、舅姑必嘗之而後退。此皆以事其親也。〇《正義》曰：「天子諸侯，繼父而立，故言先王、先君。大夫唯賢是授，居位之時，或有俸禄，以逮於親，故言其親。」〇遺謂意不存録，侮謂忽慢其人，失謂不得其意。小國之臣位卑，或簡其禮，故云不敢遺也。鰥，寡，人中賤、弱，或被人輕侮欺淩，故曰不敢侮也。臣妾，營事産業，宜須得其心力，故云不敢失也。〇藍田吕氏曰：「君子之道莫大乎孝，孝之本莫大乎順親，故仁人孝子欲順乎親，必先乎妻子不失其好，兄弟不失其和，家道成，然後可以養父母之志而無違也。故身不行道，不行于妻子，文王『刑於寡妻，至于兄弟』，則治家之道必自妻子始。」此皆明王之有以教而化之也。按：此一段皆言明王孝治天下之教，有以感化之，非謂中一節爲諸侯之孝，末一節爲卿大夫、士、庶人之孝也。如此看，方爲周匝。且觀末節結語云「故明王之以孝治天下如此」可見。

「夫然，故生則親安之，祭則鬼享之，是以天下和平，災害不生，禍亂不作。

氣屈而歸曰鬼。災害如水旱、疾疫之類，生于天者也。禍亂如悖逆篡叛之類，作于人者也。承上三節，誠然，故親生而存，則安其養而心志和；親歸而鬼，則享其祭而魂魄寧。盡天地間，無非一孝所薰蒸。心和、氣和，天地之和應之，天下無不歸于太和蕩平，而災害禍亂自潛消默化矣。《正義》曰：「天下和平，皆由明王孝治所致。皇侃云：『天反時爲災，謂風雨不節也。地反物爲妖，妖即害物，謂水旱傷禾稼也。』」《説文》：「禍，神不福也。」《增韻》：「殃也。」臣下反逆爲亂，又《廣韻》：「兵寇也，不理也。」〇《晉書》曰：「大哉！孝之爲德也。分渾元而立體，道貫三靈；資品彙以順名，功苞萬象。用之於國，動天地而降休徵；行之于家，感神鬼而昭景福。」

「故明王之以孝治天下也如此。《詩》云：『有覺德行，四國順之。』」行，去聲。

故，總結之，曰：「此明王之以孝治天下也如此。」蓋由天子身率于上，諸侯以下化而行之，故能如此也。《正義》曰：「上文有明王、諸侯、大夫三等，而經獨言明王孝治如此者，言由明王之故也。則諸侯以下奉而行之，而功歸於明王也。」末引《大雅・抑》之篇，以證明王孝治天下之意。覺，明也，《詩》註「大也」。《詩箋》云：「有大德行，則天下順從其化。」是以覺爲大也。〇虞氏淳熙曰：「孔子恐曾子尚疑人各一心，因甚這等通貫，便露出箇『覺』字來，見得良知交徹的妙處，乃引這《大雅・抑》之詩，言人能抑抑敬慎做得恭人，方做得哲人，哲人有覺悟處，德行從覺悟處成就，他的靈覺之心，就是四方臣民的靈覺之心，心心相通，有何隔礙？因此四國順之也。我連説幾箇不敢，正是這抑抑之敬，其心收斂，不容一物，自然覺悟靈通，懽忻交暢。哲人證明王，國順證和平。」○慈湖楊氏曰：「此章發明道心之至和，何其深切著明也。每誦此章，如春風和氣油然動於中而自不能喻，如身在唐虞三代之盛世也。」慈湖楊氏曰：「此心虚明，變化至和至順，爲孝、爲弟、爲博愛，無一點己私置其中，如春風、如和氣、如《簫韶》九成之音，可言而不可盡。」○又曰：「親安、鬼享、天下和平、災害不生、禍亂不作，灼知其可致，非聖人之虚言也。」○方氏學漸曰：「明王聯天下爲一身，大國之君，吾體也；小國之君，吾小體也；其臣，吾小體之一指也；億兆之民，吾髮膚也；鰥寡煢獨、顛連無告，吾膚理之痌瘝而不寧者也。明王不敢慢邦君，不敢遺小臣，不敢忽丘民，不敢侮鰥寡、虐無告，何也？所以敬吾身也，敬吾身所以敬吾親也。故天下之人莫不尊親，安處于人群之上，享有令名，延昌世澤，啓佑之頌，歸之于親，所謂以天下尊養者也。上而有國，下而有家，下而有身，善敬其親者亦若此矣。」

右第八章。今文、古文皆有。古文「失于臣妾」爲「侮于臣妾」，「故明王所以孝治天下也如此」無「也」字。今文爲《孝治》章。○朱子曰：「此言雖善，而非經文正意。蓋經以孝而和，此以和而孝。」○草廬吴氏曰：「澄謂此傳正是發明經中以孝而和之意，所謂以事先王、以事先君、以事親者，言己有是孝，愛敬一念，由親及疎，由尊及卑，上下兩間，同乎一順。故家國天下，無一不得其懽心，未有不得於親而能得于人者。孝之效驗，至此乃所以見其事先、事親之孝云爾。非謂先得他人之懽心，而後以之事其先、事其親也。舊註以爲得彼懽心，以助祭享、助奉養，蓋害於辭而失其意，朱子亦牽於舊註之説故云。」

孝經大全卷之七

明新安吕維祺箋次

曾子曰：「敢問聖人之德，無以加於孝乎？」子曰：「天地之性，人爲貴。人之行，莫大於孝。行，去聲，下「行思」之「行」同。

此又極言孝之大者，而聖人因以立教也。曾子既聞孝道之大與孝治極至之效，故有此問。孔子言人與物，均得天地之氣以成形，天地之理以成性。然物得氣之偏，其質蠢。人得氣之全，其質靈。是以人能全其性以與天地參，而物不能也。故天地之性，惟人爲貴。象山陸氏曰：「人生天地之間，禀陰陽之和，抱五行之秀。其爲貴，孰得而加焉。使能因其本然，全其固有，則所謂貴者，固自有之，自知之，自享之，而奚以聖人之言爲？惟夫陷溺于物欲而不能自拔，則其所貴者，類出于利欲，而良貴由是以寖微。聖人憫焉，告之以天地之性，人爲貴，則所以曉之者至矣。」然人之所以貴者以此性，而性之德，爲仁、義、禮、智，皆統於仁。仁主于愛，愛莫先于愛親，故人之行，莫大于孝。貴則不容自賤，大則不容自小。〇董子曰：「必知自貴於物，而後可與爲善也。」《禮運》曰：「人者，天地之德，陰陽之交,鬼神之會,五行之秀氣也。」○《尚書》曰:「惟天地萬物父母,惟人萬物之靈。」○周子曰:「五行之生也,各一其性。無極之真,二五之精,妙合而凝。乾道成男,坤道成女,二氣交感,化生萬物,萬物生生,而變化無窮焉。惟人也,得其秀而最靈。」○邵子曰:「人之所以能靈于萬物者,謂其目能收萬物之色,耳能收萬物之聲,鼻能收萬物之氣,口能收萬物之味。聲、色、氣、味者,萬物之體也。耳、目、鼻、口者,萬人之用也。」○程子曰:「天地之大德曰生。天地氤氲,萬物化醇。生之謂性。萬物之生意最可觀。」○伊川程子曰:「仁主于愛,愛莫大于愛親。」○象山陸氏曰:「人生天地間,抱五常之性,爲庶類之最靈者。全其靈則適其分,誠全其靈則爲人子盡子道,爲人臣盡臣道。」○龜山楊氏曰:「性上不可添一物,堯、舜所以爲萬世法,只是率性而已。外邊用計、用數假饒立得功業,只是人欲之私,與聖賢作處,天地懸隔。」

「孝莫大於嚴父,嚴父莫大於配天,則周公其人也。

嚴,尊敬也。配,配享也。周公,文王子,武王弟,名旦,食采於周,相成王,制禮作樂。孝之大,無所不至,而莫大于尊敬其父。尊敬其父,無所不至,而莫大于以父配享上天。惟天爲大,至尊無對,而以己之父配之,則尊敬之者至矣!仁人、孝子愛親之心無窮,而禮制有限,即前代有勢位可以自盡者,不知制爲此禮,求其盡孝之大而得自盡此心,能自盡此禮者,惟周公其人而已。

按:周公自文王在時,爲子孝仁,異于群子,能傳其父之道。曰:「文王,我師也。」及武王即位,輔翼武王。武王有疾不豫,群臣懼。周公乃設三壇,北向立,植璧秉珪,告於太王、王季、文王。史策祝曰:「惟爾元孫王發,勤勞且疾,以旦代王發之身,旦巧能,多材多藝,能事鬼神。乃王發不如旦,今我其即命于元龜。」于是乃卜。

三龜，卜人皆曰：「吉。」發書視之，信吉。公喜入賀曰：「王其無害。」乃納册于金縢匱中，王翼日乃瘳。後武王崩，成王幼，公相王踐阼而治。一沐三握髮，一飯三吐哺，起以待士，猶恐失天下之賢人。管叔、蔡叔流言，避居東都，人歌之曰：「公遜碩膚，赤舄几几。」「公遜碩膚，德音不瑕。」成王感風雷之變，發金縢之匱，乃迎公反國。○陶氏潛曰：「周公攝政，制禮作樂，四海各以其職來祭。《詩》曰：『於穆清廟，肅雍顯相。』言諸侯樂其位而敬其事也。貴而不驕，位高彌謙，自承文、武之休烈，孝道通于神明，光被四海。」○《淮南子》曰：「周公之事文王也，行無專制，事無由己。身若不勝衣，言若不出口，有奉侍于文王，洞洞屬屬，如將不勝，如恐失之，可謂能子矣。」○虞氏淳熙曰：「《孝經》嚴父之議，當以錢公輔、司馬光、吕誨、孫近、朱熹之議爲正，而王珪、孫抃之諂詞，不足據也。神宗謂周公宗祀在成王，以文王爲祖，則明堂非以考配明矣，王安石亦誤引《孝經》嚴父之文。惜乎！不能將順上意辨正典禮，夫泥于父之名者止二三人，而如乾父之旨者，君臣一揆，可以見人心之靈矣。」

「昔者，周公郊祀后稷以配天，宗祀文王於明堂以配上帝，是以四海之内各以其職來祭，夫聖人之德又何以加於孝乎？

郊，南郊，祭天也。后稷名棄，始封有邰，教民稼穡，周始祖也。按：《周本紀》云：「后稷名棄，其母有邰氏女，曰姜嫄。爲帝嚳元妃。出野見巨人跡，心忻然欲踐之，踐之而身動如孕者。居期而生子，以爲不祥，棄之隘巷，牛馬過者，皆辟不踐，徙置之林中。適會山林多人，遷之，而棄渠中冰上，飛鳥以其翼覆藉之。姜嫄以爲神，遂收養長之。初欲棄之，因名曰棄。棄爲兒，好種樹麻、菽，及爲成人，遂好耕農，帝堯舉爲農師，天下得其利，有功。帝舜曰：『棄，黎民阻饑，爾后稷播時百穀。』封棄于邰，號曰后稷。」后稷生于姜嫄，文、武之功起于后稷，故推以配天焉。宗謂別立一廟，爲百世不祧之宗也。明堂，天子布政之宫也。其制後爲室，前爲堂。室幽暗，堂顯明。享人鬼尚幽，故于室。祀天神尚明，故于堂。上帝即天也，郊則尊之而曰天，堂則親之而曰上帝。配天，謂冬至祀天于圜丘，以始祖后稷配之也。邢昺《正義》曰：「郊謂圜丘，祭天謂之郊。《周禮·大司樂》云：『凡樂，圜鍾爲宫，黄鍾爲角，太簇爲徵，姑洗爲羽，靁鼓靁鼗，孤竹之管，雲和之琴瑟，雲門之舞，冬日至，于地上之圜丘奏之，若樂六變，則天神皆降。』《郊特牲》曰：『郊之祭也，迎長日之至也，大報天而主日也。兆于南郊，就陽位也。』又曰：『郊之祭也，大報本反始也。』言以冬至之後日漸長，郊祭而迎之。」配上帝，謂季秋于廟之前堂祀上帝，以文王配之也。《正義》曰：「明堂，天子布政之宫也。周公因祀五方上帝于明堂，乃尊文王以配之也。謂以文王配五方上帝之神，侑坐而食也。」○五方上帝，謂東方青帝，南方赤帝，西方白帝，北方黑帝，中央黄帝，即天也。一曰五行也。○鄭玄曰：「明堂居國之南，南是陽明之地，故曰明堂。」按：《史記》云：「黄帝接萬靈于明庭。」明庭即明堂也。明堂起于黄帝。《周禮·考工記》曰：「夏后曰世室，殷人重屋，周人明堂。」○《大戴禮》云：「明堂凡九室，一室而有四户、八牖，三十六户、七十二牖，以茅蓋屋，上圓下方。」鄭玄據《援神契》云：「明堂上圓下方，八牖四闥。」《考工記》曰：「明堂五室。」稱九室者，或云取象陽數也。八牖者，陰數也，取象八風也。三十六户，取象六甲子之爻，六六三十六也。上圓象天，下方法地。八牖者，即八節也。四闥者，象四方也。稱五室者，取象五行。按：此皆無明文，以意釋之耳。○横渠張子曰：「殷而上七廟，自祖考而下五，并遠廟爲祧者二，無不遷之太祖廟。至周有百世不毁之祖，則三昭三穆，四爲親廟，二爲文、武二世室，并始祖而七。諸侯無二祧，故五。大夫無不遷之祖，則一昭一穆，與祖考而三，故以祖考通謂爲太祖。若祫，則請于其君，并高祖干祫之。」○又曰：「據《玉藻》，疑天子聽朔于明堂，諸侯則于太廟，就藏朔之處告祖而行。」○朱子曰：「廟制皆在中門外之左，外爲都宫，内各有寢廟，別有門垣。太祖在北，左昭右穆，以次而南。天子太祖百世不遷，一昭一穆爲宗，亦百世不遷。」四海之内，謂四方諸侯。其職，謂貢物述職。來祭，來助祭也。按：《周禮・大行人》：「以九儀辨諸侯之命，廟中將幣，三享。」又曰「侯服貢祀物」，鄭云「犧牲之屬」；「甸服貢嬪物」，註云「絲帛也」；「男服貢器物」，註云「尊彝之屬也」；「采服貢服物」，註云「玄纁絺纊也」；「衛服貢材物」，註云「八材也」；「要服貢貨物」，註云「龜貝也」。此是六服，諸侯各修其職來助祭。又若《尚書・武成》篇云：「丁未，祀于周廟，邦甸侯衛，駿奔走，執籩豆。」亦是助祭之義。○魏氏徵曰：「周公大孝，備物于宗祀，聖人設教，夫豈徒哉！」言周公制禮，既郊祀后稷以配天，猶必宗祀文王于明堂以配上帝，是爲百世不遷之宗。此禮一定，文王世世得以配天，此周公所以獨能遂其嚴父之心也。草廬吴氏曰：「宗者，文王之廟。天子七廟，祖廟一，昭廟三，穆廟三。祖廟百世不毁，昭穆六世後親盡則祧，其有功德當不祧者謂之宗。武王、成王時，文王居穆之第三廟。康王、昭王時，文王居穆之第二廟。穆王、共王時，文王居穆之第一廟。懿王時，文王親盡在三穆之外，以其不當祧也，故于穆廟北別立一廟，以祀文王，是名爲宗，不在六廟之數。穆王以前，文王雖未別立廟，遞居三穆廟中，然即其所居之廟，亦名爲宗。蓋初祔廟時，已定爲百世不祧之宗故也。明堂者，廟之前堂。凡廟之制，後爲室，室則幽暗；前爲堂，堂則顯明，故曰明堂。享人鬼，尚幽暗，則于室；祀天神，尚顯明，故于堂。上帝，即天也。祀之于郊，則尊之而曰天；祀之于堂，則親之而曰帝。冬至，于國門外之南郊，築壇爲圜丘祀天，而以始祖后稷配。季秋，于文王廟之前堂祀帝，而以文王配。后稷封于邰，周家有國之始；文王三分天下有其二，周家有天下之始。故以后稷配天、文王配帝也。此禮一定，而周公之父世世得配天帝，此周公所獨能遂其嚴父之心也。」○按：《禮記》有虞氏尚德，不郊其祖。夏、殷始尊祖于郊，無父配天之禮也。周公大聖，而首行之。禮無二尊，既以后稷配郊天，不可又以文王配之。五帝，天之別名也。因享明堂而以文王配之，是周公嚴父配天之義也。○朱子曰：「以始祖配天，須在冬至。冬至一陽始生，萬物之始，祭用圜丘，器用陶匏、藁秸，服大裘而祭宗祀。九月，萬物之成。父者，我之所生；帝者，生物之祖，故推以爲配而祭祀于明堂。」○馮夢龍曰：「上帝，即天也。五帝，五行也。萬物資始于天，然天實無爲，效其能者，五行也。周之王業，始于稷而成于文王，故以稷配天，以文王配五帝。若謂明堂祀上帝，則與祀郊何別？」○或曰：「天，以形體言曰『天』，尊之也；上帝，以主宰言曰『帝』，親之也，其實一而已。」至此而孝親之心始無遺憾。然亦因其功德，禮所宜然，非私意也。按：《詩・周頌》曰：「思文后稷，克配彼天。立我烝民，莫匪爾極。貽我來牟，帝命率育。無此疆爾界，陳常于時夏。」蓋周人尊后稷以配天，故郊祀而頌之也。○又按：《詩・周頌》曰：「我將我享，維羊維牛，維天其右之。」又曰：「儀式刑文王之典，日靖四方。伊嘏文王，既右享之。」又曰：「我其夙夜，畏天之威，于時保之。」蓋周人宗祀文王之詩也。○合觀《思文》、《我將》二詩，則知天即帝也，郊而曰天，所以尊之也。明堂而曰帝，所以親之也。故尊尊而親親，周道備矣。非至孝，何以能此？○孔氏穎達曰：「《詩・我將》祀文王於明堂，《思文》頌所配之人。」曰「維天其右之」，曰「伊嘏文王，既右享之」，曰「貽我來牟」，可謂通神明矣。此孝之極大而無以復加者，蓋極言孝之大至于如此，非謂人人皆必如此而後爲孝也。玉山汪氏，嘗疑嚴父配天之文非孔子語。○陽冰李氏曰：「此言周公制禮之事爾，猶《中庸》言周公成文、武之德，追王大王、王季也。周公制禮，成王行之。自周公言則嚴父，成王則嚴祖也。」○司馬温公曰：「周公制禮，文王適其父，故曰嚴父，非謂凡有天下者皆當以父配天。孝子之心，誰不欲尊其父？禮不敢踰也。祖己曰：『祀無豐于昵。』孔子論孝，亦曰：『祭之以禮。』漢以高祖配天，光武配明堂，文、景、明、章德業非不美，然不敢推以配天。近世明堂皆以父配，此乃誤識《孝經》之意，違先王之禮，不可以爲法也。」○按：唐垂拱元年，孔玄義引《孝經》之文，奏三祖同配。沈伯儀曰：「《孝經》云：『嚴父莫大于配天，則周公其人也。昔者周公宗祀文王于明堂，以配上帝。』不言武王配之。故《孝經緯》曰：『后稷爲天地主，文王爲五帝宗也。』」開元十一年，始罷三祖同配之禮，如伯儀議。○漢《孝經直解》云：「這配天一節，只說君王行的孝道，不説那常人。若常人僭想時，顛倒陷入，大不孝了。」○朱子曰：「此因論周公之事，而贊美其孝之詞，非謂凡爲孝者皆欲如此也。」按：朱子謂傳釋孝德之本，但嚴父配天，本因論武王、周公之事，而贊美其孝之詞，非謂凡爲孝者皆欲如此也。又況孝之所以爲大者，本自有親切處，而非此之謂也。若必如此而後爲孝，則是使爲人臣子者皆有今將之心而反蹈于大不孝矣。作傳者但見其論孝之大即以附此，而不知其非所以爲天下之通謂，讀者詳之，不以文害意焉，可也。○祺按：此極論孝道之大，至于配天，即《中庸》孔子論舜大孝，武達孝，極論之，至于爲天子，宗廟饗，子孫保，追王上祀等事，非謂人人皆可有今將之心也。蓋此章與《中庸》論舜大孝，文王無憂，武王、周公達孝例同看。

「故親生之膝下，以養父母日嚴。養，去聲。

故，承上言。聖人之德無加于孝，而教可知矣。此三節言因人愛敬之心而教之，下三節言恐人失愛敬之心而必教之也。親，猶愛也，與上文「孝」字相應，下文「因親」之「親」，即因此也。膝下，孩幼之時。嚴，敬也，與上文「嚴父」之「嚴」相應，下文「因嚴」之「嚴」，即因此也。言親愛之心，生于孩幼，從此以奉養父母，年漸稍長，日加尊嚴于一日。按：《内則》：「子生三月，妻以子見于父，父執子之右手，孩而名之。」按：《説文》：「孩，小兒笑也。」謂指其頤下，令之笑而爲之名，故知「膝下」謂孩幼之時也。孩幼之時，已有親愛父母之心，比及年長，漸識義方，則日加尊嚴，能致敬于父母。○《春秋傳》石碏曰：「臣聞愛子，教之以義方。」○《禮記・内則》：「子能飲食，教以右手。能言，男『唯』，女『俞』，男鞶革，女鞶絲。六年，教之數與方名。七年，男女不同席，不共食。八年，出入門户，及即席飲食，必後長者，始教之讓。九年，教之數日。」○又《曲禮》云：「幼子常視無誑。立必正方，不傾聽。與之提携，則兩手奉長者之手。負劍辟咡詔之，則掩口而對。」此人之本性，良知良能也。勉齋黄氏曰：「敬與愛，皆事親之不能無也。父母至親也而愛心生焉，父母至尊也而敬心生焉，皆天理之自然，而非人之所强爲也。」○象山陸氏曰：「孩提知愛其親，及長知敬其兄。先王之時，庠序之教，亦申斯義，以致其知，使不失其本心而已，堯、舜之道不過如此，非有甚高難行之事，何至遼視古俗，自絶于聖賢。」○陳氏獻章曰：「予幼時讀《孟子》『人少則慕父母，知好色則慕少艾，有妻子則慕妻子，仕則慕君，不得于君則熱中，大孝終身慕父母』，竊疑孟子之言抑揚太過，愛親，人子之至情也，不待教而能，不因物而遷，人之異于聖人也，豈相懸絶若是也？比弱冠，求友于四方，多當世之士，擇其賢者、能者而師之，其不可者而改諸，内外輕重之間，概以孟子之論。其役志于功名，其狥情于妻子，其思慕其親，而不至以皓首而媿垂髫者希矣，然後信孟子之知道不苟于言也。」○王氏時槐曰：「夫人性本善，日用之間，種種呈露，見父則孝心自生，見長則弟心自生，此在衆人皆然。蓋天降之衷，非由强作，可見此心之良，與堯、舜無異也。且此心豈是因人講説，被人逼迫，而後生哉！此心不爲堯存，不爲桀亡，與生俱生，萬古如一日者也。」○朱鴻曰：「人稟天地之性，性具愛敬之良。夫膝下之時，正孩提之童也，便知親愛父母，是愛之萌芽也；嚴畏父母，是敬之萌芽也。」○或曰：「人子幼時，知愛父母，良知之愛也。漸長漸畏，日嚴一日，有不自覺，良知之敬也。」○王氏守仁見禪僧坐關，喝之，驚起，問其家，對曰：「有母在。」曰：「起念否？」曰：「不能不起。」守仁即指愛親本性諭之，僧涕泣謝，明日問之，僧已去。

「聖人因嚴以教敬，因親以教愛。聖人之教不肅而成，其政不嚴而治，其所因者本也。治，去聲。

聖人之教，因其嚴敬之心以教之敬，因其親愛之心以教之愛，故所云：「聖人之教不肅而成，其政不嚴而治。」何以若是？蓋以因其本然有此愛敬之心而教之，非有加也。董鼎曰：「孩提之童，無不知愛其親，聖人復恐其狎恩恃愛，而易失于不敬，于是因嚴教敬，使愛而不至于褻；又因親教愛，使敬而不致于疎。此聖人所以有功于人心天理而扶植彝倫于不墜也。」○或曰：「聖人恐其後來狎恩恃愛而失于不敬，故因嚴以教敬，因親以教愛，使愛不至于褻，敬不致于疎，此其教所以不待整肅而成、其政不待嚴厲而治者，由所因者本也。夫曰因則非强世，曰本則非外鑠，聖人何嘗不順群情而勉强矯拂于其間？」○鄭氏曰：「出以就傅，趨而過庭，以教敬也。抑搔癢痛，懸衾篋枕，以教愛也。」《正義》曰：「出以就傅者，按《禮記·内則》云：『十年，出就外傅，居宿于外，學書計。』鄭云：『外傅，教學之師也。』謂年十歲，出就外傅，居宿于外，就師而學也。按十年出就外傅，指命士已上，今此引之，則尊卑皆然也。趨而過庭者，言父之與子，于禮不得常同居處也。」又曰：「抑搔癢痛，懸衾篋枕，以教愛者。按《内則》：『以適父母、舅姑之所。及所，下氣怡聲，問衣燠寒，疾痛苛癢，而敬抑搔之。父母、舅姑將坐，奉席請何鄉。將衽，長者奉席請何趾。少者執牀與坐，御者舉几。斂席與簟，懸衾，篋枕，斂簟而襡之。』襡，韜也。是父母未寢，故衾被則懸，枕則置篋中。」○夫愛以敬生，敬先于愛，無所待教，而此言教敬愛者，《樂記》曰：「樂者爲同，禮者爲異。同則相親，異則相敬。」樂勝則流，是愛深而敬薄也。禮勝則離，是嚴多而愛殺也。不教敬則不嚴，不和親則忘愛，所以先敬而後愛也。○或問女子亦當有教，自《孝經》之外，如《論語》只取其面前明白者教之如何？朱子曰：「亦可如曹大家《女戒》，温公《家範》亦好。」○按：張横渠其家童子，必使灑掃應對，給侍長者。女子之未嫁者，必使親祭祀，納酒漿，皆所以養子弟就成德。嘗曰：「事親奉祭，豈可使人爲之。」○魯齋許氏曰：「《小學》内『明父子之親』，言凡爲人子、爲人婦，幼男與未嫁女子，皆當親愛盡敬，不敢自專，事親之道也。」

「父子之道，天性也，君臣之義也。父母生之，續莫大焉。君親臨之，厚莫重焉。

此又承上而切言之。父子之道，其親也，天性然也。李彪曰：「父子之道，天性也。蓋明一體同氣，可共而不可離。」○宣帝地節四年，詔曰：「父子之親，天性也。自今子首匿父母，皆勿坐。」○《正義》曰：「父子相親，本于天性，言慈孝生于自然。」○或問天性自有輕重，疑若有間然。程子曰：「只爲今人以私心看了。孔子云：『父子之道，天性也。』此只就孝上説，故言父子天性。若君臣、兄弟、賓主、朋友之類，亦豈不是天性！」○朱子曰：「人之所以有此身者，受形于母而資始于父，雖有强暴之人，見子則憐。至于襁褓之兒，見父則笑，果何爲而然哉！初無所爲而然，此父子之道，所以爲天性而不可解也。然父子之間，或有不盡其道者，是豈爲父而天性有不盡于慈，亦豈爲子而天性有不足于孝者哉！人心本明，天理素具，但爲物欲所昏，利害所蔽，故小則傷恩害義而不可聞，大則滅天亂倫而不可救也。」且其日嚴，有君臣之義焉。《正義》曰：「父爲子綱，豈不是君臣之義！」既親且嚴，故人子之身，氣始于父，形成於母。其體本自連續，從此一氣而世世接續。其爲至親之續，孰大于此？《易》曰：「家人有嚴君焉，父母之謂也。」既爲至親，又爲嚴君，而臨乎我上，其爲極尊而分義之隆厚，孰重于此？此愛敬之心所以不能自已也。《正義》曰：「《説文》：『續，連也。』言子繼于父母，相連不絶也。《易》稱『生生之謂易』，言後生次于前也。此則傳續之義也。」○邵子曰：「生而成，成而生，《易》之道也。」○吴氏曰：「人子之身，氣始于父，形成于母。其體連續，是爲至親，無有大于此者。家人有嚴君焉，父母之謂也。既爲我之親，又爲我之君，而臨乎上，其分隆厚，是爲至尊，無有重于此者。」○虞氏淳熙曰：「父子相生，這箇天性生生不已。父母接續祖宗，我接續着父母，我的子孫又接續着我，不比小可的接續，所以謂之天性。這箇君臣之義，森森難犯，看他是嚴君已是厚了，又看他是上帝更厚了一層，必厚到加不得處，所以謂之君臣之義。」○朱子曰：「『君臣之義』之下，當有脱簡，不能知其爲何字也。」按：「父母生之」四語，緊接「父子之道」四語，朱子以爲有脱簡，何也？只爲古文去兩「也」字便不成語，起人多少疑處，看今文何等明順。

「故不愛其親，而愛他人者，謂之悖德。不敬其親，而敬他人者，謂之悖禮。以順則逆，民無則焉。

不在於善，而皆在於凶德，雖得之，君子不貴也。

德主愛，禮主敬，愛敬之心厚於一本。故必愛敬其親，而後推以愛敬他人，則于德禮不悖，而謂之順。若不愛敬其親，而先以愛敬他人，雖亦似德、似禮，然其於德禮也悖矣，悖則謂之逆。按：張子《西銘》：「違曰悖德。」朱子曰：「不循天理而徇人欲者，不愛其親而愛他人也，故謂之悖德。」○董鼎曰：「由愛敬其親而推以愛敬他人則爲順，不愛敬其親而先以愛敬他人則爲逆。」則，法也。在，居也。教民者，將以順示則，而先自則于逆，民又何所則乎？夫順則爲善而吉，逆則爲不居于善而皆居于凶德，所以雖得志爲人上，君子弗貴也。虞氏淳熙曰：「續莫大焉，誰比得這天性？若不愛其親，反愛他人，愛雖是德也，只叫做悖德。厚莫重焉，誰比得這大義？若不敬其親，反敬他人，敬雖是禮也，只叫做悖禮。該順的道理反把來逆做，誰去法則他？不惟無以成教，就是他的德看來是善，已不在善内矣。凡道理順則吉，逆則凶。」○上言聖人，此言君子，互文也。

「君子則不然，言思可道，行思可樂，德義可尊，作事可法，容止可觀，進退可度，以臨其民。道，去聲。樂，音雒。

道，言也。蓋謂君子所貴者，推愛敬其親之心以一歸之于順，故其發于言，措于行，修于德義，推于作事容止進退之間，無非愛敬，無非德禮，以此臨御其民，庶幾其順而可則矣。《漢書・儒林傳》云：「魯徐生善爲容，以爲禮官大夫。」威儀，即儀禮也。《左氏傳》曰：「有威而可畏，謂之威。有儀而可象，謂之儀。」言君子有此容止威儀，能合規矩，故可觀。進則動也，退則靜也。按：《易·乾·文言》曰：「進退無常，非離群也。」又《艮卦·彖》曰：「時止則止，時行則行，動靜不失其時，其道光明。」動靜不乖越禮法，故可度。

「是以其民畏而愛之，則而象之，故能成其德教而行其政令。《詩》云：『淑人君子，其儀不忒。』」行，如字。忒，他得反。

是以其民皆嚴而畏之，親而愛之，則其所爲順者而倣象之，故德教成而政令行。何待嚴肅哉！然則聖人之德，無加于孝，較著矣。按：《左傳》北宮文子對衛侯曰：「君有君之威儀，其臣畏而愛之，則而象之。」又因引《周書》數文王之德，曰『大國畏其力，小國懷其德』，畏而愛之也。《詩》云『不識不知，順帝之則』，則而象之也。」又云：「君子在位可畏，施舍可愛，進退可度，周旋可則，容止可觀，作事可法，德行可象，聲氣可樂，動作有文，言語有章，以臨其下。」《詩·曹風·鳲鳩》之篇。淑，善也。儀，儀刑也。忒，僭差也。虞氏淳熙曰：「孔子引《曹風·鳲鳩》之詩，謂善人、君子只是收斂威儀，主一無適，與渾然至一之天心無少差忒，便可作四方之範，享萬年之壽。鳲鳩哺子，朝從上下，暮從下上，往往來來，合而爲一，無休歇之時，然後鳥雛纔有生意，這點天心，資始萬物，保合太和。一陰一陽，一升一降，如環如結，往往來來，合而爲一，亦無休歇，所以萬事萬化，萬年之曆，俱從此生。」○按：此章義理廣大，語意精深，脉絡貫通，原無可疑。而疑者紛紛，謂首三節與「故親生之」以下，字義似不聯屬。維祺謂：聖人之言，固未可輕議也。因前章極論孝道之大，而曾子猶問有加于孝者，孔子答以雖周公盡愛敬之道至于如此，亦非有加。下因極言聖人以孝立教，以明無加于孝之意。上言「莫大于孝」，下「親生」之「親」、「因親教愛」之「愛」，與上「孝」字相應。上言「莫大于嚴父」，下「日嚴」之「嚴」、「因嚴教敬」之「敬」，與上「嚴」字相應。「父子之道天性」七句，又與上「親生」「日嚴」相應，而因承上以起下也。故「不愛其親」以下，又反言以見愛敬之可以立教，而遂以君子之教極言之也。上言聖人有此愛敬之心而能自盡，下言聖人因人皆有此愛敬之心而教之，使各隨分自盡，所謂「聖人之德，無以加于孝」者以此。

右第九章。按此章首三節，言聖人之德。後六節，言聖人之教本于德。德生教，教本德，上下語似不屬，意實相承。今文、古文皆有。古文「無以加于孝」多「其」字，「來祭」多「助」字，「父子之道」二句有「子曰」無二「也」字，「故不愛其親」句有「子曰」無「故」字，「君子不貴也」爲「君子所不貴」，「言思」、「行思」之「思」古文爲「斯」，餘同。今文爲《聖治》章。○朱子曰：「『悖禮』以上，皆格言。但『以順則逆』以下，則又雜取《左傳》所載季文子、北宫文子之言，與此上文既不相應，而彼此得失又如前章所論子産之語，今删去凡九十字。季文子曰：『以訓則昏，民無則焉。不度於善而皆在于凶德，是以去之。』北宫文子曰：『君子在位可畏，施舍可愛，進退可度，周旋可則，容止可觀，作事可法，德行可象，聲氣可樂，動作有文，言語有章，以臨其下。』」○維祺按：孔子述而不作，觀此文與《左傳》語皆極精，則或古有是言，而孔子述之耶！或孔子言之，左氏述以用之于傳，借古人名字發自己議論，所謂左氏之言夸也。又按：孔子《文言》「元者，善之長也」等語皆極精，而左氏則取爲穆姜之言，可以穆姜之言遂疑《文言》謂雜取《左傳》耶！

孝經大全卷之八

明新安呂維祺箋次

子曰：「孝子之事親也，居則致其敬，養則致其樂，病則致其憂，喪則致其哀，祭則致其嚴。五者備矣，然後能事親。養，去聲，下同。樂音雒。喪，平聲。

此下二章，承上文順逆之意而申言之。言如此則順而能事親，如彼則逆而爲不孝、爲罪、爲大亂，此君子所以必教以順也。居，謂平居。致者，推之而至其極也。敬者，不敢慢也。邢昺《正義》曰：「平居在家，則須恭敬。《禮記・内則》『子事父母，雞初鳴，咸盥漱』，至于父母之所，敬進甘脆而後退。《祭義》曰：『養可能也，敬爲難。』」〇西山真氏曰：「所謂居則致其敬者，言子之事親，須當恭敬，不得慢易。蓋父母者，子之天地也。爲人而不敬天地，必有雷霆之誅。爲子而慢父母，必有幽明之譴。」〇《禮・文王世子》：「文王之爲世子，朝於王季日三。雞初鳴而衣服，至於寢門外，問内竪之御者曰：『今日安否？何如？』内竪曰：『安。』文王乃喜。及日中又至，亦如之。及莫又至，亦如之。」養，謂奉養。樂者，悦親之志也。《正義》曰：「《檀弓》云：『事親有隱而無犯，左右就養無方。』言孝子冬温夏清，昏定晨省，及進飲食以養父母，皆須盡其敬安之心，不然則難以致親之懽心。」〇《祭義》曰：「孝子之有深愛者必有和氣，有和氣者必有愉色，有愉色者必有婉容。孝子如執玉，如奉盈，洞洞屬屬然，如弗勝，如將失之。嚴威儼恪，非所以事親也，成人之道也。」〇曾子曰：「孝子之養老也，樂其心，不違其志，樂其耳目，安其寢處，以其飲食忠養之。」〇西山真氏曰：「所謂養則致其樂者，言人子養親當順適其志，使之喜樂也。大凡高年之人，心歡樂則疾病必少，若中懷憂戚則易損天年。昔老萊子雙親年高，己七十，常着綵衣，爲兒童戲於親側，欲親之喜，正以此也。」〇朱子曰：「楊雄有云：『事父母自知不足者，其舜乎？不可得而久者，事親之謂也。孝子愛日。』」〇吕氏坤曰：「侍父母之側，無戚容，無怨容，無惰容，無莊容，無思容，無昏忽之容，無不足之容，無高聲，無叱咤之聲，無直言，無費解説之言，無犯諱之言，怡怡溫溫，與與恂恂，載笑載言，承在意先，無令親難。」憂，憂慮，不遑寧處也。《正義》曰：「《禮記》『王季有不安節，則内竪以告文王，文王色憂，行不能正履。武王帥而行之，不敢有加焉。文王有疾，武王不脱冠帶而養。文王一飯，亦一飯，文王再飯，亦再飯』。」〇《曲禮》曰：「父母有疾，冠者不櫛，行不翔，言不惰，琴瑟不御，食肉不至變味，飲酒不至變貌，笑不至矧，怒不至詈。疾止復故。」〇又曰：「親有疾飲藥，子先嘗之。醫不三世，不服其藥。」〇西山真氏曰：「所謂病則致其憂者，言父母有疾，當極其憂慮也。昔王祥有母病，三年衣不解帶。親年既高，不能無病，人子當躬自侍奉，藥必親嘗。若有名醫，不恤涕泣懇告，以求治療之法，不必刲肝割股然後爲孝。蓋身體髮膚受之父母，或不幸因而致疾，未免反貽親憂。」〇伊川程子曰：「病卧於牀，委之庸醫，比之不慈不孝。事親者，不可不知醫。」〇或問人子事親學醫，如何？曰：「最是大事。今有璞玉於此，必使玉人彫琢之。蓋百工之事，不可使一人兼之，故使玉人彫琢之也。若更有珍寶物，須是自看，却必不肯任其自爲也。今人視父母疾，乃一任醫者之手，豈不害事！必須識醫藥之道理，别病是何如，藥當如何，故可任醫者也。」○或曰：「己未能盡醫者之術，或偏見不到，適足害事。奈何？」曰：「且如識圖畫人，未必畫得如畫工，然他却識别得工拙。如自己曾學，令醫者説道理，便自見得。或己有所見，亦要説與他商量。」○吕氏坤曰：「在病室，入如竊，出如竊，立如寐，坐如尸，無噓噴，無咳咯，無屨聲，無衣聲，無安置器物之聲，無喘息之聲。」○又曰：「門之闔闢有聲者漬其樞，户之見風自掩者杙其扉。定以生陰，静以熄火，此養病第一要訣也。」按：樞濡使濕則無聲；杙，橛也，所以止門。哀，哀戚追念，痛切也。西山真氏曰：「送終之禮，稱家有無。昔人所謂必誠必信者，惟棺椁衣衾至爲切要，其他繁文外飾皆不必爲。至如佛家追薦之説，固茫昧難知。然昔賢有言，天堂無則已，有則君子登。地獄無則已，有則小人入。苟明此理，則供佛飯僧，廣修齋事，其爲無益灼然可知。」嚴謂竭誠齋戒，精潔嚴肅也。《祭義》曰：「孝子之祭也，盡其慤而慤焉，盡其信而信焉，盡其敬而敬焉，盡其禮而不過失焉，進退必敬，如親聽命，則或使之也。」○又曰：「孝子之祭可知也。其立之也敬以詘，其進之也敬以愉，其薦之也敬以欲，退而立，如將受命，已徹而退，敬齋之色不絶於面。孝子之祭也，立而不詘，固也；進而不愉，疏也；薦而不欲，不愛也；退立而不如受命，敖也；已徹而退，無敬齋之色，忘本也。如是而祭，失之矣。」○又曰：「致齋於内，散齋於外。齋之日，思其居處，思其笑語，思其志意，思其所樂，思其所嗜。齋三日，乃見其所爲齋者。」○又曰：「祭之日，入室，僾然必有見乎其位，周還出户，肅然必有聞乎其容聲，出户而聽，愾然必有聞乎其歎息之聲。」○又曰：「孝子將祭，夫婦齋戒，沐浴，盛服，奉承而進之。」言將祭必先齋服、沐浴也。又云：「文王之祭也，事死如事生。《詩》云：『明發不寐，有懷二人。』文王之詩也。」鄭注云：「明發不寐，謂夜而至旦也。二人，謂父母也。言文王之嚴敬祭祀如此也。」○又曰：「祭不欲數，數則煩，煩則不敬。祭不欲疏，疏則怠，怠則忘。是故君子合諸天地，春禘，秋嘗，霜露既降，君子履之，必有悽愴之心，非其寒之謂也。春雨露既濡，君子履之，必有怵惕之心，如將見之，樂以迎來，哀以送往。」○黄廣《禮樂合編》引禮云：「禮有五經，莫重于祭。夫祭者，非物自外至者也，自中出生于心者也。心怵而奉之以禮，是故惟賢者能盡祭之義。」○又曰：「君子非有大事則不齋，非有恭敬則不齋。及其將齋也，防其邪物，訖其嗜欲，專致其精明之德也。」○沈氏鯉曰：「灌、獻自兩事，今人混而爲一。蓋灌者方祭之時，灌地降神，求神于陰，如燔膋蕭，達臭墻屋，求神于陽也。逮三獻，則神已來格矣，而亦以灌地，不野於禮乎！」○《存古篇》曰：「今世祭禮久廢，無論水木本源之思弗忍恝然，藉令人子甘肥頤養，而其先人不獲沾一日之菽水，若敖氏之鬼不其餒耶！或曰吾貧不能備物也，吾不能爲席以延贊禮者也。噫！祭固所自盡也，大之牲醴珍錯，小之採山釣水，無不可以明孝也。」○又曰：「但有新味，未薦祖先，不可輒自入口。」備此五者，生事喪祭，無一不盡其愛敬，然後爲能事其父母。若有不備，不可謂能也。朱子曰：「如欲爲孝，則當知所以爲孝之道，如何爲奉養之宜，如何爲温清之節，莫不窮究，然後能之，非獨守夫孝之一字而可得也。」○又曰：「如事親當孝，非是定守一箇孝字，必須窮格所以爲孝之理當如何，凡古人事親條目，皆無一不講，然後可以實能盡孝。」○又曰：「如刲股、廬墓，一是不忍其親之病，一是不忍其親之死，不是因要人知了去恁地做。」○或問刲股事如何？曰：「刲股固自不是，若誠心爲之，不求人知，亦庶幾焉。今有以此要譽者。」○横渠張子曰：「舜之事親有不悦者，爲父頑母嚚不近人情。若中人之性，其愛惡無甚害理，必姑順之。親之故舊所喜，當極力招致。賓客之奉，當極力營辦，務以悦親爲事，不可計家之有無。然須使之不知其勉强勞苦，苟使見其苦難，則亦不安矣。」○吕氏坤曰：「百年有限之親，一去不回之日。觀此二語，良心有不悚動，非人子也。」○朱鴻曰：「父母平居之時，人子當致其恭敬，如昏定晨省，出告反面，夔夔齋慄之類。供養之時，當盡其懽樂，承顔順志，聚百順以娱其心，如斑衣戲彩而無所拂之類。父母有疾，當盡其憂，豈惟醫禱畢備，如行不翔，言不惰，色容不盛，冠帶不服之類。父母死喪，當致其哀，如擗踊哭泣，呼號籲天無已之類。歲時祭祀，當盡其嚴，如齋戒竭誠，思其笑語居處之類。」○董鼎曰：「人有一身，心爲之主；士有百行，孝爲之大。爲人子者，誠以愛親爲心，而不忘事親之孝。平居無事，常有以致其敬，則敬存而心存。一敬既立，遇養則樂，遇病則憂，遇喪則哀，遇祭則嚴。五者有一不備，不可謂能，然皆以敬爲本。」○《存古篇》曰：「子事父母，務聚順常使父母悦，有不悦，弗敢即安，隨力所至以奉養之，不敢有所諉。其致養也必敬，色必和。」

「事親者，居上不驕，爲下不亂，在醜不争。居上而驕則亡，爲下而亂則刑，在醜而争則兵。三者不除，雖日用三牲之養，猶爲不孝也。」醜，齒九反。

醜，類也。三牲，牛、羊、豕也。《正義》曰：「三牲，牛、羊、豕也。《尚書·召誥》稱『越翼日戊午，乃社於新邑，牛一，羊一，豕一』，孔云『用太牢也』。」言事親者，既有五要，猶有三戒。如居上當莊敬以臨下，不可驕矜。爲下當恭謹以事上，不可悖亂。在醜類，當和順以處衆，不可争競。《曲禮》曰：「爲人子之禮，在醜夷不争。」○和靖尹氏曰：「莫大之禍，起於須臾之不忍，不可不謹。」○來氏知德曰：「凡人一子多不孝，富貴之子多傲，雖不盡然，十有三四，所以然者，姑息之久故也。故《易》戒婦子嘻嘻，聖賢言語，句句實歷。」何也？驕則亡，亂則刑，争則兵，危亡之禍，憂將及親。此三者不除，雖日具三牲之奉，親得安坐而食乎！故曰：「猶爲不孝。」人子所當深戒也。李氏夢陽曰：「葉子有言，誠非由於中，雖日用三牲，非孝也。斯善識真者也。」○范氏曄曰：「鐘鼓非樂云之本，而器不可去。三牲非致孝之主，而養不可廢。」

右第十章。今文、古文俱有。古文「孝子之事親」下無「也」字，「三者不除」上多「此」字。今文爲《紀孝行》章。○朱子曰：「亦格言也。」

子曰：「五刑之屬三千，而罪莫大於不孝。要君者無上，非聖人者無法，非孝者無親。此大亂之道也。」要，平聲。

又承上「爲下而亂則刑」及「猶爲不孝」，以足其意。五刑：墨、劓、剕、宫、大辟也。墨之屬千，劓之屬千，剕之屬五百，宫之屬三百，大辟之屬二百，其條三千。邢昺《正義》曰：「五刑，謂墨、劓、剕、宫、大辟也。五刑之名，皆《尚書·吕刑》文。孔安國云：『刻其額而涅之曰墨刑。』額，頟也。謂刻額爲瘡，以墨塞瘡孔，令變色也。墨一名黥。又云：『截鼻曰劓，刖足曰剕。』《釋言》云：『剕，刖也。』李巡曰『斷足曰刖』是也。又云：『宫，淫刑也。男子割勢，婦人幽閉。次死之刑。以男子之陰名爲勢，割去其勢，與椓去其陰，事亦同也。婦人幽閉，閉於宫，使不得出也。』又云：『大辟，死刑也。』按此五刑之名，見于經傳，唐虞以來皆有之，未知上古起自何時。漢文帝始除肉刑，除墨、劓、剕爾，宫刑猶在。隋開皇之初，始除男子宫刑，婦人猶閉于宫。此五刑之名義。鄭註《周禮·司刑》引《書傳》曰：『決關梁、踰城郭而略盗者，其刑臏。男女不以義交者，其刑宫。觸易君命，革輿服制度，姦軌盜攘傷人者，其刑劓。非事而事之，出入不以道義，而誦不祥之辭者，其刑墨。降畔寇賊，刼略奪攘矯虔者，其刑死。』《説文》云：『臏，膝骨也。』則臏謂斷其膝骨。此註不言臏而云剕者，據《吕刑》之文也。」○又按：《周禮》司刑掌五刑之法，以麗萬民之罪。墨罪五百，劓罪五百，宫罪五百，剕罪五百，殺罪五百，合二千五百。至周穆王乃命吕侯入爲司寇，令其訓暢夏禹贖刑，增輕削重，依夏之法有三千，則周三千之條首自穆王始也。《吕刑》云：「墨罰之屬千，劓罰之屬千，剕罰之屬五百，宫罰之屬三百，大辟之罰，其屬二百。五刑之屬三千。」○横渠張子曰：「肉刑猶可用於死，今大辟之罪且如傷舊主者死，軍人犯逃走亦死。今且以此止刖足，彼亦自幸得免死，人觀之更不敢犯。今之妄人，往往輕視其死，使之刖足亦必懼矣。此亦仁術。」而最大者莫過不孝。《風俗通》曰：「舜命皋陶有五刑，及周穆王訓夏，李悝師魏，乃製《法經》六篇，而以盜賊爲首。賊之大者，有惡逆焉。決斷不違時，凡赦不免。又有不孝之罪，並編十惡之條。」○丘氏濬曰：「刑以糾不孝之人，則民皆上德而無不孝之子，是教典資於刑也。」要，脅也。非，詆毁也。君者，臣下所禀命，而敢要脅之，是無其上也。聖人制作禮法而敢非之，是無法度也。子當行孝道而敢非之，是無其父母也。按：草廬吴氏及諸家解「非」字，與前章「非先王法服」之「非」同，謂人之所行非聖人之道，子之所行非孝道。○維祺按：非聖非孝，此解似未盡「非」字之義，此「非」字還宜重看，方與「大亂之道」句合。且要君之罪最重，非止不能事君而已，安得以不能學聖不能盡孝遂謂罪同？要君爲大亂之道，此「非」字當作「非毁」爲是。此豈非大亂之道而聖人所必刑乎！夏氏僎曰：「刑雖主於刑人，然刑姦宄所以扶善良，雖曰不祥，乃所以爲祥也，故刑曰祥刑。刑本不祥之器也，而謂之祥刑，能以不祥爲祥，知用刑之道矣。」○丘氏濬曰：「聖人之心，不偏不倚，非獨禮樂德政爲然，而施於刑者亦然。蓋民不幸犯于有司，所以罪之者，皆彼所自取也。吾固無容心於其間，不偏於此，亦不倚於彼，一惟其情實焉，夫是之謂祥刑。」○按：君治之，師教之，父母生之，所謂民生于三也。《正義》曰：「不忠于君，不法于聖，不愛于親，此皆爲不孝，乃是罪惡之極，故經以『大亂』結之也。」立教以順，逆而刑之，無非教也。曾子曰：「衆之本教曰孝。仁者，仁此者也。禮者，履此者也。義者，宜此者也。信者，信此者也。强者，强此者也。樂自順此生，刑自反此作。」○宋新昌令應氏曰：「五刑之屬三千，而罪莫大于不孝。然世固有不孝之人而未嘗受不孝之刑者，何也？渝川歐陽氏嘗論之曰：『父母之心，本于慈愛，子孫悖慢，不欲聞官。謂其富貴者恐貽羞門户，貧賤者亦望其返哺，而一切含容隱忍，故不孝者獲免于刑。然父母吞聲飲恨之際，不覺怨氣有感，是以世之不孝者，或斃于雷，或死于疫，後嗣衰微，此皆受天刑也。』嗚呼！王法可幸免，天誅不可逃也。」○劉元城與馬永卿論《禮記·内則》「雞鳴而起，適父母之所」曰：「不亦太蚤乎。」元城正色曰：「父召無諾，君命召無諾，父前子名，君前臣名，君父一也。今朝謁必雞鳴而起，刑驅其後也。若人子畏義如刑，則今人可爲古人矣。」

右第十一章。今文、古文俱同。今文爲《五刑》章。○朱子曰：「因上文不孝之云而繫于此，亦格言也。」

孝經大全卷之九

明新安吕維祺箋次

子曰：「教民親愛，莫善於孝。教民禮順，莫善於弟。移風易俗，莫善於樂。安上治民，莫善於禮。弟，去聲，後同。易，去聲。樂，如字。治，平聲。

此下三章，意義相承，皆申明君子以順立教之本，以廣前章「至德要道」「揚名」之意。教民之道，孝、弟、禮、樂皆其具也。然弟者，孝中一事，禮節此者也，樂和此者也，言教民相親相愛，無有善於孝者，以孝爲親愛之本也。至教民有禮而順，莫有善於弟者，教民以移其風化，易其習俗，莫善於樂，樂有鼓舞感動之意，故于風俗爲切。子夏《詩序》云：「風，風也，教也。風以動之，教以化之。」韋昭曰：「人之性，繫於大人，大人風聲，故謂之風。隨其趨舍之情欲，故謂之俗。」○《詩序》又曰：「至于王道衰，禮義廢，政教失，國異政，家殊俗，而變風、變雅作矣。」○又曰：「治世之音安以樂，其政和。亂世之音怨以怒，其政乖。亡國之音哀以思，其民困。」○又《尚書·益稷》篇舜曰：「予欲聞六律、五聲、八音，在治忽。」孔安國云：「在察天下理治及忽怠者。」皆是音樂而彰也。○《禮記》云：「大樂與天地同和。」則自生人以來，皆有樂性也。《世本》曰：「伏羲造琴瑟。」則其樂器漸於伏羲也。史籍皆言黃帝樂曰「雲門」，顓頊曰「六英」，帝嚳曰「五莖」，堯曰「咸池」，舜曰「大韶」，禹曰「大夏」，湯曰「大濩」，武曰「大武」，樂之聲節，起自黃帝也。○周子曰：「樂者，本乎政也。政善民安，則天下之心和。故聖人作樂，以宣暢其和心，達於天地，天地之氣感而大和焉。天地和則萬物順，故神祇格，鳥獸馴。」○又曰：「樂聲淡則聽心平，樂辭善則歌者慕，故風移而俗易矣。妖聲艷辭之化也亦然。」若夫安上之等威名分以治下之民，莫善於禮。蓋禮所以辨上下，定民志，別尊卑，分貴賤也。《禮》云：「非禮無以辨君臣、上下、長幼之位，非禮無以辨男女、父子、兄弟之親。」○鄭氏曰：「禮所以正君臣、父子之別，明男女、長幼之序，故可以安上化下也。」○然四者各舉其要言之，實一本也。邢昺《正義》曰：「《樂記》云：禮殊事而合敬，樂異人而同愛。敬愛之極，是謂要道。神而明之，是謂至德。故必由斯人以弘斯敬，而後禮樂興焉，政令行焉。」○復心程氏曰：「《周禮·大宗伯》五禮之目，吉禮十有二：一禋祀，二實柴，三槱燎，四血祭，五貍沈，六疈辜，七肆獻，八饋食，九祠，十禴，十一嘗，十二烝。凶禮五：一喪，二荒，三弔，四禬，五恤。賓禮八：一朝，二宗，三覲，四遇，五會，六同，七問，八視。軍禮五：一師，二均，三田，四役，五封。嘉禮六：一飲食，二婚冠，三賓射，四饗燕，五脤膰，六慶賀。」○六樂：一雲門，黃帝樂，一云堯樂。象雲氣出入，故周人冬至舞之，以祀天神。二咸池，黃帝樂，亦云堯樂。象池水周徧，故周人夏至舞之，以祭地示。三大磬，舜樂。磬，紹也，以其紹堯之業，而能齊七政，肇十有二州，故周人舞之，以祀四望、司中、司命、風師、雨師。四大夏，禹樂。夏，大也，以其大堯、舜之德，而能平水土，故周人舞之，以祭大川。五大濩，一名韶濩，湯樂。濩，護也。湯寬仁而能救護生民，故周人舞之，以享姜嫄。六大武，武王樂。傳云：「武王以黃鍾布牧野之陣，歸以大簇無射。」○《疏鈔》云：「韶樂存於齊，而民不爲之易；周禮備于魯，而君不獲其安，亦政教失其極耳，夫豈禮樂之咎？」○周子曰：「陰陽理而後和，君君、臣臣、父父、子子、兄兄、弟弟、夫夫、婦婦，萬物各得其理，然後和，故禮先而樂後。」○又曰：「古者，聖王制禮法，修教化，三綱正，九疇敘，百姓大和，萬物咸若，乃作樂，以宣八風之氣，以平天下之情。」○西山真氏曰：「敬者禮之本，制度威儀者禮之文。和者樂之本，鐘鼓管磬者樂之文。禮、樂二者闕一不可。《記》曰：『樂由陽來，禮由陰作，天高地下，萬物散殊，而禮制行焉。』」○北溪陳氏曰：「禮樂有本、有文，禮只是中，樂只是和，中和是禮樂之本。然本與文二者不可一闕。禮之文，如俎豆玉帛之類。樂之文，如聲音節奏之類。須是有這中和，而文以玉帛俎豆與聲音節奏，方成禮樂。」○又曰：「就心上論，禮只是箇恭敬底意，樂只是箇和樂底意，本是裡面有此敬與和底意。然此意何自而見？須于玉帛籩豆、聲音節奏間，如此則内外本末相副。」○按：《春秋繁露》董子曰：「天生之以孝弟，地養之以衣食，人成之以禮樂，三者相爲手足，合以成體，不可一無。」○廬陵歐陽氏曰：「三代而上治出於一，而禮樂達於天下。三代而下治出於二，而禮樂爲虛文。」

「禮者，敬而已矣。故敬其父，則子悦。敬其兄，則弟悦。敬其君，則臣悦。敬一人，而千萬人悦。所敬者寡，而悦者衆。此之謂要道也。」已，音以。

承上文禮字而言禮毋不敬。敬者，禮之本也。按：《正義》：《曲禮》曰「毋不敬」，又引《尚書·五子之歌》云：「爲人上者，奈何不敬！」○《丹書》曰：「敬勝怠者吉，怠勝敬者滅；義勝欲者從，欲勝義者凶。」○程子曰：「『毋不敬，儼若思，安定辭，安民哉』，君道也，君道即天道也。」又曰：「毋不敬，可以對越上帝。」又曰：

「只是敬，則無間斷。」○伊川程子曰：「嚴威、儼恪，非持敬之道，然敬須自此入。」又曰：「忘敬而後毋不敬。」又曰：「學者須恭敬，但不可令拘迫，拘迫則難久也。」○董鼎曰：「上文兼言孝、悌、禮、樂四者，至此又獨歸重於禮。至於言禮，則又以敬爲主。蓋父母於子一體而分，愛易能而敬難盡。故經雖以愛敬兼言，而此獨言敬而以爲重者，蓋其所以有序而和者，未有不本於敬而能之也。故又推廣敬之功用如此。」極言敬之功用，謂上之人特自敬其父、兄與君耳，而下之人皆悦以事其父，悦以事其兄，悦以事其君，是敬止一人而悦乃千萬人。敬寡悦衆，所操者約而天下之道已盡該括，故曰「此之謂要道」。按：邢昺、朱申、周翰、董鼎皆謂敬其父、兄、君爲敬人之父、兄與君，非也。觀「其」字之意，乃自己之父、兄與君，且與下文「敬一人」、「敬者寡」相應。若曰敬人之父、兄與君，則敬千萬人矣。安得謂之所敬者寡！安得謂之要道！熟體味之自見。○草廬吴氏曰：「居上者自敬其父、兄、君，則下之爲人子、爲人弟、爲人臣者效之，各皆懽悦以事其父、兄、君。」○維祺按：草廬看「其」字有分曉。蓋敬父、敬兄、敬君之道，原人心之同然，所以上好下甚，舉一而萬畢者，其本一也。方氏學漸曰：「天下國家，其本於身乎？身其本於親乎？事親孝則九族睦，則四海準，故立愛自親始，立敬自長始，達之天下，各親其親，各長其長，而天下自平。近而遠，約而博，是先王之要道也。」

右第十二章。今文、古文皆有。古文「要道」下無「也」字。今文爲《廣要道》章。○按：董鼎因朱子《刊誤》以此章爲「釋要道」，引朱子曰：「但經所謂要道，當自己而推之，與此亦不同也。」○維祺按：此章「廣要道」，非「釋要道」也。

子曰：「君子之教以孝也，非家至而日見之也。教以孝，所以敬天下之爲人父者也。教以弟，所以敬天下之爲人兄者也。教以臣，所以敬天下之爲人君者也。弟，去聲。

言君子教民以孝，豈必家諭户曉，日日相見而面命之？固有本之者耳。何者？君子躬行孝道而教天下以孝，豈能遍天下之爲人父而敬之哉！然上行下效，自然感化而各敬其父，是即所以敬天下之爲人父者也。至於教以弟、教以臣，亦莫不然。一順立而天下大順，何待家至日見然後爲教也。邢昺《正義》曰：「此夫子廣至德之義，言君子教人行孝事其親者，非家家悉至而日日見之。但教之以孝，則天下之爲人父者，皆得其子之敬。教之以悌，則天下之爲人兄者，皆得其弟之敬。教之以臣，則天下之爲人君者，皆得其臣之敬。」○又曰：「按《祭義》祀明堂所以教孝，食三老、五更所以教悌，朝覲所以教臣。祭帝稱臣，亦以身率下也。」○草廬吴氏曰：「上之人躬行孝、悌、臣以教，則天下之人無不效之而各敬其父、兄與君，是上之人自敬其父、兄、君者，乃所以敬天下之爲人父、爲人兄、爲人君者也。」○維祺按：教以孝，非教彼以孝也。蓋教之以吾之孝，所謂以身先之也。此論爲切，且與「非家至而日見之也」相合。而下文「所以敬天下之爲人父」方有着落。弟、臣二段倣此。○周子曰：「十室之邑，人人提耳，而教且不及，況天下之廣，兆民之衆哉！曰純其心而已矣。」横渠張子曰：「事父母，先意承志，故能辨志意之異，然後能教人。」○按：張横渠在雲巖政事，大抵以敦本善俗爲先，每以月吉，具酒食召鄉人高年會於縣庭，親爲勸酬，使人知養老事長之義，因問民疾苦，及告所以訓戒子弟之意。有所告教，常患文檄之出不能盡達於民，每召鄉長于庭，諄諄口諭，使往告其閭里。○蔡氏沈曰：「孝弟者，人心之所同，非必人人教詔之。親吾親以及人之親，長吾長以及人之長，始於家，達於國，終而措之天下。」

「《詩》云：『愷悌君子，民之父母。』非至德，其孰能順民如此其大者乎！」愷，可海反。悌，大計反。

《詩·大雅·泂酌》之篇。愷，樂也。悌，易也。引《詩》以明順民之大如此，而復咏嘆之曰：「非至德，孰能順民如此其大者乎！」雖明王不作，孝治無聞，而至德大順之象恍然如見矣。《正義》曰：「愷樂悌易，君以樂易之道化人，則爲天下蒼生之父母。引《詩》大意如此。蒼生，《尚書》謂天下黔首蒼蒼然，衆多之貌也。」〇曾子曰：「爲人子而不能孝其父者，不敢言人父不能畜其子者；爲人弟而不能承其兄者，不敢言人兄不能順其弟者；爲人臣而不能事其君者，不敢言人君而不能使其臣者。故與父言，言畜子；與子言，言孝父；與兄言，言順弟；與弟言，言承兄；與君言，言使臣；與臣言，言事君。」

右第十三章。今文、古文皆有。古文「父者」、「兄者」、「君者」之下無三「也」字。今文爲《廣至德》章。〇董鼎述朱子《刊誤》謂傳「釋至德」。又引朱子曰：「然所論『至德』語意亦踈，如上章之失云。」祺按：朱子謂所論「至德」語意亦踈，蓋此章舊文爲「廣至德」，非釋之也。故但可言廣，不可言釋，則謂之傳非也。

子曰：「君子之事親孝，故忠可移於君；事兄弟，故順可移於長；居家理，故治可移於官。是以行成於内，而名立於後世矣。」長，上聲。弟、治、行，並去聲。

君子立教，以孝者也。以「孝」作「忠」，忠者孝之推也。曾子曰：「未有君而忠臣可知者，孝子之謂也。」〇按：《左傳》季文子使太史克對莒僕曰：「先大夫臧文仲教行父事君之禮，行父奉以周旋，弗敢失墜。曰：『見有禮於其君者，事之如孝子之養父母也。見無禮於其君者，誅之如鷹鸇之逐鳥雀也。』」〇陳氏彝曰：

「孝不盡，則忠不純。」○薛氏瑄曰：「狄梁公光復唐祚，事載簡册，昭若日星，識者謂自望雲一念中來，故曰：『求忠臣於孝子之門。』」○朱鴻曰：「古謂求忠臣必于孝子之門，人臣有一毫之不忠，非孝也。世云忠孝不能兩全，此語時位之不可全，非道理之不可全也。故曰：『事親孝，則忠可移於君。』」孝則必弟，以「弟」作「順」，順者弟之推也。伊川程子曰：「人倫有五，而兄弟相處之日最長，君臣遇合、朋友聚會，久速固難必也。父之生子，妻之配夫，其蚤者，皆以二十歲爲率。惟兄弟或一二年，或三四年，相繼而生。自竹馬游戲，以至鮐背鶴髮，相與周旋，多至七八十年之久。若恩意浹洽，猜間不生，其樂豈有涯哉！」○南軒張氏曰：「人莫不有父母兄弟也，愛敬之心，豈獨無之？古之人，自冬温夏凊、昏定晨省以爲孝，自徐行後長者以爲弟，行著習察，存養擴充，以至於盡性至命，其端初不遠，貴乎勿舍而已。」○鄒氏元標曰：「吾儒之學，别無奇特，惟親其親以及人之親，長其長以及人之長而已。孟氏云：『人人親其親，長其長，而天下平。』夫天下平至難事，而不外親親長長，非孟氏眼高千古，安能道此。」○馮氏從吾曰：「今吾輩在此講格物，就是格物，即如孝弟二字。與師友講明，即是知至。由是誠其孝弟之意，正其孝弟之心，修其孝弟之身。齊其家，使一家之人皆孝弟。治其國，使一國之人皆孝弟。平其天下，使天下之人皆孝弟。故曰：『人人親其親，長其長，而天下平。』若離却眼前另尋一物，是物與吾身爲兩，而道可須臾離矣。」○《存古篇》曰：「兄弟相友，毋以小忿小利傷同氣之愛。」又曰：「家庭骨肉，以和爲本。和致祥，乖致異，毋聽婦人言。」孝則家事必理，居家孝弟而家事理，即可移于官而官事治。治官者，理家之推也。《易》之《家人》曰：「父父、子子、兄兄、弟弟、夫夫、婦婦而家道正，正家而天下定矣。」○曾子曰：「親戚不説，不敢外交。近者不親，不敢求遠。小者不審，不敢言大。」○左氏曰：「晉趙孟言范宣子之家事理，其祝史無愧辭。楚子曰：『宜其光輔五君也。』」誠如是也，孝弟居家之德，行成于内，達于外。按：程子曰：「天地生物，各無不足之理，常思天下君臣、父子、兄弟、夫婦有多少不盡分處。」○薛氏瑄曰：「親親，仁也。敬長，義也。無他，達之天下也。故知惟孝友于兄弟，爲爲政之本。」不惟光顯一時，而名必立于後世。所謂「揚名于後世，以顯父母」，信矣。子路問於孔子，曰：「有人于此夙興夜寐，耕耘樹藝，以養其親，而名不稱孝者，何也？」孔子曰：「意者身不敬與？辭不順與？色不悦與？雖有國士之力，不能自舉其身，非無力也，勢不便也。故入而行不修，身之罪也；出而名不章，友之過也。故君子入則篤行，出則友賢，何爲而無孝之名也。」○邢昺《正義》曰：「移孝以事於君，移弟以事於長，移理以施於官，三德不失，則其令名自傳於後世。」○曹氏于汴曰：「忠君孝親，辟如饑食渴飲，寒裘暑葛，隨時行之而已。飲食不求人知，忠孝求人知，惑也。」○謹按：舜在側微，又處頑父、嚚母、傲弟之間，而能夔夔齋慄，盡事親之道，是以帝堯聞之，四岳舉之，天下君之，萬世師之。行成名立，莫大於此，故大德必得其名。龜山楊氏曰：「舜在側微，堯舉而試之，愼徽五典，五典克從，納于百揆，百揆時敘，賓於四門，四門穆穆。觀其所施設，舜之所以爲舜，其才德可謂大矣，宜非深山之中所能久處。而爲舜者，當堯未之知，方且飯糗茹草若將終身。若使今人有才氣者，雖不得時，其能自已其功名之心乎！以此見人必能不爲然後能有爲也。非有爲之難，其不爲猶難矣。」○謹按：孔子云：「君子疾没世而名不稱焉。」聖人豈教人以好名！蓋以名者實之賓也，名不稱於後世，必其實之未至也。是以君子篤孝弟宜家之行于内，惟恐其實之不至，而孜孜勉焉也。○古人爲忠臣孝子，友兄弟，刑寡妻，只爲自慊其本性而止，豈爲求名！凡有意求名者，亦必其實之未至也。

右第十四章。今文、古文皆同。古文此章在《明王》、《事父》章下，而此章下有「子曰閨門之内」二十四字。今文爲《廣揚名》章。

子曰：「閨門之内，具禮已乎！嚴父嚴兄，妻子臣妾，猶百姓徒役也。」○按：《閨門》章，漢劉向較定，今古文無，隋劉炫古文有，或以爲無此不得爲全經，或以爲後儒僞作。而草廬吴氏曰：「今詳此章，不惟不類聖言，亦不類漢儒語。」宋氏濂謂其所異惟《閨門》一章。諸儒于經文大指未見發揮，而斷斷紛紜，抑末矣。今姑闕疑，以俟君子。草廬吴氏曰：「《閨門》章今文無，古文在傳十章之後，十一章之前。朱子曰：『因上章三「可移」而言。嚴父孝也，嚴兄弟也，臣妾官也。』邢氏《正義》説已見前。今詳此章，不惟不類聖言，亦不類漢儒語，是後儒僞作明甚。而朱子不致疑者，蓋因温公信之，而未暇深考耳。況十一章之首，作傳者承十章之末而發問，若有此章，則文義間隔。特據《正義》之説黜之。」○按：《玉海》、《會要》曰：「唐開元七年，三月一日，勅《孝經》、《尚書》有古文本孔、鄭注，旨趣頗多踳駁，令諸儒質定。六日，詔曰：『《孝經》德教所先，頃來獨宗鄭氏，孔氏遺旨今則無文。其令儒官詳定所長，令明經者習讀。』四月七日，左庶子劉子玄上《孝經議》曰：『今俗所行《孝經》，題曰鄭氏注，云即康成，而魏晉無此説。至晉穆帝永和十一年，孝武太元元年，再聚群臣共論經義，有荀昶撰集《孝經》諸説，始以鄭氏爲宗。宋梁已來，多有異論。陸澄以爲非玄所注，請不藏祕省。王儉不依其請，遂傳於時。魏、齊立於學官，著在律令。然《孝經》非玄所注，其驗十有二。古文孔傳，曠代亡逸，隋開皇十四年，祕書學生王孝逸得一本送王邵，以示劉炫，炫率意刊改，因著《孝經稽疑》一篇。邵以爲經文盡在，正義甚美。而歷代未嘗置於學官。愚謂行孔廢鄭，於義爲安。』國子祭酒司馬貞議曰：『今《孝經》是漢河間獻王所得，顔芝本劉向定爲十八章，其注相承云鄭玄作，而《鄭志》及目録等不載，往賢其疑焉。唯荀昶、范曄以爲鄭注。昶集解《孝經》，具載此注。序云以鄭爲主，是以此注爲優。其古文二十二章，元出孔壁，安國作傳，世未之行。荀昶集注之時，尚有孔傳，中朝遂亡其本。近儒妄作此傳，假稱孔氏，又僞作《閨門》一章，劉炫詭隨妄稱其善。且「閨門」之義，近俗之語，非宣尼正説。又分《庶人》章「故自天子已下」别爲一章，仍加「子曰」二字，非但經文不真，亦傳習淺僞，議者取近儒詭説，殘經缺傳，而廢鄭註，理實未可，請鄭、孔俱行。』五月五日，詔鄭仍舊行用，孔注傳習者稀，亦存繼絶之典，頗加獎飾。」〇今按：劉子玄議行孔廢鄭，司馬貞議鄭、孔並行，而玄宗詔鄭仍舊行，孔注亦存繼絶之典。又按：子玄尊古文《孝經》者也，其議亦云劉炫率意刊改，則古文《孝經》多出于劉炫之手，而貞議鄭、孔並行，亦非專主今文也。《閨門》章今文原無，而後乃云司馬貞爲國諱削《閨門》章。夫貞固未嘗削之也，且玄宗亦詔孔、鄭並存，豈玄宗不自諱而貞反諱之乎！是未嘗深考當時之實而妄議之也。程子曰：「讀書者，當平其心，易其氣，闕其疑。」

孝經大全卷之十

明新安吕維祺箋次

曾子曰：「若夫慈愛、恭敬、安親、揚名，則聞命矣。敢問子從父之令，可謂孝乎？」子曰：「是何言與？是何言與？夫，音扶。令，去聲。與，平聲。

此又因曾子之問，以明孝之大也。命，教也。曾子初承孔子告以孝道，次嘆孝之大，次問無加於孝，而孔子皆詳告之，所謂慈愛、恭敬、安親、揚名，統包前章而言。《禮》「事親有隱無犯」，曾子平日以從命爲孝，故發此問，而孔子重言「是何言與」以深警其非也。邢昺《正義》曰：「《檀弓》云：『事親有隱無犯。』《論語》云：『事父母幾諫，見志不從，又敬不違。』故曾子有可問之端。」○虞氏淳熙曰：「昔日曾子耘瓜傷了些藤，曾晳把大杖責之仆地，夫子因此不容曾子相見。想曾晳是狂的人，多有過失，曾子雖順着他，心裏終是不安，故有此問。」○維祺按：慈愛，如不敢毁傷，不敢惡於人，母取其愛，因親教愛，養則致樂，教民親愛之類。恭敬，如不敢慢於人，不危不溢，不敢遺小國之臣，不敢侮鰥寡，不敢失臣妾，因嚴教敬，居則致敬，及禮者敬而已之類。安親，如保社稷，守宗廟，守祭祀，養父母，生則親安，祭則鬼享，及不近驕争兵刑之類。揚名，如揚名後世，配帝來祭，及名立于後世之類。

「昔者，天子有争臣七人，雖無道，不失天下。諸侯有争臣五人，雖無道，不失其國。大夫有争臣三人，雖無道，不失其家。士有争友，則身不離於令名。父有争子，則身不陷於不義。争與諍同，去聲，下倣此。離，去聲。

昔古之天子，必置諫争之臣以救其過，故有争臣七人。雖至無道，亦必救正，不致失其天下。《孔叢子》曰：「夫爲人臣見非而不争，以陷主於危亡，罪之大者也。人君疾臣之弼而惡之，資臣以箕子、比干之忠，惑之大者也。」○班氏固曰：「天子有争臣七人及下五人、三人云者，夫陽變於七，以三成。子之諫父，法火以揉木也。」是此經之旨無不符，二氣五行所以靈也。○唐永徽初，召趙弘智爲陳王師，講《孝經》于百福殿。高宗頗躭墳典，方欲以德教加於百姓，刑於四海，乃令陳《孝經》大要，以補不逮。對曰：「天子有争臣七人，雖無道，不失其天下，願以此獻。」帝悦，賜絹疋、名馬，故永徽之治庶幾貞觀。其實諫不厭多，先王立誹謗之木，設敢諫之鼓，廣集忠益，惟恐人之不争，豈僅拘七人之數哉！姑約略言之耳。皇侃云：「夫子述《孝經》之時，當周亂衰之代，無此諫争之臣，故言『昔者』。不言先王而言『天子』者，諸稱『先王』皆指聖德之主，此言無道，所以不稱先王。」○《左傳》稱：「周辛甲之爲太史也，❶命百官，官箴王闕。」師曠説匡諫之事，「史

❶「辛甲」，原作「主申父」，今據《左傳》魯襄公四年傳文改。

爲書，瞽爲詩，工誦箴諫，❶大夫規誨，士傳言」，「官師相規，工執藝事以諫」。此則凡在人臣，皆合諫也。夫子言天子有天下之廣，七人則足以見諫争功之大，故舉少以言之。○朱子曰：「内自臣工，外及甿庶，有能開廓聖心，指陳闕政者，無間疎賤，使咸得以自通。然後擇近臣之通明正直者一二人，使各引其所知有識敢言之士十數人，寓直殿門。凡四方之言有來上者，悉令省閲，舉其盡忠不隱者，日以聞于聰聽，則夫天人之際將有粲然畢陳於前者。然後兼總條貫，稱制臨決，畫爲科品，以次施行。」○五峰胡氏曰：「事物之情，以成則難，以毁則易。足之行也亦然，升高難，就卑易。❷舟之行也亦然，泝流難，❸順流易。是故雅言難入而淫言易聽，正道難從而小道易用。伊尹之訓太甲曰：『有言逆于汝心必求諸道，有言遜於汝志必求諸非道。』蓋本天下事物之情而戒之耳。英明之君能以是自戒，則德業日新，可以配天矣。」○元城劉氏曰：「嘗讀《國語》，以謂『天子聽政，使公卿至于列士獻詩，瞽獻曲，史獻書，師箴，瞍賦，矇誦，百工諫，庶人傳語，近臣盡規，親戚補察，瞽史教誨，耆艾修之，而後王斟酌焉』。是三代之前，上則公卿、大夫朝夕得以納忠，下則百工、庶民猶執藝事以諫，故忠言嘉謀日聞于上，而天下之情無幽不燭，無遠不通，所爲必成，所舉必當者，諫争之効也。後世之士，不務獻納於君而多爲自全之謀，正論遠謀，鮮有入告，於是設員置職而責之以諫矣。夫進言者日益少，而聽言者不

❶ 「工」，原作「士」，今據《左傳》魯襄公十四年傳文改。
❷ 「卑」，原作「畢」，今據胡宏《知言》卷三改。
❸ 「泝」，原作「沂」，今據胡宏《知言》卷三改。

加勤，此天下之治所以終愧于先王之盛時也。」○西山真氏曰：「忠良之士，論治體，補國事，乃其志爾。能密有所助，則亦志伸而道行，豈必彰君過而取高名哉！當君相議事之際，使諫官預聞得以關説，或有闕失從而正之，天下但覩朝政之得宜，不知諫者之何言。況大臣論事，以諍官規正於人君之前，安有不公之議！兹亦制御大臣使之無過之術耳。若以諫官小臣不可預聞國議，必衆知闕失方許諫正，事或已行而不可救，過或已彰而不可言，故剛直之臣有激訐不顧以争之者。君從之，猶掩其過；君或不從，則君之過、大臣之罪愈大矣。」○又曰：「欲諫其君者，必先能受人之諫，倘在己則知盡言以諫君，而於人則不欲盡言以諫我，是以善責君而未嘗以善責己也。其可乎哉！故爲大臣，必以群下有言爲救己之過，而不以爲形己之短，以爲愛己而不以爲輕己，以爲助己而不以爲異己，然後可稱宰相之度。」諸侯次於天子，國小於天下，其事稍簡，故五人而可。大夫有家者，又小於國，其事又簡，故三人而可。要之，謂諸臣中有七人、五人、三人能直言敢諫者，非謂置諫臣止此數也。《正義》曰：「《左傳》：『自上以下，降殺以兩，禮也。』謂天子尊，故七人。諸侯卑於天子，降兩，故有五人。大夫卑於諸侯，降兩，故有三人。《論語》云：『信而後諫。』《左傳》云：『伏死而争。』此蓋謂極諫爲諍也。若隨無道，人各有心，鬼神乏主，季梁猶在，❶楚不敢伐，是有争臣不亡其國之證。」○或謂天子七人者，按《文王世子》記曰：「虞、夏、商、周有師、保，有疑、丞，設四輔及三公，不必備，惟其人。」又《尚書大傳》曰：「古者天子必有四隣，前曰疑，後曰丞，左曰輔，右曰弼。」諸侯五者，孔傳指天子所命之

❶「梁」，原作「良」，今據《孝經注疏》及《左傳》改。

孤及三卿與上大夫，王肅指三卿、内史、外史，以充五人之數，王肅無側室而謂邑宰。斯並以意解説，恐非經意。○董鼎曰：「天子有天下，四海之大，萬幾之繁，善則億兆蒙其福，不善則宗社受其禍，故必有諫争之臣以救其過。古者立誹謗之木，設敢諫之鼓，大開言路，廣集忠益諍臣，豈止七人！孔子姑約而言之耳。若次于天子爲諸侯，又次于諸侯爲大夫，國小於天下，其事必簡，故五人而可；家小於國，其事又簡，故三人而可。其實諫不厭多，非必以數拘也。」○曹氏端曰：「南容謹言，只是不輕言取禍。若以直言極諫，面折廷争，爲不謹言，豈聖門忠孝之教？」士雖無臣，苟有忠告善道之争友，自不失令名。父苟有苦口幾諫之争子，必不陷不義。夫君臣、朋友、父子，皆受争之益如此。豫章羅氏曰：「君明君之福，臣忠臣之福，君明臣忠則朝廷治安，得不謂之福乎！父慈父之福，子孝子之福，父慈子孝則家道隆盛，得不謂之福乎！俗人以富貴爲福，陋哉！」○曹氏端曰：「君有争臣，君之福也。父有争子，父之福也。兄有争弟，兄之福也。士有争友，士之福也。成湯知乎此從諫弗咈，唐太宗知乎此納諫如流，子路知乎此聞過則喜，此所以皆成聖賢之德而名流萬古也。」○司馬氏曰：「士無臣，故以友争。《易》曰：『出門交有功，不失也。』又曰：『二人同心，其利斷金，同心之言，其臭如蘭。』又曰：『君子上交不諂，下交不瀆。』又曰：『定其交而後求。』○《表記》曰：『君子之接如水，小人之接如醴。君子淡以成，小人甘以壞。』○宋王回《告友》曰：『父子、兄弟之親，天性之自然者也。夫婦之合，以人情而然者也。君臣之從，以衆心而然者也。是雖欲自廢，而理勢持之，何能也。惟朋友者，舉天下之人莫不可同，亦舉天下之人莫不可異，同異在我，則義安所卒歸。』○呂氏柟曰：『交友當取其直，責善當巽其語。』又曰：『諸友責備，外有益友，兄弟責備，内有益親，如此何患不長進。」○又曰：「爲學隆師取友，變化氣質爲本。渭南有薛敬之從周先生遊，常鷄鳴而起，候門開，洒掃設坐，及至，則跪以請教。後歲貢，過陝州，聞陳秀才雲逵忠信狷介，凡事皆持敬，遂拜訪其家。問曰：『何以得此？』陳曰：『我常事父母有忿聲，一日讀子夏「色難」章自悟，即改其行。』薛嘆曰：『此吾良友也。』遂定交而去。」○孟氏化鯉曰：「凡接朋輩須察能切磋相成否，仍蹈舊習否，此最要緊，不可忽。」○《士大戒》曰：「毋與匪人交，匪人非止一端，交之則無益而有損。《易》曰：『比之匪人，不亦傷乎！』學者所當深戒也。」

「故當不義，則子不可以不争於父，臣不可以不争於君。故當不義則争之，從父之令又焉得爲孝乎！」焉，於虔反。

故，承上言。父子天性，何忍陷於不義，至情不能自已，故起敬起孝，積誠感動；見志不從，又敬不違，三諫不聽則號泣而隨，必使從而後已。《曲禮》曰：「子之事親也，三諫而不聽，則號泣而隨之。」夫諫不聽而遂絶之，則傷恩矣。號泣隨之，將以感其心，仁之至也。○《内則》云：「父母有過，下氣怡色，柔聲以諫。諫若不入，起敬起孝，説則復諫，不説，與其得罪於鄉黨州閭，寧熟諫。父母怒，不説而撻之流血，不敢疾怨，起敬起孝。」○曾子曰：「從而不諫，非孝也。諫而不從，亦非孝也。故孝子之諫，達善而不敢争辨。」○《易》之《蠱》曰：「初六，幹父之蠱，有子，考無咎。厲終吉。」《象》曰：「幹父之蠱，意承考也。」○「九二，幹母之蠱，不可貞。」《象》曰：「幹母之蠱，得中道也。」○「六五，幹父之蠱，用譽。」《象》曰：「幹父之蠱，承以德也。」○伊川程子曰：「幹母之蠱，不可貞。子之於母，當以柔巽輔導之，始得於義。不順而致敗蠱，則子之罪也。」○文定胡氏曰：「孝子盡道以事其親者也。不盡道，而苟焉以從命爲孝，又焉得爲孝？故《尸子》曰：『夫已多乎道。』」○吕氏坤曰：「親有錯履，無遽言，無盡言，無當人而言，乘時乘機，設言以悟之。」○曹氏端曰：「孝子保親全家之道，當以盡諫爲心也。且先意承志，諭父母于道者，其孝大於養極甘脆者矣。和色柔聲，諫父母於善者，其孝大於拜醫求藥者矣。《書》稱虞舜曰：『父頑，母嚚，象傲，克諧以孝，烝烝乂，不格姦。』良以此也。然此不惟孝子當行，而實慈父慈母之所當察焉。」故總結之曰：「當不義，則子不可不争于父，臣不可不争于君。」先父子而後君臣，其旨深矣。微子曰：「父子骨肉，而臣主以義屬，故父有過，子三諫而不聽，則隨而號之。人臣三諫而不聽，則其義可以去矣。」○晁氏曰：「經云：『當不義，則子不可以不諍於父。』孟子猥曰：『父子之間不責善。』夫豈然哉！今王安石作《孝經解》謂當不義則諍之，非責善也。噫！不爲不義即善矣。阿其所好，以巧侮聖人之言至此，君子疾夫。」○按：安石黜《孝經》，近儒以爲其罪浮於李斯，晁氏意或云然，非獨駁其非責善之説耳。○馮夢龍曰：「争者，争也。如争者之必求其勝，非但以一言塞責而已。君父一體，子不可不争于父，猶臣不可不争于君。故當父不義，爲子者直争之，必不可從父之令。」○或曰：「君有過則諫，三諫而不聽則去。親有過則諫，三諫而不聽則號泣而隨。事父母幾諫，起敬起孝，悦則復諫，積誠以感動之，必其從而後已。此則人子愛親之至，終欲其歸于至善。又有非臣與友之所得爲者，自士以下，雖謂庶人，然天子、諸侯、大夫、士之子均爲子也，均愛父也。父若有過，子必幾諫，無諉之諍臣、諍友可也。」

右第十五章。今文、古文皆有。古文「則聞命」爲「參聞命」，「敢問」下無「子」字，「是何言與」下有「言之不通也」五字，「不失天下」有「其」字，「不争于父」、「不争于君」二「不」字古文皆爲「弗」字，「又焉得爲孝」古文無「又」字。今文爲《諫争》章。○朱子曰：「此不解經，而别發一義。」○吴氏曰：「凡百四十三字，廣經中五孝之義，言天子、諸侯、卿大夫、士、庶人皆當有過則諫，非徒從順而已。」

孝經大全卷之十一

明新安呂維祺箋次

子曰：「昔者明王，事父孝，故事天明；事母孝，故事地察。長幼順，故上下治。天地明察，神明彰矣。長，上聲。治，去聲。

此又極言孝之感通，以贊孝之大也。《易》曰：「乾，天也，故稱乎父。坤，地也，故稱乎母。」明王，父天母地者也。父母天地本同一理，故事父之孝可通於天，事母之孝可通於地。明謂明其經常之大，察謂析其曲折之詳。《易·説卦》云：「乾爲天，爲父。」事父孝，故能事天，是事父之孝通於天也。「坤爲地，爲母。」事母孝，故能事地，是事母之孝通於地也。○《白虎通》曰：「王者，父天母地。」此言事者，謂移事父母之孝以事天地也。○《祭義》：「曾子曰：『樹木以時伐焉，禽獸以時殺焉。』夫子曰：『斷一樹，殺一獸，不以其時，非孝也。』」又《王制》曰：「獺祭魚，然後虞人入澤梁。豺祭獸，然後田獵。鳩化爲鷹，然後設罻羅。草木零落，然後入山林。昆蟲未蟄，不以火田。」此則令無大小，皆順天地，是事天地能明察也。○孔子曰：「仁人不過乎物，孝子不過乎物。是故仁人之事親也如事天，事天如事親，是故孝子成身。」○慈湖楊氏曰：「父母即天地，人生而執己私起意，彼此牢不可解，一日醒覺，吾性清明廣大，無際無畔，誠不見其有天地之殊。苟未明通，則事父母實不識父母，況能事天地。孝子之心，即天地之道。惟不自知，故《易》曰：『百姓日用而不知。』」○雙峰饒氏曰：「人受天地之氣以生而有是性，猶子受父母之氣以生而有是身。父母之氣，即天地之氣也。分而言之，人各一父母也，合而言之，舉天下同一父母也。人知父母之爲父母，而不知天地之爲大父母。」○又曰：「天以至健而始萬物，則父之道也。地以至順而成萬物，則母之道也。」○草廬吴氏曰：「天地者，吾之父母也。父母者，吾之天地也。天即父，父即天，地即母，母即地，人事天地，當如事父母，子事父母，當如事天地。」○董鼎曰：「此『明察』二字，亦是就前章『天經地義』二句引來。孔子曰：『明於天之道，而察於民之故。』孟子曰：『舜明於庶物，察於人倫。』大抵經是總言其大者，義是中間事物纖悉曲折之宜，董子所謂常經通義，亦是此意。惟其爲天之經也，所以事父孝，故事天明。惟其爲地之義也，所以事母孝，故事地察。明字氣象大，聰明睿知，無所不照。察則工夫細，文理密察，無所不周。」○鄭氏曰：「王者，父事天，母事地，言能敬事宗廟，則事天地能明察也。」○祺按：事父母，亦不專言宗廟。○孫本曰：「明王推所以孝父者，事天於郊而其禮明；推所以孝母者，事地於社而其義察。」○祺按：事天事地，凡所以參贊調燮以體元者皆是，不但事之以郊社而已也。推孝爲弟，而宗族、長幼皆順於禮，則凡在上下之人皆自化而治矣。邢昺《正義》曰：「此言明王能順長幼之道，則臣下化之而自理也。」○長幼順，蓋就事父母推之；上下治，蓋就事天地推之。夫言孝至於天地明察，天時順而休徵協應，地道寧而萬物咸若，神明之道，於是乎彰矣。不言上下治者，舉重也。明王孝德，感通之神，孰大於此？《正義》曰：「言事天地若能明察，則神祇感其至和而降福應以佑助之，是神明之功彰見也。《書》云：『至誠感神。』又《瑞應圖》曰：『聖人能順天地，則天降膏露，地出醴泉。』《詩》曰：『降福穰穰。』《易》曰：『自天佑之，吉無不利。』」○朱子曰：「聖人之於天地，猶子之於父母。」又曰：「敬天當如敬親，戰戰兢兢，無所不至。愛天當如愛親，無所不順。」慈湖楊氏曰：「明王之事父母孝，異乎未明者之孝。未明者之孝，雖孝而未通，故於事天不明其天，事地不明其地，不特不明其天地，亦不明其父母。雖知父母之情意，不知父母之正性。不自明己之正性，故亦不明父母之正性，亦不明天地之性。人皆曰我惟知父母，不知天地，此不知道者之言。」

「故雖天子必有尊也，言有父也。必有先也，言有兄也。宗廟致敬，不忘親也。脩身慎行，恐辱先也。宗廟致敬，鬼神著矣。行，去聲。

孝弟之通於天地神明如此，故雖天子至尊，尊無二上，而必有尊於天子者，蓋父也，故不可以弗孝。天子至尊，故莫之敢先，而必有先於天子者，蓋兄也，故不可以弗弟。按：鄭氏註父謂諸父，兄謂諸兄，皆祖考之胤也。禮：君讌族人，與父兄齒也。吴氏亦言所當尊者諸父，所當先者諸兄。○祺謂父兄仍指自己父兄，而諸父、諸兄皆在其中。爲是若只作諸父、諸兄，則上文「事父孝」亦可謂諸父乎！安能通於事天？故解經者當以經解經，誠然。至於宗廟之祭，必致其敬，事死如生，言不敢忘其親也。然必脩身而謹其行，恐行一有失，而玷辱其祖考也。横渠張子曰：「今人之祭祖，但致其事生之禮，陳其數而已，其於接鬼神之道則未也。祭祀之禮，所總者博，其禮甚深，今人所知者，其數猶不足，又安能達聖人致祭之義！」○羅氏汝芳曰：「將爲善，思貽父母令名，必果；將爲不善，思貽父母羞辱，必不果。經曰：『脩身慎行，恐辱先也。』」○董鼎曰：「脩身慎行，事親之始終，不出於此。故爲人子一舉足而不敢忘父母，一出言而不敢忘父母，惟恐一言一行之玷以辱其親。」鬼神，謂祖考之神。夫言孝至於宗廟致敬，則洋洋在上，來格來饗，而鬼神之道於是乎著矣。不言脩身慎行者，亦舉重也。明王孝德，感通之神，又孰大於此。《正義》曰：「上言神明，謂天地之神也。此言鬼神，謂祖考之神也。《易》曰：『陰陽不測之謂神。』先儒釋云：若就三才相對，則天曰神，地曰祇，人曰鬼。言天道玄遠難測，故曰神也。祇者，知也，言地去人近，長育可知，故曰祇也。鬼者，歸也，言人生於無，還歸於無，故曰鬼也，亦謂之神，按《五帝德》云黄帝『死而民畏其神百年』是也。上言神明，尊天地也；此言鬼神，尊祖考也。」○朱子曰：「《周禮》言天曰神，地曰祇，人曰鬼。三者皆有神，而天獨曰神者，以其常常流動不息，故專以神言之。若人亦自有神，但在人身上則謂之神，散則謂之鬼耳。鬼是散而静了，更無形，故曰往而不來，如人祖考氣散爲鬼矣，子孫盡精神以格之，則洋洋如在其上，如在其左右，豈非鬼之神耶！魂者，陽之神。魄者，鬼之神。見《淮南子》註。」

「孝弟之至，通於神明，光於四海，無所不通。《詩》云：『自西自東，自南自北，無思不服。』」弟，去聲。

故總結而贊之，言孝之大，至於天地鬼神相爲感應，則偏天地間無非孝道充塞，人神無間，上下協和。故孝弟之至其極，自然通融貫徹於神明，光明顯耀於四海，上下幽明無所隔礙而不通者，明王孝德感通之大至於如此，所謂以順天下，民用和睦，上下無怨，至矣，無以復加矣。《説苑》曰：「昔者舜盡孝道，天下化之，蠻裔率服。北發渠搜，南撫交趾，莫不慕義，麟鳳在郊，故孔子曰：『孝弟之至，通於神明，光於四海。』舜之謂也。」○虞氏淳熙曰：「神明孝悌，不是兩事，略無毫髮間隔，置之而塞乎天地間矣。四海孝弟，總是一心，不屬形氣窒碍，推而放之而準矣。」又曰：「孩提之知覺因齋戒之精明而還，郊社之明察因宗廟之肅將而得。」○又曰：「謹按：孔子這話說，人都把來看做奇怪的，不知母嚙指而子心動，父膺疾而子汗流，至于甘露靈泉，神人織女，日烏月兔，地金冰鯉，以及芝草異木，種種感通，種種難測，我成祖文皇帝詳載《孝順事實》中，且親灑宸翰，歌咏其美，爲人子者，豈可不篤信！」故引《詩·大雅·文王有聲》之篇以明之。慈湖楊氏曰：「『無思不服』者，以東西南北之心同此道心，故默感而應也。有道則應，無道則離。《易》曰：『聖人以神道設教，而天下服矣。』以此道至神無所不通故也。」○曾子曰：「夫孝置之而塞於天地，溥之而衡於四海，施諸後世而無朝夕。」○程子曰：「神明孝悌，不是兩事。」横渠張子《西銘》曰：「乾稱父，坤稱母，予兹藐焉，乃混然中處。故天地之塞吾其體，天地之帥吾其性，民吾同胞，物吾與也。大君者，吾父母宗子；其大臣，宗子之家相也。尊高年，所以長其長。慈孤弱，所以幼其幼。聖其合德，賢其秀也。凡天下疲癃、殘疾、惸獨、鰥寡，皆吾兄弟之顛連而無告者也。于時保之，子之翼也。樂且不憂，純乎孝者也。違曰悖德，害仁曰賊。濟惡者不才，其踐形惟肖者也。知化則善述其事，窮神則善繼其志，不愧屋漏爲無忝，存心養性爲匪懈。惡旨酒，崇伯子之顧養；育英才，穎封人之錫類。不弛勞而底豫，舜其功也。無所逃而待烹，申生其恭也。體其受而歸全者，參乎！勇于從而順令者，伯奇也。富貴福澤，將厚吾之生也。貧賤憂戚，庸玉女于成也。存吾順事，没吾寧也。」○龜山楊氏曰：「《西銘》只是發明一個事天底道理。」又曰：「堯舜之道曰孝弟，不過行止疾徐，皆人所日用而已。夏葛冬裘，渴飲饑食，日出而作，晦而息，無非道者。推是而求之，則堯、舜與人同。反而求之，而天下之理得。由是而通天下之志，類萬物之情，參天地之化，其則不遠矣。」慈湖楊氏曰：「六合之間，天地鬼神，無所不通，無所不應，自私自蔽，始隔始離，私去蔽開，通應如故。」北溪陳氏曰：「心至靈至妙，可以爲堯、舜。參天地，格鬼神，雖萬里之遠，一念便到。雖千古人情事變之秘，一照便知。雖金石至堅可貫，雖物類至幽至微可通。」○謹按：孔子嘗謂明郊社之禮、禘嘗之義，治國如視諸掌。其言明王之以孝治天下，至於事天地、通神明、光四海，言大而理約。《吕覽》曰：「人主孝則名章榮，下服聽，天下譽。人臣孝則事君忠，處官廉，臨難死。士民孝則耕耘疾，守戰固，不敗北。夫孝，三皇五帝之本務，而萬事之紀也。夫執一術，而百善至，百邪去，天下從者其惟孝也。」○朱鴻曰：「此章統論明王之孝之大，無間於生死存亡而一之者。説者不察，以首節即主祭享言，然則明王于父母，直待祭享而始盡其孝乎！若以爲然，則下文宗廟致敬爲重出矣。」○草廬先生以「天地明察，神明彰矣」八字錯簡在「故雖天子」之上，今移易於「鬼神著矣」之下，學者近多宗之。今仍依舊本，但分屬三段看，正見聖筆精妙，包括無遺無錯，又何必支離纏繞而移易于後，此蓋惑於「孝弟」二字要平看，不思弟字係是帶説者，非對舉以並言。○首節止言「事父孝」至「神明彰矣」，不申「長幼順」二句者，以天地既明察矣，況長幼有不順乎！神明尚昭彰矣，況上下有不治乎！或以此二句專指弟説，則王者之治化，豈偏屬於弟道乎！殊不思能孝自無不弟。又舉幽則明者可見。○次段止申「鬼神著矣」一句，不及天地、不及治平者，蓋以上下可類而推，孝極自無感而不應。○末段方提出一「孝弟」字來，又不言通鬼神及治平者，蓋以通神明則鬼神在其中，光四海則治平在其內，聖筆精微，言簡意盡如此。

右第十六章。今文、古文俱同。古文此章在「君子之教以孝也」章之下，在「君子之事親孝，故忠可移于君」章之上。今文爲《感應》章。〇朱子曰：「此皆格言。」〇吴氏曰：「今詳此章文理精深，正釋『至德要道』之義，當爲傳之首章。『天地明察，神明彰矣』八字，錯簡在『故雖天子』之上，今詳『故』字承上起下，申説上文『長幼順』之義，而『宗廟致敬』乃申説章首『事父孝』、『事母孝』之義，『天地明察』則因章首『事天明』、『事地察』而言，『著矣』、『彰矣』二句文法協比，不應間隔，下文『通於神明』又承『神明彰矣』一句而言，如此，辭意方屬。」維祺按：「天地明察」二句，正應首四句，不應在「鬼神著矣」之下，草廬其亦臆爲之者乎！

孝經大全卷之十二

明新安呂維祺箋次

子曰：「君子之事上也，進思盡忠，退思補過，將順其美，匡救其惡，故上下能相親也。惡，如字。

此又論移孝爲忠之道，以廣中於事君之意。君子指爲臣者，上謂君也。邢昺《正義》曰：「經稱君子有七：一曰『君子不貴』，二曰『君子則不然』，三曰『淑人君子』，四曰『君子之教以孝』，五曰『愷悌君子』，以上皆斷章，指聖人君子，謂居君位而子下人也，六曰『君子之事親孝』，此章『君子之事上』，則皆指賢人君子也。」○又曰：「《論語》『而好犯上』，謂凡在己上者，此『上』惟指君言。」進謂進見於君，退謂既見而退，盡忠謂事有當陳者，思以竭其忠愛之心。按《説文》：「忠，敬也。盡心曰忠。」《字詁》曰：「忠，直也。」《論語》曰：「臣事君以忠。」盡忠者，言敬其職事，直其操行，盡其節操，致身受命也。補過謂己之責有未塞者，思以彌縫其闕失而補之。《禮記·少儀》曰：「朝退曰退。」《左傳》引《詩》曰：「退食自公。」杜預註：「臣自公門而退入私門也。」謂退朝理公事畢，而還家之時則當思慮以補身之過。故《國語》曰：「夜而計過，無憾而後即安。」言若有憾，則不能安，是思自補也。將，助也。順，導之也。其美，謂君之善。按：孔註《尚書・泰誓》云「肅將天威」爲「敬行天罰」，是「將」訓爲「行」也。言君施政教有美，則當順而行之。匡謂正之於微，救謂止之於顯，其惡謂君之愆。按：《詁文》：「匡，正也。」馬融註《論語》云：「救，猶止也。」君有過惡則正而止之，《尚書》云「予違汝弼，汝無面從」是也。○楊氏東明曰：「凡諫，補其所闕者也。以闕補闕，未有能補，故其道貴自完矣。身不行道，不行于妻子，闕故也。況君父之前，天下之大乎！顧夫世之諫者各有其心，或擇奇事以立名，或就易事以塞責，或意念不在君父而攻麗語以悦人，或機軸不由本心而揣人情以附勢。嗚呼！內省多疚，闕孰甚焉。以此欲匡主德，濟時艱，收補益之效，是何異立曲木而求直影也。」下以忠事上，上以義接下，如父子之一氣，如元首股肱之一體，故必如是而後能相親也。《書》曰：「居上克明，爲下克忠。」《左傳》曰：「君義臣行。」如此則能相親。○董鼎曰：「君猶父，臣猶子，相親猶一家也。君爲元首，臣爲股肱，相親猶一體也。此相親之至也。」○徐鉉曰：「君人者，推赤心以接下者也。臣人者，推赤心以事上者也。上下交感，政是以和。故大《易》之義，在上者其道下降，在下者其道上行，則曰：『天地交泰。』上者自居其上，下者自居其下，則曰：『天地不交否。』然則爲上而下降甚易，爲下而上達甚難。」○景公問晏子曰：「忠臣之事，何如？」對曰：「有難不死，出亡不送。」公不説，曰：「君裂地而富之，疏爵而貴之，有難不死，出亡不送，何也？」對曰：「言而見用，終身無難，臣何死焉。諫而見從，終身不出，臣何送焉。」○《孔叢子》曰：「事成主裁其賞，事敗臣執其咎。君總其美，臣行其義。然君不猜其臣，臣不隱于其君。故動無過計，舉無敗事。」○按：《國語》：「士朝而受業，晝而講貫，夕而習復，夜則計過。」鄭氏曰：「君有過失，則思補益。」韋昭曰：「退歸私室，則思補其身過。」○祺按：補過謂自補其過，非謂補君之過。蓋進則盡忠于君，退食則思有愆忘遺失未盡忠處，必思補之，進而復盡耳。作補君過，似不如此之切。盡忠内即有補君之過意，下文「將順」、「匡救」即盡忠之目也，言匡救而補君之過可知。則退思補過仍作補自己過爲是，補過正所以盡忠也。

「《詩》云：『心乎愛矣，遐不謂矣，中心藏之，何日忘之？』」

《詩·小雅·隰桑》之篇。遐，遠也。言臣心愛乎君，雖在遐遠，不謂遠者，蓋愛之一念藏之中心，何日忘之也。使非本於孝，何以能忠君若是。虞氏淳熙曰：「夫子引《小雅·隰桑》之詩，説道爲臣的心裏，既然愛着君王，胡不把直言去告君王，可見他必匡救其惡了。若是不曾去救，或救之不得實落，放心不下，惙惙在念，憂去憂來，何日忘懷，亦是申明以顯父母的意思。」○維祺按：引《詩》之心乎愛者何？明忠臣之本乎愛也。君子事君事親，有左右就養無方者，有左右就養有方者，有三諫而不聽則號泣而隨者，有三諫而不聽則去者，雖若不同，其出于至誠惻怛之意，愛君愛親，非有二也。學不本於正心誠意，愛不出于中心，其卑者爲態臣之修飾與媚臣之迎合而已，其高者亦不過才臣之幹辦、戆臣之攻訐而已。故曰畜君何尤。畜君者，好君也，愛君之至也。忠臣孝子之心，皆本於此。○又曰：「心乎愛者，孩提之知也。遐不謂者，岵屺之思也。中心藏之，何日忘之者，終身之慕也。是故孝者忠之本也。」○曾子曰：「事君不忠，非孝也。」司馬温公曰：「某事親，無以踰于人，能不欺而已矣。其事君亦然。」○又曰：「受人恩而不忍負者，其爲子必孝，爲臣必忠。」○董鼎曰：「忠臣事君，如孝子事親。先其意，承其志，迎其幾，而致其力。一念之善，則助成之，無使優游不決，沮遏而中止也。一念之惡，則諫止之，無使昏蔽不明，遂成而莫救也。陳善閉邪，慮之以早，防之以豫，戒于未然，止于無迹，此魏鄭公所以願爲良臣，不願爲忠臣也。」○祺按：穎考叔存羹遺母與陸績懷橘，人皆以爲孝。蔡襄之獻茶，亦是此意，而人有病其諂者。乃知小忠小愛，非所以爲忠也。君子正色立朝，責難陳善，不負所學，不負天子，以孝作忠，其道如此。〇孟子曰：「君子之事君也，務引其君以當道，志於仁而已。」程子曰：「天下之治亂，繫乎人君之仁不仁耳。昔者，孟子三見齊王而不言事。曰：『我先攻其邪心。』心無邪而志仁，然後天下事可理也。」又曰：「有剪桐之戲，則隨事箴規。違養生之戒，則即時諫止。」〇西山真氏曰：「當道謂其動合于理也，志仁謂心在于仁也。君之所行，皆合乎理，而其心常在于仁，則雖土地之狹不害于興。君之所行，不合乎理，而其心不在于仁，則雖土地之廣不能保其有。然道之與仁，非有二也。以事之理而言，則曰道；以心之德而言，則曰仁。孟子告齊梁諸君，一曰仁，二曰仁，正欲其志于此也。心存于仁，則其行無不合道矣。事君者，不可不知此。」〇南軒張氏曰：「某每登對，必先自盟其心曰：『切不可見上喜，便隨順將去。』恐一時隨順，後來收拾不得。上嘗曰：『仗節死義之臣難得。』某對曰：『陛下未得所以求之之道。』上曰：『何如？』曰：『當於犯顏敢諫中求，則臨事可以得仗節死義之士矣。若平時不能犯顏敢諫，他日安能望其仗節死義！』」〇程子曰：「人臣以忠信善道結于君心，必自其所明處乃能入也。人心有所蔽，有所通，故納約自牖，雖艱險時，終無咎也。」《易》之《坎》六四曰：「樽酒簋貳，用缶，納約自牖，終無咎。」〇程子曰：「大臣當險難之時，唯至誠見信于君，其交固而不可間，又能開明君心，則可保無咎矣。」又曰：「夫欲上之篤信，唯當盡其質實而已。所用一樽之酒，二簋之食，復以瓦缶爲器，其質實如此。又須納約自牖。納約謂進結于君之道，牖開通之義，室之暗也，故設牖所以通明。自牖言自通明之處，以況君心所明處。《詩》云：『天之牖民，如壎如篪。』能如是，雖艱險之時，終得無咎也。」又曰：「自古能諫其君者，未有不因其所明者也。

故訐直强勁者，率多取忤，而温厚明辨者，其説多行。」○朱子曰：「納約自牖，雖有向明之意，然非路之正。終無咎者，始雖不甚好，然于義理無害，故終無咎。無咎者，善補過之謂也。」○雲峰胡氏曰：「納約不自户而自牖，亦坎之時不得已也。」○潘氏夢旂曰：「納約自牖與《睽》之『遇主于巷』同意，皆言艱難之時，自間道而通于君也。六四居大臣之位，當坎險時，雖自牖納約，非其正道，終無咎也。居治平之世，由間道而結于君，則不可矣。惟睽、坎之時爲然。」○董鼎曰：「後世所謂忠，必至犯顔敢諫、盡命死節而後爲忠，不知救其横流而拯其將亡，未若防微杜漸爲忠之大也。此龍逢、比干之忠，所以不如臯、夔、稷、契之良。而孔子亦以將順其美，匡救其惡，爲盡忠補過之至也。苟非君子，進則面從，退有後言。有美不能助而成也，有惡不能救而止也，激君以自高，謗君以自潔，諫以爲身而不爲君也。是以上下相疾，而國家敗矣。今君子事上，所以忠愛其君者如此，則君享其安佚，臣預其尊榮，故君臣上下能相親也。」○司馬氏曰：《周易》天地交爲泰，不交爲否，是故君降心以訪問，臣竭誠以獻替，則庶政修治，邦家乂安。君惡逆耳之言，臣營便身之計，則下情壅蔽，衆心離叛。丘氏濬曰：「自古帝王，既自謹其所言，尤必求人之賢以爲己助，因人之言以爲己鑑。聞則拜之，聽則納之，卑辭以誘之，厚禮以招之，多方以來之，博問以盡之，和顔悦色以受之，大心宏度以容之。如所謂直言極諫，拾遺補闕者，下詔以求，責己以訪，使人人得以自達。是以陳言而善者，則立賞以勸之，傳曰『興王賞諫臣』是也；當言不言者，則制刑以威之，《書》曰『臣下不匡，其刑墨』是也。言雖過于訐直，有所不堪忍者，亦容以受之而不加以罪，史曰『殺諫臣者，其國必亡』是也。夫如是，則嘉言罔攸伏，君德之修否，朝廷之闕失，臣下之賢佞，民生之休戚，皆因言以達于上，有以爲思患豫防之計，而不至于噬臍無及之悔。若大臣持禄而不極諫，小臣畏罪而不敢言，下情不得上通，其患必至于危亡。」○西山真氏曰：「盡忠補過，無一時一念不在君也。有善承順之，有惡正救之，此愛君之至者也。臣以忠愛而親其君，君亦諒其忠愛而親之。非古昔盛時臣主俱賢，無此氣象也。後世人臣，有盡其忠愛而君反以爲仇者。吁！可歎哉！」

右第十七章今文、古文皆有。古文「君子之事上也」無「之」、「也」二字，「故上下能相親」無「也」字。❶今文爲《事君》章。○朱子曰：「進思盡忠，退思補過，亦《左傳》所載士貞子語，然於文理無害。引《詩》亦足以發明移孝事君之意。」○按：《左傳》宣公十二年，晉荀林父爲楚所敗，歸而請死，士貞子諫曰：「林父事君，進思盡忠，退思補過，其敗也，如日月之食。」于是晉侯使復其位。○維祺按：《孝經》孔子爲明王以孝治天下而發，非止言家庭事親之一事也。而其首章即曰：「中於事君。」如諸侯、卿大夫、士無非言孝，亦無非言忠。其餘章所言事君之忠，不一而足。至十七章，則于「忠君」一節，尤爲篤摯。是經也，謂之《孝經》可，即謂之「忠經」亦可。後世乃有依十八章作《忠經》者，無論其僭擬聖經，而其言亦非皆孔子之言，且湊泊割裂全不類經，是後世《二九神經》之流耳。而好事者，每與《孝經》並稱，無惑乎安石謂《孝經》爲淺近之書而廢黜之也。悲夫！

❶ 「親」下，據《孝經》原文及上下文義有「也」字爲宜。

孝經大全卷之十三

明新安吕維祺箋次

子曰：「孝子之喪親也，哭不偯，禮無容，言不文，服美不安，聞樂不樂，食旨不甘，此哀戚之情也。喪，平聲，下同。偯，于豈反。「聞樂」之「樂」音岳，下音雒。

此又備言死事之孝，以盡孝之變也。孝子於父母生成之恩，昊天罔極，一旦不幸，而居親之喪，《書》云「百姓如喪考妣」，《禮記・檀弓》云「夫子之喪顔淵，若喪子而無服」，《孟子》「養生喪死無憾」，並平聲讀。○曾子曰：「吾聞諸夫子，人未有自致者也，必也親喪乎！」○郝氏敬曰：「親死曰喪；喪，失也。孝子不忍死其親，如親尚在相失云爾。」哀痛之極，五内割裂。入門而弗見也，上堂又弗見也，入室又弗見也，亡矣，喪矣，不可復見已矣。故哭泣擗踊，盡哀而止矣。悵焉，愴焉，惚焉，愾焉，心絶志悲而已矣。○喪禮，哀戚之至也。節哀，順變也，君子念始之者也。發于聲爲哭。偯，哭餘聲也。記云：「大功之喪三曲而偯。」不偯，氣竭幾盡，不能委曲也。《禮・間傳》曰：「斬衰之哭若往而不反，齊衰之哭若往而反。」又曰：「大功之哭三曲而偯。」鄭註云：「三曲，一舉聲而三折也。偯，聲餘從容也。」斬衰則不偯聲，故不委曲也。○

曾申問於曾子曰：「哭父母，有常聲乎？」曰：「中路嬰兒失其母焉，何常聲之有！」○《儀禮》曰：「朝夕哭，不辟子卯。」又曰：「死三日而殯，三月而葬，遂卒哭。將旦而祔，則薦。」又曰：「期而小祥，曰薦此常事。又期而大祥，曰薦此祥事。中月而禫。是月也，吉祭，猶未配。」動于貌，爲禮無容，觸地局脊，不暇修儀也。邢昺《正義》曰：「觸地無容，此《禮記·問喪》之文也。以其悲哀在心，故形變于外，所以稽顙觸地無容，哀之至也。」出於口，爲言不文，内痛無已，不暇修詞也。《正義》曰：「《喪服四制》云：『三年之喪，君不言。』又云：『不言而行事者，扶而起。言而后事行者，杖而起。』鄭玄云：『扶而起，謂天子諸侯也。杖而起，謂大夫、士也。』經云：『言不文。』則是謂臣下也。雖則有言，志在哀慼，不爲文飾也。」以至服美有所不安，故服衰麻。《正義》曰：「孝子喪親，心如斬截，爲其不安美飾，故聖人制禮，令服縗麻，當以麄布，長六寸，廣四寸，麻爲腰絰、首絰，俱以麻爲之。縗之言摧也，絰之言實也，孝子服之，明其心實摧痛也。」聞樂有所不樂，故不聽樂。《正義》曰：「言至痛中發，悲哀在心，雖聞樂聲，不爲樂也。」食旨美之味，有所不甘，故食蔬食。嚴植之曰：「美食人之所甘，孝子不以爲甘，故《問喪》云：『不甘味。』是不甘美味也。《間傳》曰：『父母之喪，既殯食粥，既虞卒哭，疏食水飲，不食菜果。』是疏食水飲也。韋昭引《曲禮》云：『有疾則飲酒食肉。』是爲食旨，故宜不甘也。」此六者，皆孝子哀戚之真情，人心自有，非聖人强之也。穆公之母卒，使人問於曾申曰：「如之何？」對曰：「申也聞諸申之父曰：『哭泣之哀，齊斬之情，饘粥之食，自天子達。布幕，衛也。縿幕，魯也。』」○方氏孝孺曰：「三年之喪，自中出者也，非强乎人也。因其心之不安莞簟也，故枕土寢苫。因其不甘於肥厚也，故啜粟飲水。因其不忍於佚樂也，故居外次不聞樂。豈制於禮而不爲哉！情之不能止也。」

「三日而食，教民無以死傷生，毁不滅性，此聖人之政也。喪不過三年，示民有終也。」

禮三年之喪，水漿不入口者三日，過三日，則傷生矣。所以三日而食，教天下之民，無以哀死而傷生者。《禮記·問喪》云：「親始死，傷腎，乾肝，焦肺，水漿不入口三日。」又《間傳》稱：「斬衰三日不食。」三日而食者，劉炫言三日之後乃食，謂滿三日則食也。○曾子謂子思曰：「伋，吾執親之喪也，水漿不入於口者七日。」子思曰：「先王之制禮也，過之者俯而就之，不至焉者企而及之。故君子之執親之喪也，水漿不入於口者三日，杖而後能起。」性者，人所受于天以生者也。愛親本出於性，若哀毁而至于傷生，則反至于滅性，禮所謂「不勝喪，比于不慈不孝」是已。故雖毁瘠而不使至于滅性，此聖人之政所以全其孝也。《正義》曰：「聖人制禮施教，不令致於殞滅。《曲禮》云：『居喪之禮，毁瘠不形。』又曰『不勝喪，乃比於不慈不孝』是也。」○居喪之禮，毁瘠不形，視聽不衰，升降不由阼階，出入不當門隧。○居喪之禮，頭有創則沐，身有瘍則浴，有疾則飲酒食肉，疾止復初。不勝喪，乃比於不慈不孝。○五十不致毁，六十不毁，七十唯衰麻在身，飲酒食肉，處於內。孝子之心，何有限量？聖人爲之立制，不過三年，所以示民有終竟之時，使賢者俯從，不肖企及也。此皆聖人因人情而節文之，無賢愚貴賤一也。《正義》曰：「《禮記·三年問》云：『夫三年之喪，天下之達喪也。』鄭玄云：『達謂自天子至於庶人。』《喪服四制》曰：『此喪之所以三年，賢者不得過，不肖者不得不及。』《檀弓》曰：『先王制禮也，過之者俯而就之，不至焉者企而及之也。』起踵曰企，俛首曰俯。」○又曰：「夫孝子有終身之憂，聖人以三年爲制者，聖人雖以三年爲文，其實二十五月而畢，故《三年問》云：『將由夫修飾之君子與？則三年之喪，二十五月而畢，若駟之過隙，然而遂之，則是無窮也。

故先王爲之立中制節，壹使足以成文理則釋之矣。』《喪服四制》曰：『始死，三日不怠，三月不解，期悲哀，三年憂，思之殺也。』故孔子云：『子生三年，然後免於父母之懷。』所以喪必三年爲制也。」〇孔子曰：「拜而後稽顙，頹乎其順也。稽顙而後拜，頎乎其至也。三年之喪，吾從其至者。」〇創鉅者，其日久；痛甚者，其愈遲；三年者，稱情而立文，所以爲至痛極也。〇横渠張子曰：「三年之喪，二十五月而畢，又兩月爲禫，共二十七月。禮鑽燧改火，天道一變，其期已矣。情不可以已，於是再期，又不可以已，於是加之三月，是二十七月也。」

「爲之棺、椁、衣、衾而舉之，陳其簠簋而哀慼之，擗踊哭泣，哀以送之，卜其宅兆，而安厝之。棺音官，椁音郭，衾音欽，簠音甫，簋音鬼。擗，毗亦反。踊音勇，厝音醋。

此又自聖人之政而詳言之。其始死也，爲之棺以藏體，椁以附棺，衣、衾以周身，然後舉而斂之。《正義》曰：「周尸爲棺，周棺爲椁，《檀弓》稱『葬也者，藏也。藏也者，欲人之弗得見也。是故衣足以飾身，棺周于衣，椁周于棺，土周于椁』。《白虎通》云：『棺之言完，宜完密也。椁之言廓，謂開廓不使土侵棺也。』《易·繫辭》曰：『古之葬者，厚衣之以薪，葬之中野，不封不樹，喪期無數，後世聖人易之以棺椁。』《禮記》云：『有虞氏瓦棺，夏后氏堲周，殷人棺椁，周人墻、置翣。』則虞夏之時，棺椁之初也。衣謂襲與大小斂之衣。衾謂單被，覆尸薦尸所用。從初死至大斂，凡三度加衣也。一是襲也，謂沐尸竟著衣也。二是小斂之衣也，不復用袍，衣皆有絮也。三是大斂也，衣皆禪袷也。《喪大記》云：『布紟，❶二衾，君、大夫、士一也。』鄭玄云：

❶「紟」，原作「給」，今據《禮記·喪大記》及《孝經注疏》改。

『二衾者，或覆之，或薦之。』是舉尸所用也，棺椁之數，貴賤不同。皇侃據《檀弓》以天子之棺四重，合厚二尺四寸也。上公三重，合厚二尺一寸也。侯、伯、子、男二重，合厚一尺八寸。上大夫一重，合厚一尺四寸。下大夫亦一重，但屬四寸，合厚一尺。士不重無屬，唯大棺六寸。庶人即棺四寸。《檀弓》云『栢椁以端長六尺』，又《喪大記》曰『君松椁，大夫栢椁，士雜木椁』是也。」○横渠張子曰：「古之椁言井椁，以大木自下排上來，非如今日之籠棺也。故其四隅有隙，可以置物也。」○國子高曰：「葬也者，藏也。藏也者，欲人之弗得見也。是故衣足以飾身，棺周於衣，椁周於棺，土周於椁，反壤樹之哉！」其朝夕奠也，不見其親之存，陳奠簠簋而哀傷痛戚之。方曰簠，圓曰簋，祭器也。《正義》曰：「簠、簋祭器也。《周禮》舍人職曰：『凡祭祀供簠、簋，實之陳之。』❶是簠、簋爲器也。鄭玄云：『方曰簠，圓曰簋，盛黍、稷、稻、粱器也。』《檀弓》云：『奠以素器，以生者有哀素之心也。』陳簠簋在衣衾之下，哀以送之上。舊説以喪大斂祭，是不見親，故哀戚也。」○或曰：「此言朝夕朔望之奠。簠，盛稻、粱器，外方内圓。簋，盛黍、稷器，外圓内方。」按：《士喪禮》朝夕奠，脯醢而已，盛以籩豆。朔月殷奠，始有黍、稷，盛以瓦敦。卿大夫祭禮，少牢饋食，亦止用敦盛黍、稷。以公食大夫禮推之，竊意天子、諸侯之殷奠，乃備黍、稷、稻、粱，而器用簠、簋。此蓋舉上而言之也。其將葬而祖餞也，不忍其親之去，女擗男踊，相與號哭涕泣，而盡哀以往送之。擗，以手擊胸也。踊，以足頓地也。哭者口有聲，泣者目有淚。送，送葬也。《正義》曰：「《問喪》云：『在牀曰尸，在棺曰柩，動尸舉柩，哭踊無數。惻怛

❶ 上「之」字，原作「食」，今據《周禮》及《孝經注疏》改。

之心，痛疾之意，悲哀志懣氣盛，故袒而踊之。婦人不宜袒，故發胸，擊心，爵踊，殷殷田田，如壞墻然。』則是女質不宜極踊，故以擗言之。據此，女既有踊，則男亦有擗，是互文也。又按《既夕禮》柩卻下而載之，商祝飾柩，及陳器訖，乃祖。註云：『還柩鄉外爲行始。』然則祖，始也，以生人將行而飲酒曰祖，故柩車既載而設奠，謂之祖奠，是送之之義也。」○擗、踊，哀之至也。有算，爲之節文也。三日而後殮者，亦俟其生也。○高子皋之執親之喪也，泣血三年，未嘗見齒，君子以爲難。○顏丁善居喪，始死，皇皇焉，如有求而弗得。既殯，望望焉，如有從而弗及。既葬，慨然如不及其反而息。○孔子在衛，有送葬者，而夫子觀之，曰：「善哉，爲喪乎！足以爲法矣。小子識之。」子貢曰：「夫子何善爾也？」曰：「其往也如慕，其反也如疑。」子貢曰：「豈若速反而虞乎？」子曰：「小子識之，我未之能行也。」其爲墓于郊，則必卜其墓穴之宅、塋域之兆，必得吉而安厝以葬之。《正義》曰：「宅，墓穴也。兆，塋域也。《士喪禮》『筮宅』，鄭云：『宅，葬居也。』《詩》云：『臨其穴，惴惴其慄。』鄭云：『穴謂冢壙中也。』故云：『宅，墓穴也。』《周禮》冢人掌公墓之地，辨其兆域，則兆是塋域也。葬事大，故卜之者，孔安國云：『恐其下有伏石涌水泉，復爲市朝之地，故卜之。』」○司馬温公《孝經指解》云：「卜其宅兆而安厝之，謂卜地決其吉凶爾，❶非若今陰陽家相其山岡風水也。地美則其神靈安，其子孫盛。然則曷謂地之美？土色之光潤，草木之茂盛，乃其處也。而拘忌者，或以擇地之方位，決日之吉凶。甚者不以奉先爲計，而專以利後爲慮，尤非孝子安厝之用心也。」○又曰：「孝子以安親爲心，則地不可以不擇。其擇也，

❶「爾」，原作「正」，今據司馬光《書儀》卷七改。

不可以太拘，擇而不至於太拘，則葬不患其不時。」○司馬温公又論葬者人子之大事，死者以窀穸爲安宅，死而未葬，猶行而未得其歸也。是以孝子雖愛親，留之不敢久也。古者，天子七月，諸侯五月，大夫三月，士踰月而葬。今五服年月，勑王公以下皆三月而葬，是舉其中制而言之。按《禮》未葬不變服，啜粥居廬，寢苫枕塊，蓋孝子之心，以爲親未獲所安，己故不敢安也。今世信葬師之説，既擇年、月、日、時，又擇山、水、形、勢，以爲子孫貧富、貴賤、賢愚、壽夭盡係於此。而其爲術，又多不同，争論紛紜，無時可決。乃至終喪除服，或十年，或二十年，或終身，或累世，猶不葬。至爲水火所漂焚，他人所投棄，失亡尸柩不知所之者，豈不哀哉！人所貴有子孫者，爲其死而形體有所付也。既而不葬，則與無子孫而死于道路者奚以異乎？《詩》云：「行有死人，尚或殣之。」況爲人子乃忍棄其親而不葬哉！大抵世之遷延不葬者，多以昆弟各懷自利之心，而野師俗巫又從而誑惑之，甚至偏納其賂而紿之以私已。愚而無知者，安受其欺而弗悟也。夫某山强則某支富，某山弱則某支貧，非惟義理所不當問，雖近世陰陽書亦有深排其説者，惟野師俗巫則張皇煽惑，以爲取利之資。擇地者，必先破此謬説，而後無大拘之患，爲人子者所當深察也。○草廬吴氏曰：「將置柩於其處必乘生氣，無地風、水泉、沙礫、樹根、螻蟻之屬，及他日不爲城郭、溝池、道路，然後安卜者，決之于神也。不卜則擇之以人，《葬書》備言其術之理可稽焉。中州土厚水深，不擇猶可，偏方土薄水淺，凡地不皆可葬，苟非其地，尸柩之朽腐敗壞至速，與舉而委之于壑同，孝子之心忍乎！先擇後卜，尤爲謹重，所謂謀及乃心，謀及士民，而後謀及卜筮也。按喪禮筮宅卜日，大夫以上，則葬日與宅兆皆用龜卜，或亦用筮，此云卜，蓋通言之。」○或問趙汸曰：「《孝經》所謂卜其宅兆而安厝之者，果爲何事？」對曰：「聖人之心，吉凶與民同患也。而不以獨智先群物，故建龜筮以爲生民立命，而窀穸之事亦得用焉。」此慎終之孝也。子思曰：「喪三日而殯，凡附於身者，必誠必信，勿之有悔焉耳矣。三月而葬，凡附于棺者，必誠必信，勿之有悔焉耳矣。喪三年，以爲極亡，則弗之忘矣。故君子有終身之憂而無一朝之患，故忌日不樂。」○按：必誠謂于死者無所欺，必信謂于生者無所疑，雖已葬，而不忘其親，所以爲終身之憂而忌日不樂也。冢宅崩毁，出于不意，所謂一朝之患。惟其必誠必信，故無一朝之患也。○董鼎曰：「其始死也，爲之棺以周衣，椁以周棺，衣衾以周身，然後舉而斂之。其將葬也，陳其簠、簋，奠以素器，而不見親之在，則傷痛而哀慼之。其祖餞也，女擗男踊，號哭涕泣，而不忍親之去，則悲哀而往送之。爲墓于郊，不可苟也，則卜之。冢穴曰宅，墓域曰兆，必得吉而安厝之。此皆慎終之禮也。」○楊氏東明曰：「朱紫陽《昭穆葬圖》，儒家相與守之，則報本睦族之義備矣，真塋制之善經也。自堪輿之術行，而昭穆之法壞，不知家門興替，係德厚薄，操縱予奪，天尸其柄。故天所予者，必不以無地獲咎。天所奪者，必不以有地蒙休。何者？地之理當不勝天之靈，而以術求，終不若以德致者不爽也。且彼信地理者，謂地靈乎？不靈乎？不靈也，擇之奚益也？果靈也，又奚至不論其人而概予之福乎？然此猶以禍福言也。若論其流弊，則葬而復遷，遷而復改，令死者骨骸轉徙靡定，甚且停柩待地，至子死孫衰不克下土，此豈仁人孝子所忍乎！」

「爲之宗廟，以鬼享之，春秋祭祀，以時思之。

其既葬也，各循其應立宗廟之禮制而爲之，遷主于廟，始以鬼享之。稱鬼者，神之也。《禮記·祭法》天子至士，皆有宗廟。王立七廟，曰考廟，曰王考廟，曰皇考廟，曰顯考廟，曰祖考廟，皆月祭之；遠廟爲祧，有二祧，享嘗乃止。諸侯五廟，曰考廟，曰王考廟，曰皇考廟，皆月祭之；顯考廟、祖考廟，享嘗乃止。

大夫立三廟，曰考廟，曰王考廟，曰皇考廟，享嘗乃止。適士二廟，曰考廟，曰王考廟，享嘗乃止。官師一廟，曰考廟。庶人無廟。○按：宗，尊也。廟，貌也。言祭宗廟，見先祖之尊貌也，《祭義》曰「祭之日，入室，僾然必有見乎其位；周還出户，愾然必有聞乎其歎息之聲」是也。○《檀弓》曰：「卒哭曰成事。是日也，以吉祭易喪祭，明日祔祖父。」則是卒哭之明日而祔，未卒哭之前皆喪祭也。既祔之後，則以鬼禮享之。然宗廟謂士以上，則春秋祭祀兼於庶人也。○横渠張子曰：「喪須三年而祔，若卒哭而祔，則三年都無事，禮卒哭猶存朝夕哭，若無祭於殯宫，則哭于何處？古者君薨，三年喪畢，吉禘然後祔，因其祫祧主藏于夾室，新主遂自殯宫入於廟。《國語》言日祭月享，禮中皆有日祭之禮，此謂三年之中不徹几筵，故有日祭朝夕之饋，猶定省之禮，如其親之存也。至於祔祭，須是三年喪終乃可祔也。」及其久也，寒暑變更，必有怵惕悽愴之心，春秋祭祀，以時而思，如思其笑語、思其居處之思。四時皆祭，言春秋者，省文也。《祭義》云「霜露既降，君子履之，必有悽愴之心，非其寒之謂也。春，雨露既濡，君子履之，必有怵惕之心，如將見之」是也。○文王之祭也，事死者如事生，思死者如不欲生。忌日必哀，稱諱如見親。祀之忠也，如見親之所愛，如欲色然。祭之日，樂與哀半，饗之必樂，已至必哀。祭之明日，明發不寐，饗而致之，又從而思之。○君子有終身之喪，忌日之謂也。忌日不用，非不祥也，言夫日志有所至，而不敢盡其私也。此追遠之孝也。董鼎曰：「爲廟於家，必有制也。則爲之三年，喪畢遷主於廟，始以鬼而禮享之。及其久也，寒暑變遷，益用增感，春秋祭祀以寓時思，此皆追遠之禮也。」所謂聖人之政，因情節文，無賢愚貴賤一者此也。董鼎曰：「君子有終身之喪，念親之意，何有窮已！聖人之政，因人之情爲之節文，使過之者俯就，不至者企及也。」○伊川程子曰：「凡事死者，皆當厚于奉生者。」新昌令應氏曰：「經云：『春秋祭祀，以時思之。』則祭之説，豈止爲居喪時也。」伊川先生曰：「豺獺皆知報本，今士大夫家厚于自奉，而薄于先祖，甚不可也。某嘗修六禮，大略家必有廟，廟必有主，月朔必薦新，時祭用仲月，冬至祭始祖，立春祭先祖，季秋祭禰，忌日迎主，祭于正寢。凡事死者，皆當厚于奉生者。人家能存得此等事數件，雖幼者可使漸知禮義。」○或問俗節之祭，朱子曰：「韓魏公處得好，謂之節祀。某家依之，但七月十五日用浮屠説，素饌祭，某却不用。初，張敬夫廢俗節，某問公于端午須吃粽，重陽須飲茱萸酒，不祭而自奉，于汝心安乎！」此《孝經》所謂「以時思之」之大義也。又曰：「卜其宅兆，卜其地之美惡也。」《大明會典》曰：「地之美者，神靈必安，子孫必盛。所謂美者，土色之光潤，草木之茂盛，他日不爲道路，不爲城郭，不爲溝池，不爲貴勢所奪，不爲畊犁所及，即所爲美地也。古人所謂卜其宅兆者，正此意。」○横渠張子曰：「正叔嘗爲葬説有五：相地須使異日決不爲道路，不置城郭，不爲溝渠，不爲貴家所奪，不致畊犁所及。」○西山真氏曰：「浮屠之教得行，由吾儒之禮先廢。不復祭禮，則居喪者悵悵無以報其親。」按：真氏謂浮屠之教得行，由吾儒之禮先廢。使今之居喪者始死有奠，朔有殷奠，虞、祔、祥、禫皆有祭，既足以盡人子追慕之情，則于世俗之禮且將不暇爲之矣。不復祭禮，而徒曰勿用浮屠，未見其可也。○伊川先生家治喪不用浮屠，在洛亦有一二人家化之。

「生事愛敬，死事哀戚，生民之本盡矣，死生之義備矣，孝子之事親終矣。」

此總結全篇始終之意，言孝子事親，於其生也，事之以愛敬，如前章所云者；於其死也，事之以哀戚，如此章所云者。朱子曰：「父子之大倫，天之經，地之義，而所謂民彝也。子之於父，生則敬養之，歿則哀送之，所以致其孝之誠者，無所不用其極，而非虛加之也。以爲不如是，則無以盡吾心云爾。」○董鼎曰：「人之情，一錢之錐，視爲己物，必營護之；一飯之恩，常爲己惠，必思報之。父兮生我，母兮鞠我，父母之德，較之一飯之恩，孰小孰大？父母之身，比之一錢之錐，孰重孰輕？尚能思報一飯之恩，營護一錢之錐，則所以思報父母、營護父母者，宜知所盡心而竭力矣。居則致其敬，養則致其樂，生事愛敬也；喪則致其哀，祭則致其嚴，死事哀戚也。」生民之道，以孝爲本，盡於此矣。養生送死，其義爲大，備於此矣。草廬吴氏曰：「民之生也，心之德爲仁，仁之發爲愛。愛親本也，及人末也，故孝爲生民之本。義者，宜也，生而愛敬，死而哀戚，理所宜然，故曰死生之義。」然後孝子事親之道，終於此矣。《正義》曰：「愛敬，孝行之始也。哀戚，孝行之終也。備陳死生之義，以盡孝子之情。言孝子之情，無所不盡也。」○馮夢龍曰：「按前言『夫孝終於立身』，此言『孝子之事親終矣』，乃知立身行道，揚名於後世，以顯父母，即愛敬哀戚之完局也。」夫孝之大，至於生死始終，無所不盡其極。於膝下親嚴之性始圓滿，於天經地義之理始貫徹，於德教政令之化始暢遂，謂之德之本而教所由生，又何疑哉！噫！此夢周公爲東周之素心，而特寄之一堂問答間，其旨深遠矣。《祭統》曰：「孝子之事親也，有三道焉：生則養，歿則喪，喪畢則祭。養則觀其順也，喪則觀其哀也，祭則觀其敬而時也。盡此三道者，孝子之行也。」○《祭義》曰：「是故先王之孝也，色不忘乎目，聲不絶乎耳，心志嗜慾不忘乎心。致愛則存，致慤則著，著存不忘乎心，夫安得不敬乎！君子生則敬養，死則敬享，思終身弗辱也。」○孫本曰：「末復總結全篇之義，蓋至此而孝子事親之道終矣。著之爲經，乃孔子平生所蘊治天下之大經大法，而出於一時問答之語，又何疑哉！今合前後而觀之，序次詳明，脉絡通貫，始終具備，本末兼該，誠六經之總會也，奚俟采輯裝綴而後成經乎！於戲！是經之宏綱鉅目，章章如是，乃以爲童習而弁髦之。甚哉，其侮聖言也。」○呂維祺曰：「《孝經》統百行之宗，居六經之要。其言大而有本，約而易操，施之無窮。蓋堯、舜以來相傳之心法，而治天下之大經大本也。天地鬼神，古今貴賤，始終常變，無非一孝包羅，真是徹上徹下道理，豈可僅以溫凊問視之節視之！非明於大孝、達孝之義者，不足語於此。」熊氏禾曰：「孔門之學，惟曾氏得其宗。曾氏之書有二：曰《大學》，曰《孝經》，經傳章句，頗亦相似。學以《大學》爲本，行以《孝經》爲先，自天子至庶人一也。《堯典》一篇，《大學》、《孝經》之準也。自克明峻德，以至親睦九族，極而百姓之昭明，萬邦之於變，《大學》之序也。孝之爲道，蓋已具於親睦九族之中矣。何也？一本故也。自是舜以克孝而徽五典，禹以致孝而敘彝倫。伊尹述成湯之德，一則曰立愛惟親，二則曰奉先思孝。人紀之修，孰大乎是！文、武、周公帥是而行，備見於《禮記》所載。上而宗廟之享，下而子孫之保，其爲孝蔑有加焉。功化之盛，至使四海之内，人人親其親、長其長，一鱗毛、一芽甲之微無不得所。嗚呼！二帝三王之教，可謂大矣。《孝經》一書，即其遺法也。世入春秋，皇綱紐解，孔子傷之，三復昔者明王孝治之言，思之深，望之切矣。」○朱鴻曰：「善事父母曰孝，善事兄長曰弟，此特孝弟所由名耳。經曰『孝弟之至，通於神明，光於四海』，斯大孝之謂。與昔史臣贊堯曰『克明峻德，以親九族』，曰『昭明』，曰『協和時雍』，皆峻德所致也。夫子贊舜之大孝，曰『德爲聖人』，曰『尊富』，曰『宗廟子孫』，皆大德所致也。孟子謂堯、舜之道，孝弟而已。又曰：『守身爲大。』乃知身者親之枝也，敢不敬與；敬身修德，孝之切務也。曾子以居處不莊，至戰陣無勇，悉云非。《孝經》首序天子之孝曰：『德教加於百姓，刑於四海。』至庶人則曰：『謹身節用，以養父母。』夫以德教刑四海，天子之孝也。謹身養父母，庶人之孝也。是即《大學》壹是以修身爲本也。曾子曰：『大孝不匱。』不匱之施，此孝之大者也。若《禮記》所載，特孝子事親儀，則經文論孝，自始終節目及推行功效，無所不備極而言之，雖虞周之孝，尚以爲歉。擴而論之，塞天地，横四海，施後世，無朝夕，孝之功用大矣。」○又曰：「天子、庶人，壹是以孝爲本。爲人上者，尤德教所自出，孝治之原也，其可忽諸！」文定胡氏曰：「君者，人神之主，風教之本也。」○董鼎曰：「孔子此書，雖以授曾子，而備言五孝之用，則自天子、諸侯、卿大夫、士、庶人皆所通行。而爲人上者，又德教之所自出。故一則曰先王有至德要道，二則曰明王以孝治天下，三則曰明王事父孝、事母孝，至末章則亦曰教民無以死傷生，又曰示民有終也。是則孝者天地之經，人道之本，誠有天下國家者之所先務也。故雖生事、葬祭貴賤有等，禮不可違，而秉彝好德之心，則自天子達於庶人，無貴賤一也。聖人之爲生民慮者，豈不深且遠哉！然則感人心，厚風俗，至德要道，又何以加於孝？」○虞氏淳熙曰：「聖人所以通神明之德者，惟孝乎！亘五際，總五經，含五常，孕育三才，而靈然獨存者也。其結字也，子戴老、老馮子，鴻濛以降，年莫老於太極，而兩儀爲之伯長。經曰事天事地，是大《易》稱父稱母之文，而推原性真，開闡經義，則又太極生生之大指矣。仲尼既成《春秋》，年踰七十，始呼弟子以開宗，揭周公而示行，配天雖大，契性猶難，必若《大學》之修身，《中庸》之誠身，七篇之守身，然後見遺體之大全，而紹性宗之正脉也。此慈湖楊子所以首倡學即孝字之説也。」

右第十八章。蓋言孝子事親之變，以終一篇之意。「生事愛敬」以下，總結之也，可謂至精約矣。古文、今文皆有。古文無四「也」字，餘同今文。今文爲《喪親》章。○朱子曰：「亦不解經，別發一義，其語尤精約也。」〇按朱子《刊誤》跋云：「熹舊見衡山胡侍郎《論語説》疑《孝經》引《詩》非經本文，初甚駭焉。徐而察之，始悟胡公之言爲信，而《孝經》之可疑者不但此也。因以書質之沙隨程可久丈，程答書曰：『頃見玉山汪端明，亦以爲此書多出後人傅會。』于是乃知前輩讀書精審，固已及此。又竊自幸有所因述，而免于鑿空妄言之罪也。因欲掇取他書之言可發此經之旨者，別爲外傳，顧未敢爾。」〇虞氏淳熙曰：「朱子於《孝經》雖稍疑其誤，而于首章則斷以爲經文，于卒章則贊以爲精約，于《紀孝行》、《五刑》、《感應》等章，則并以爲格言，未嘗不尊信而表章之也。」〇河南張恒嘗問《孝經》何以有今文、古文之別，草廬吴氏曰：「黄帝時，倉頡始造字。周宣王時，史籀因倉頡字更革爲大篆。秦始皇時，李斯因史籀字更革爲小篆。倉頡字謂之古文，秦人以篆書繁難，又作隸書，取其省易，專爲官府行文書而設。自此人趨簡便，習隸者衆，習篆者寡，公私通行皆是隸書，經火于秦，而復出于漢，當時傳寫只用世俗通行之字。武帝時，魯共王壞孔子屋壁，得孔鮒所藏《書》、《禮》及《論語》、《孝經》，皆倉頡古文字，後人稱漢儒隸書傳寫之經爲今文，以相別異云爾。古文《書》，孔安國獻之，遭巫蠱事，不及傳行。安國没後，其書無傳。東萊張霸詭言受古文《書》，成帝時徵至，較其書，非是《漢志》所載《武成》之辭，即張霸僞古文《書》也。古文《禮》五十六篇，内十七篇與今文《儀禮》同，餘三十九篇謂之逸《禮》，鄭玄註《儀禮》、《禮記》屢嘗引用。孔穎達作疏之時猶有，後乃毁于天寶之亂。古文《論語》二十一篇，與《魯論語》、《齊論語》爲三。古文《孝經》二十二篇，與今文《孝經》爲二，魏晉而後不存。隋人以今文《孝經》增減數字，分析兩章，又僞作一章，名之曰《古文孝經》。其得之也，絶無來歷左驗，隋《經籍志》及唐開元時集議顯斥其妄，言也。」

邢昺《正義》具載，詳備可考。司馬温公有《古文孝經指解》，蓋温公謂古文尤可尊也，而不疑後出之僞。朱子《刊誤》姑據温公所註之本，非以古文優于今文而承用之也。學者豈可因後儒之傅會而廢先聖之格

瓊山丘濬曰：「按《孝經》孔、曾問答之言，而曾氏門人所記也。首言孝爲至德要道而教之所由生，因孝而推言及悌，蓋以孝者必悌，未有孝而不悌者也。教以孝，以敬天下之父。教以悌，以敬天下之兄。敬一人，而千萬人悦，推其極，以至于通神明，光四海，是則孝悌雖曰爲治之要道，其實人君之至德也。而德之所以爲德，則以敬爲本焉。」

吕維祺曰：「謹按：《孝經》大意，孔子爲明先王以孝立教而發孝德之本，教所由生，其綱領也。自『身體髮膚』至『未之有也』皆言孝德之本，而教在其中。自『甚哉，孝之大也』至『名立於後世矣』皆言教所由生，而本於孝。自『若夫慈愛、恭敬』至末復因曾子之問而推廣極言之，無非申德本教生之意。前後語意相承，脉絡貫通，而其理至廣大，復至精約，真聖人之言也。後儒紛紛致疑而以意改之，或未揆之理耳。程子曰：『讀書者，當平其心，易其氣，闕其疑，則聖人之意可見。』又曰：『易其心，自見義理，只是義理甚分明，如履平坦道路。』」

孝經大全卷之十四

明新安吕維祺箋次

孔曾論孝

吕維祺曰："孔子之門人蓋三千焉，身通六藝者七十二人，而孔子獨以《孝經》傳之曾子，何也？蓋曾子生平最篤孝，而其弘毅忠恕又足以任道。今觀孔子平日論孝，獨諄諄於曾子，而曾子論孝，或述聞，或翼經，又多本之孔子之言，則《孝經》授受，夫亦愈可知矣。至『戰戰兢兢，如臨深淵，如履薄冰』三語，乃《孝經》授受之心法也。而曾子有疾，與門弟子永訣，其所詠詩，亦祇此三語而已。即千古聖人相傳之大孝心法，亦不過此。首《孔曾論孝》。"

孔子曰："孝，德之始也。弟，德之序也。信，德之厚也。忠，德之正也。參也，中夫四德者哉！"弟、中，並去聲。曾子曰："敢問何謂七教？"孔子曰："上敬老則下益孝，上尊齒則下益悌，上樂施則下益寬，上親賢則下擇友，上好德則下不隱，上惡貪則下恥争，上强果則下廉恥，民皆有别，則貞則正，亦不勞矣。此謂七教。七教者，治民之本也。"樂音雒。好、惡，並去聲。治，平聲。

樂正子春曰：「吾聞諸曾子，曾子聞諸夫子曰：『父母全而生之，子全而歸之，不虧其體，不辱其身，故君子頃步而弗敢忘孝也。』孝子一舉足而不敢忘父母，是故道而不徑，舟而不游，不敢以先父母之遺體行殆。一出言而不敢忘父母，是故惡言不出於口，忿言不反於身，不辱其身，不羞其親，可謂孝矣。」

道，正路也。徑，捷出邪徑也。游，徒涉也。惡言不出於口，己不以惡言加人也。忿言不反於身，則人自不以忿言復我也。

曾子曰：「吾聞諸夫子，孟莊子之孝也，其他可能也，其不改父之臣與父之政，是難能也。」

曾子曰：「生事之以禮，死葬之以禮，祭之以禮，可謂孝矣。」

按：生事三語，蓋孔子之言，而曾子述之。

曾子曰：「吾聞諸夫子，人未有自致者也，必也親喪乎！」

曾子曰：「夫孝，置之而塞乎天地，溥之而横乎四海，施諸後世而無朝夕。推而放諸東海而準，推而放諸西海而準，推而放諸南海而準，推而放諸北海而準。《詩》云：『自西自東，自南自北，無思不服。』此之謂也。」横，平聲。

溥，舊讀爲「敷」，今如字。《詩・大雅・文王有聲》之篇。方氏曰：「置者，直而立之。溥者，敷而散之。施言其出無窮，推言其進不已，放與《孟子》『放乎四海』之『放』同，準言人以是爲準。」

祺按：此蓋廣「明王事父孝，故事天明」一章大意，而即引《孝經》所引「自西自東，自南自北，無思不服」之詩，申言之曰：「此之謂也。」可謂至深切著明矣。

曾子曰：「《詩》云：『夙興夜寐，無忝爾所生。』言不自舍也，不恥其親，君子之孝也。」

祺按：此蓋申言《孝經·士孝》章引《詩》之意。

曾子曰：「孝子不登高，不履危，不苟笑，不苟訾，隱不命，臨不指，故不在尤違之中。」

祺按：此蓋申《孝經》「身體髮膚，不敢毀傷」之旨。

曾子曰：「未有君而忠臣可知者，孝子之謂也。未有長而順下可知者，弟弟之謂也。未有治而能任可知者，先修之謂也。」「弟弟」上「弟」字竝「治」，去聲。

祺按：此蓋申言「君子之事親孝，故忠可移於君」三段之意。

公明儀問於曾子曰：「夫子可以爲孝乎？」曾子曰：「是何言與！是何言與！君子之所謂孝者，先意承志，諭父母於道。參直養者也，安能爲孝乎？」與，平聲。養，去聲。

祺按：此蓋申「父有争子」一章之意，而重言「是何言與」，即述孔子之言以立論也。

曾子有疾，召門弟子曰：「啓予足！啓予手！《詩》云：『戰戰兢兢，如臨深淵，如履薄冰。』而今而後，吾知免夫！小子！」

祺按：此蓋曾子以孔子所言《孝經》喫緊三語傳之門弟子，所謂傳得其宗以此。

孝經大全卷之十五

明新安吕維祺箋次

曾子孝言

吕維祺曰：「曾子平日論孝多矣，非親承聖訓，實體諸身，其言之親切有味，何以至此。謹輯録其平日所言之孝，凡二十有九則，或未聞《孝經》以前之言，與已聞《孝經》以後之言，皆不可知，然亦足以明曾子之體認《孝經》至精切矣。次《曾子孝言》。」

曾子曰：「孝子之養老也，樂其心，不違其志，樂其耳目，安其寢處，以其飲食忠養之，孝子之身終。終身也者，非終父母之身，終其身也。是故父母之所愛亦愛之，父母之所敬亦敬之，至於犬馬盡然，而況於人乎？」養，俱去聲。樂，音雒。

方氏曰：「怡聲以問，所以樂其耳，柔色以温，所以樂其目，昏定所以安其寢，晨省所以安其處，忠者盡己之心也。『飲食忠養』以上是終父母之身，愛所愛、敬所敬則終孝子之身也。」

曾子曰：「孝有三：小孝用力，中孝用勞，大孝不匱。思慈愛忘勞，可謂用力矣。尊仁安義，可謂用勞矣。博施備物，可謂不匱矣。父母愛之，喜而弗忘。父母惡之，懼而無怨。父母有過，諫而不逆。父母既没，必求仁者之粟以祀之。此之謂禮終。」惡，去聲。

曾子曰：「爲人子而不能孝其父者，不敢言人父不能畜其子者。爲人弟而不能承其兄者，不敢言人兄不能順其弟者。爲人臣而不能事其君者，不敢言人君不能使其臣者也。故與父言，言畜子；與子言，言孝父；與兄言，言順弟；與弟言，言承兄；與君言，言使臣；與臣言，言事君。」

曾子曰：「衆之本教曰孝。其行曰養。養可能也，敬爲難。敬可能也，安爲難。安可能也，卒爲難。」

曾子曰：「親戚不説，不敢外交。近者不親，不敢求遠。小者不審，不敢言大。」説，音悦。

親戚謂父兄，外謂外人；近即親戚，遠即外人；小謂家，大謂國與天下。此三言，欲人先修孝弟於家耳。

曾子曰：「孝子唯巧變，故父母安之。若夫坐如尸，立如齊，弗訊不言，言必齊色，此成人之善者也，未得爲人子之道也。」齊，俱音側。

孝子承親命，固當從，遇難從之命，將若之何？唯通巧變。故父母安之，亦無所失。曾子云：「此豈亦有得於大箠則走之訓歟？」

曾子曰：「人之生也，百歲之中，有疾病焉，有老幼焉，故君子思其不可復者而先施焉。親戚既没，雖欲孝，誰爲孝？年既耆艾，雖欲悌，誰爲悌？故孝有不及，悌有不時。其此之謂與。」

六十曰耆，耆之言久也。五十曰艾，艾之言老也。人生以百年爲期，然其間有疾病、老幼之變，不能常也。故君子思其養之不可復追，而及時先行之。若親没則養不逮，已老則兄不存，欲行孝悌，不可得已。曾子曰：「木欲静而風不止，子欲養而親不待。」此孝有不及之意也。李勣曰：「姊年老，勣亦老，雖欲數爲姊煮粥，得乎？」此悌有不時之意也。

曾子曰：「父母生之，子弗敢殺；父母置之，子弗敢廢；父母全之，子弗敢缺。故舟而不游，道而不徑，能全肢體，以守宗廟，可謂孝矣。」

曾子曰：「養有五道，修宫室，安牀笫，節飲食，養體之道也。樹五色，施五彩，列文章，養目之道也。正六律，和五聲，雜八音，養耳之道也。熟五穀，烹六畜，龢煎調，養口之道也。和顔色，説言語，敬進退，養志之道也。此五者，代進而後用之，可謂善養矣。」養，並去聲。龢與和同。説，音悦。

曾子曰：「孝子言爲可聞，所以悦遠也。行爲可見，所以悦近也。親近而附遠，孝子之道也。」行，去聲。

曾子曰：「孝子惡言滅焉，流言止焉，美言與焉，故惡言不出於口，煩言不及於己。」

曾子曰：「孝子之事親也，居易以俟命，不行險以徼倖，孝子游之，暴人違之，出門而使不以或爲父母憂也。險途隘巷，不求先焉，以愛其身，以不敢忘其親也。孝子之使人也不敢肆，行不敢自專也。父死，三年不敢改父之道，又能事父之朋友，又能率朋友以助敬也。」易，去聲。

曾子曰：「君子之孝也以正致諫，士之孝也以德從命，庶人之孝也以力任食。任善不敢臣三德。」

曾子曰：「孝子之於親也，生則有義以輔之，死則哀以涖焉，祭祀則涖之以敬，如此而成於孝子也。」

曾子曰：「夫行也者，行禮之謂也。夫禮，貴者敬焉，老者孝焉，幼者慈焉，少者友焉，賤者惠焉。此禮也，行之則行也，立之則義也。」

曾子曰：「父母之讐，不與同生。兄弟之讐，不與聚國。朋友之讐，不與聚鄉。族人之讐，不與聚鄰。」

子夏過曾子，曾子曰：「入食。」子夏曰：「不爲公費乎？」曾子曰：「君子有三費，飲食不與焉。君子有三樂，鐘磬琴瑟不與焉。」子夏曰：「敢問三樂？」曾子曰：「有親可畏，有君可事，有子可遺，此一樂也。有親可諫，有君可去，有子可怒，此二樂也。有君可喻，有友可助，此三樂也。」子夏曰：「敢問三費？」曾子曰：「少而學，長而忘，此一費也。事君有功而輕負之，此二費也。久交友而中絶之，此三費也。」與，去聲。樂，並音雒。

曾子曰：「先王之所以治天下者五：貴德，貴貴，貴老，敬長，慈幼。五者，先王之所以定天下也。所謂貴德，爲其近於聖也。所謂貴貴，爲其近於君也。所謂貴老，爲其近於親也。所謂敬長，❶爲其近於兄也。所謂慈幼，爲其近於弟也。」治，平聲。爲，去聲。

單居離問於曾子曰：「事父母有道乎？」曾子曰：「有，愛而敬。父母之行，若中道則從，若不中道則諫。諫而不用，行之如由己。從而不諫，非孝也。諫而不從，亦非孝也。孝子之諫，達善而不敢争辨。争辨者，作亂之所繇興也。由己爲無咎則寧，由己爲賢人則亂。孝子無私樂，父母所憂憂之，父母所樂樂之。」「之行」「行」字、「中」字並去聲。樂，音雒。

曾子曰：「事父可以事君，事兄可以事師長。使子猶使臣也，使弟猶使承嗣也。忿怒其臣妾，亦猶用刑罰於萬民也。是故爲善必自内始也。内人怨之，雖外人亦不能立也。」長，上聲。

曾子曰：「君子立孝，其忠之用，禮之貴。君子之孝也，忠愛以敬，反是，亂也。盡力而有禮，莊敬而安之，微諫不倦，聽從不怠，懽忻忠信，咎故不生，可謂孝矣。盡力而無禮，則小人也。致而不忠，則不入也。是故，禮以將其力，敬以入其忠，飲食移其味，居處温愉，着心於此，濟其志也。」

曾子與客立於門側，其徒趨而出。曾子曰：「爾將何之？」曰：「吾父死，將出哭於巷。」曰：「反哭於爾次。」曾子北面而吊焉。

---

❶「謂」，原作「爲」，今據《呂氏春秋》卷十四及上下文義改。

或問於曾子曰：「夫既遣而包其餘，猶既食而裹其餘與？君子既食則裹其餘乎？」曾子曰：「吾子不見大饗乎？夫大饗既饗，卷三牲之俎歸于賓館，父母而賓客之，所以爲哀也。子不見大饗乎？」與，平聲。

設遣奠訖，即以牲體之餘包裹而置之遣車，以納壙中。父母家之主，今孝子以客禮待之，此所以爲悲哀之至也。

仲憲言於曾子曰：「夏后氏用明器，示民無知也。殷人用祭器，示民有知也。周人兼用之，示民疑也。」曾子曰：「其不然乎！其不然乎！夫明器，鬼器也。祭器，人器也。夫古之人胡爲而死其親乎！」

言三代送葬之具，質文隨時，非有他意。若如憲言，則夏后氏何爲而忍以無知待其親乎！

曾子曰：「喪有疾，食肉飲酒，必有草木之滋焉。」以爲薑桂之謂也。

喪有疾，居喪而遇疾也。以其不嗜，故加草木之味。

穆公之母卒，使人問於曾申曰：「如之何？」對曰：「申也聞諸申之父曰：『哭泣之哀，齊斬之情，饘粥之食，自天子達。布幕，衛也。縿幕，魯也。』」齊，音咨。

穆公，魯君。申，參之子也。厚曰饘，稀曰粥。幕所以覆于殯棺之上。衛以布爲幕，諸侯之禮也。魯以縿爲幕，蓋僭天子之禮也。

公明宣學於曾子，三年不讀書，曾子曰：「宣而居參之門，三年不學，何也？」公明宣曰：「安敢不學？宣見夫子居庭，親在，叱咤之聲未嘗至於犬馬，宣説之，學而未能。宣見夫子之應賓客恭儉而不懈惰，宣説之，學而未能。宣見夫子之居朝廷嚴臨下而不毁傷，宣説之，學而未能。宣説此三者，學而未能，宣安敢不學而居夫子之門乎？」曾子避席曰：「參不及宣，其學也已。」説，音悦。

讀書，學文之事；孝、敬、慈，力行之事。《論語》曰：「行有餘力，則以學文。」

曾子有疾，曾元抱首，曾申抱足。曾子曰：「吾何以告汝？夫華多實少者，天也。言多行少者，人也。飛鳥以上爲卑，而增巢其巔。魚鱉以淵爲淺，而穿穴其中。然所以得者，餌也。君子不以利害身，則辱安從至乎！」行，去聲。

曾子曰：「官怠於宦成，病加於小愈，禍生於懈惰，孝衰於妻子。此四者，慎終如始。《詩》曰：『靡不有初，鮮克有終。』」

曾子曰：「居處不莊，非孝也。事君不忠，非孝也。涖官不敬，非孝也。朋友不信，非孝也。戰陳無勇，非孝也。五者不遂，裁及於親，敢不敬乎！」陳與陣同。

曾子曰：「烹熟羶薌，嘗而薦之，非孝也，養也。君子之所謂孝也者，國人稱願然，曰：『幸哉，有子如此！』所謂孝也已。」養，去聲。已，音以。

曾子曰：「父母既没，慎行其身，不遺父母惡名，可謂能終矣。」

曾子曰："仁者，仁此者也。禮者，履此者也。義者，宜此者也。信者，信此者也。强者，强此者也。樂自順此生，刑自反此作。"其行之"行"，去聲。養，並去聲。

曾子曰："慎終追遠，民德歸厚矣。"

孝經大全卷之十六

明新安呂維祺箋次

曾子孝行

呂維祺曰：「孔門以孝稱者，如閔子、子路諸賢，非一人也，而曾子之孝最著。酒肉養志，羊棗不忍，孟子論之尚矣。耘瓜搤臂，烝梨集烏諸事，不可盡信。然其言曰：『吾不忍遠親而爲人役。』又曰：『子欲養而親不待，木欲静而風不止。』每讀《喪禮》，泣下沾襟，病革易簀，得正而斃，亦可以想見其事親守身之概矣。與純孝之人言孝治天下之道，以傳之天下萬世，所謂傳得其宗者，焉可誣也。次《曾子孝行》。」

孟子曰：「曾子養曾皙，必有酒肉，將徹，必請所與，問有餘，必曰有。曾皙死，曾元養曾子，必有酒肉，將徹，不請所與，問有餘，曰亡矣，將以復進也。此所謂養口體者也。若曾子，則可謂養志也。事親，若曾子者可也。」養，並去聲，下同。

曾子立廉，不飲盜泉，所謂養志也。

曾晳嗜羊棗，而曾子不忍食羊棗。公孫丑問曰：「膾炙與羊棗，孰美？」孟子曰：「膾炙哉！」公孫丑曰：「然則曾子何爲食膾炙而不食羊棗？」曰：「膾炙所同也，羊棗所獨也。諱名不諱姓，姓所同也，名所獨也。」

曾子從仲尼在楚，心動，歸問母。母曰：「思爾嚙指。」孔子聞之，曰：「參之至誠，精感萬里。」

曾子出薪於野，有客至而欲歸，母曰：「願留，參方到。」母即以手搤其左臂，立痛，馳至問母，母曰：「客來欲去，吾搤臂以呼汝耳。」

曾子耘瓜，誤斬其根，曾晳怒，建大杖擊之，曾子仆地，有頃而蘇，蹶然而起曰：「大人教參得無勞乎？」乃退，援琴而歌，欲令曾晳聞之，知其體康也。孔子聞之，曰：「參來，勿内。」三日，曾子因客而見孔子，孔子曰：「汝聞瞽瞍有子曰舜乎？舜之事父也，索而使之，未嘗不在側，求而殺之，未嘗可得，小箠則待，大箠則走，以逃暴怒也。今子拱立而不去，殺身陷父以不義，不孝孰大是乎！」曾子曰：「參罪大矣。」内，同納。

曾子耘瓜，三足烏集其冠。

曾子至孝，爲父所憎，嘗見絶良久而後蘇。曾子見孔子，未嘗不問安親之道也。

曾子後母，遇之無恩而供養不衰，及其妻以梨烝不熟，因出之。人曰：「非七出也。」曾子曰：「梨烝小物耳，吾欲使之熟而不用吾命，況大事乎！」遂出之，終身不娶。子元請焉，曾子曰：「高宗以後妻殺孝己，尹吉甫以後妻放伯奇，吾上不及高宗，中不比吉甫，庸知其得免於非乎！」

按：曾子去妻，藜烝不熟。或問曰：「婦有七出，不熟亦預乎？」曰：「吾聞之也，絶交令可友，出妻令可嫁也。藜烝不熟而已，何問其故乎？」

曾子事孔子，十有餘年，晨覺，眷然念二親皆衰，養不能備。於是援琴鼓之，作《歸耕操》曰：歔欷歸耕兮安所耕，歷山兮盤桓。操，去聲。

曾子敝衣力耕泰山下，天雨雪凍甚，旬月不得歸，思其父母，作《梁山歌》。雨，去聲。

齊嘗欲聘曾子爲卿，曾子不就，曰：「吾父母老，食人之禄，則憂人之事，故不忍遠親而爲人役。」曾子仕於莒，得粟三秉。方是之時，曾子重其禄而輕其身。親没之後，齊迎以相，楚迎以令尹，晉迎以上卿。方是之時，曾子重其身而輕其禄。懷其寶而迷其國者，不可與語仁。窘其身而約其親者，不可與語孝。任重道遠者，不擇地而息。家貧親老者，不擇官而仕。故君子蹻褐趨時，當務爲急。遠，相，並去聲。

曾子食生魚，甚美，因吐之，人問其故。曾子曰：「母在之日，不知生魚味，今我食美，故吐之。」遂終身不食魚。

曾子曰：「吾及親仕三釜而心樂，後仕三十鍾而不洎，吾心悲。」樂，音雒。

曾子曰：「子欲養而親不待，木欲静而風不止，是故椎牛而祭墓，不如鷄豚逮親存也。故吾嘗事齊爲吏，禄不過鍾、釜，尚猶欣欣而喜者，樂其逮親也。既没之後，吾嘗南遊於楚，轉轂百乘，猶北嚮而泣者，悲不逮吾親也。故家貧親老，不擇官而仕。」樂，音雒。

曾子謂子思曰：「伋，吾執親之喪也，水漿不入於口七日。」子思曰：「先王之制禮也，過焉者俯而就之，不及焉者跂而及之。故君子之執親喪也，水漿不及於口者三日，杖而後能起。」

三日，中制也。七日，則幾於滅性矣。有扶而起，有杖而起者，有垢面而已者。

曾子每讀《喪禮》，泣下沾襟，嘗以一夕五起，視衣厚薄、枕之高卑。

曾子攀柩車，引輴者爲之止也。

曾子欲往鄭，而至勝母里，旋車而返也。

曾子見益母草而感。

曾子居曲阜，鵩梟不入城郭。

吴起東出衛郭門，與其母訣，齧臂而盟，不復入衛，遂事曾子。居頃之，其母死，起終不歸，曾子薄之，而與起絶。

曾子寢疾，病，樂正子春坐於牀下。曾元、曾申坐於足。童子隅坐而執燭。童子曰：「華而睆，大夫之簀與？」子春曰：「止！」曾子聞之，瞿然曰：「呼！」曰：「華而睆，大夫之簀與？」曾子曰：「然。斯季孫之賜也，我未之能易也。元，起易簀。」曾元曰：「夫子之病革矣，不可以變，幸而至於旦，請敬易之。」曾子曰：「爾之愛我也，不如彼。君子之愛人也以德，細人之愛人也以姑息。吾何求哉？吾得正而斃焉，斯已矣。」舉扶而易之。反席未安而没。

華者，畫飾之美好。睆者，節目之平瑩。簀，簟也。止，使童子勿言也。瞿然，如有所驚也。呼者，歎而嘘氣之聲，曰童子再言也。革，急也。變，動也。彼，謂童子也。童子之意，以爲曾子未嘗爲大夫，不宜卧大夫之簀，曾子識其意，故然之。且言「此魯大夫季孫之賜耳」，於是必欲易之，易之而没，可謂斃於正矣。

朱子曰：「易簀結纓，未須論優劣，但看古人謹於禮法，不以死生之變易，其所守如此，便使人有行一不義，殺一不辜，而得天下不爲之心，此是緊要處。」

祺按：曾子易簀，得正而斃，皆從戰戰兢兢中來。曾子體認《孝經》，可謂任重而道遠矣。

孝經大全卷之十七

明新安吕維祺箋次

曾子論贊

吕維祺曰："古今論贊曾子者甚多，今録其醇正者數則。如程子謂傳孔子之道者，曾子一人而已。朱子謂曾子學以躬行爲主，而得聞乎一貫之妙，然其所以自守而終身者，則固未嘗離乎孝敬信讓之規。陸象山謂子思獨師曾子，則平日夫子爲子思擇師友可知。其他論贊非一，皆足以證曾子得傳孔子之道與《孝經》授受之實，學者不可不知。次《曾子論贊》。"

衛將軍文子問于子貢曰："吾聞孔子之施教也，先之以《詩》、《書》，而導之以孝悌，説之以仁義，觀之以禮樂，然後成之以文德。蓋入室升堂者七十有餘人，其孰爲賢？"子貢對以不知。文子曰："請聞其行。"子貢曰："滿而不盈，實而如虚，過之如不及，先王難之。其貌恭，其德敦，其言於人也無所不信，其驕大人也常以浩浩，是曾參之行也。"説，音悦。行，並去聲。

程子曰："傳孔子之道者，曾子一人而已。"

朱子曰：「曾子之爲人，敦厚質實，而其學專以躬行爲主，故其真積久而得以聞乎一以貫之之妙。然其所以自守而終身者，則固未嘗離乎孝敬信讓之規。而其制行立身，又專以輕富貴，守貧賤，不求人知爲大。是以從之遊者，所聞雖或甚淺，亦不失爲謹厚修潔之人。所記雖疎，亦必有以切於日用躬行之實。」

徐幹曰：「曾參之孝，有虞不能易。」

《説文》曰：❶「孔子家兒不知怒，曾子家兒不知駡，所以然者，生而善教也。」

宋氏濂曰：「曾子年七十，文學始就，乃能著書。孔子曰：『參也魯。』蓋少時止以孝顯，未如晚節之該洽也。」

《淮南子》曰：「公西華之養親，若與朋友處。曾參之養親也，若事嚴主烈君，其於養一也。」養，並去聲。

陸賈曰：「曾子孝於父母，昏定晨省，調寒温，適輕重，勉之於糜粥之間，行之於衽席之上，而美德重於後世。」

桓寬曰：「周襄王之母，非無酒肉也，衣食非不如曾皙也，然而被不孝之名，以其不能事父母。」

❶「文」，疑當作「苑」。

陳止齋曰：「自子胥以忠稱於吴，曾參以孝稱於魯，則忠臣、孝子稀疎寥落，如參辰相望矣。」

曾子安可與子胥並論，意是而語非。

莊周曰：「人莫不欲其子之孝，而孝未必愛，故孝己憂而曾參悲。」

陸象山曰：「伯魚死，子思乃夫子嫡孫，夫子之門人光耀於當世者甚多，而子思獨師曾子，則平日夫子爲子思擇師者可知矣。」爲，去聲。

只爲曾子得其宗，故子思、孟子一脉相傳，斯文在兹。

高氏《子略》曰：「曾子與其弟子公明儀、樂正子春、單居離、曾元、曾華之徒講論孝行之道，天地事物之原。」行，去聲。

楊氏曰：「孔子殁，群弟子離散，分處諸侯之國，雖各以所聞授弟子，然得其傳者蓋寡，故子夏之後有田子方，子方之後爲莊周，其去本寖遠矣。獨曾子之後，子思、孟子之傳得其宗。」

宋高宗贊曰：「夫孝要道，用訓群生。以綱百行，以通神明。因子侍師，答問成經。事親之實，代爲儀刑。」夫，音扶。行，去聲。

蘇頲贊曰：「百行之極，三才以教。聖人敘經，曾氏知孝。全謂手足，動稱容貌。事君事親，是則是傚。」行，去聲。

楊起元贊曰：「曾子行孝，孔聖説經。經於何在？在吾此身。首圓足方，耳聰目明。人人具足，物物完成。離身無孝，離孝無身。立身行道，身立道行。光於四海，通於神明。至德要道，地義天經。我今持誦，不得循聲。願明實義，廣育群英。上尊主德，下庇斯民。庶幾夙夜，無忝所生。」

呂維祺曰：「按《孔曾論孝》、《曾子孝言》、《曾子孝行》、《曾子論贊》四則，皆足以證曾子得孔子傳孝之宗。雖其文亦有未盡醇、其事亦有未可盡信者，而孔子所傳之大孝，與曾子平日之篤孝，皆於此可見。學者誠由是而入焉，庶乎其近道矣。張無垢謂人各有入道處，曾子由孝而入，得旨哉。」

孝經大全卷之十八

明新安呂維祺箋次

表章通考

宸　翰

明太祖高皇帝教民六諭：

孝順父母，尊敬長上。和睦鄉里，教訓子孫。各安生理。毋作非爲。

臣呂維祺曰：「我太祖高皇帝以孝治天下，見解縉《養志堂記》。至于振木鐸而勸百姓以孝順，因巢鵲而許百官之歸養，乃《孝經》中明王孝治之一端也。是以在位三十餘年，百祥雲集，吏清民安，海内殷富，功德文章，巍然焕然，過古遠矣。謚曰『大孝』，蓋與虞舜比隆云。」

成祖文皇帝御製《孝順事實序》：永樂十八年五月。

朕惟天經地義莫尊乎親，降衷秉彝莫先于孝，故孝者百行之本，萬善之原。大足以動天地、感鬼神，微足以化彊暴、格鳥獸、孚草木。是皆出于天理民彝之自然，非有所矯揉而爲之者也。然自古帝王公卿下及民庶，孝行稱于當時，有傳于後世者，不可殫紀，往往散見于篇籍，難以考索。朕嘗歷求史傳諸書所載孝行卓然可述者，得二百七人，復各爲之論斷，并系以詩，次爲十卷，名曰《孝順事實》。俾觀者屬目之頃，可以盡得其爲孝之道，油然興其愛親之心，歡然盡其爲子之職，則人倫明，風俗美，豈不有裨于世教者乎！然尚慮聞見之不廣，采輯之未備，致有滄海遺珠之歎。後之君子，苟能體朕是心，廣搜博采，以續夫是編之作，則於天下後世，深有賴焉。是爲序。

臣吕維祺曰：「我成祖文皇帝以孝治天下，見《孝順事實》一書。天經地義，民行之旨，于黄香發之。身體髮膚，不敢毁傷之旨，于范宣發之。疾致其憂，喪致其哀之旨，于張稷發之。生事愛敬，死事哀戚之旨，于孝肅發之。立身行道，揚名顯親之旨，于日知、永叔發之。事親孝，故忠可移于君之旨，于玄暐、九齡、高登發之。至于孝爲德本，則四見意焉；孝通神明，則屢致歎焉。若乃天性二字，闡發尤明。謂學以涵養其性，非性由學而有也。又于王中之論，敘獨詳焉。其曰：『孝經者，聖賢之格言大訓。』又曰：『孝者百行之原，萬善之本，其道《孝經》一書備矣。』表章此經如此。故禮樂明備，教化大行，上下咸和，年穀屢豐，道不拾遺，人無争訟，海外諸國，歸依王化者三十餘處。謚曰『至孝』，殆無所不通之謂歟！」

崇禎皇帝聖諭：崇禎六年正月。

祖制設科取士，專爲致治求賢。近來士習日偷，貢舉失當，人材鮮少，理道不張，皆由督學師教各官董率乖方，培養無術，盡失舊制初意，以致朝廷不獲收用人之效。朕思士子讀書進身，乃人才根源，必宜首重德行。幼學壯行，如平生果係孝悌廉讓，自然做官時不貪不欺，盡忠竭節，何必專主文藝。據《會典》及提學勑書內，敦尚行誼，以勵頹俗，不耑論文優劣，開載甚明，近來通不遵行。至《孝經》、小學諸書及州縣各有社學，原欲養蒙育德，敷教儲才，近來全不講究興舉。其士子自童時入塾以迨應試登科，只以富貴温飽爲志，竟不知立身修行，忠君愛民之大道，如此教化不明，士風、吏治安得不日趨卑下。朕惟祖宗朝求才用賢，原不盡拘資格科目。至考試文義，正欲因言證人，亦非專尚浮詞，務華遺實。今欲祇遵祖制，起敝還醇，童子必入學，遇試先查德行。自童儒以及鄉會，須有實蹟，方許入塲。異日敗行，考官挨論，酌古準今，宜有法則規條，頒行遵守。又教官爲士子師長，化導最親，舊制甚重，近皆以衰庸充數，教術全廢，皆由士風不正之源。今設法興紀，着吏、禮二部，同都察院及該科詳議的確具奏至。海内之士，豈無潛修碩德、純學鴻才、清志剛方、實堪大用者？更宜特拔一二，以示風勸。至于科道，不必專出考選官員，應令先歷推知并着酌議來行。

臣吕維祺曰：「我皇上天聰天明，善繼善述，躬行孝道，首以教化爲先。曰：『《孝經》、小學原欲養蒙育德，敷教儲才，近來全不講究興舉。』而其制旨又曰：『《孝經》委宜表章。』又曰：『《孝經》考試命題，該部酌議。』又曰：『朕不敢與天地祖宗並。』此不敢之心，即孔子所云『不敢惡于人，不敢慢于人，不敢遺小國之臣』之心也。以此治天下，將愛敬盡于事親，德教加于百姓，刑于四海，明王孝治之效，庶可立奏。昔元隱士鈞滄子嘗云：『五百年必有明王在上興起振作，表章是經。』今以黜《孝經》之年計，適逢五百之會，天意未喪之斯文，孔聖不朽之志行，端有默屬矣。」

附御製孝經制旨序

唐玄宗

朕聞上古，其風朴略，雖因心之孝已萌，而資敬之禮猶簡。及乎仁義既有，親譽益著，聖人知孝之可以教人也，故因嚴以教敬，因親以教愛，於是以順移忠之道昭矣，立身揚名之義彰矣。子曰：「吾志在《春秋》，行在《孝經》。」是知孝者德之本歟！經曰：「昔者明王之以孝治天下也，不敢遺小國之臣，而況於公、侯、伯、子、男乎！」朕嘗三復斯言，景行先哲，雖無德教加於百姓，庶幾廣愛刑于四海。嗟乎！夫子没而微言絶，異端起而大義乖。況泯絶於秦，得之者皆煨燼之末；濫觴於漢，傳之者皆糟粕之餘。故魯史《春秋》，學開五傳。《國風》、《雅》、《頌》，分爲四詩。去聖愈遠，源流益别。近觀《孝經》舊註，踳駁尤甚。至于跡相祖述，殆且百家。業擅專門，猶將十室。希升堂者，必自開户牖。攀逸駕者，必騁殊軌轍。是以道隱小成，言隱浮僞。且傳以通經爲義，義以必當爲主，至當歸一，精義無二，安得不翦其繁蕪而撮其樞要也。韋昭、王肅，先儒之領袖，虞翻、劉邵，抑又次焉。劉炫明安國之本，陸澄譏康成之註，在理或當，何必求人？今故特舉六家之異同，會五經之旨趣，約文敷暢，義則昭然，分註錯經，理亦條貫，寫之琬琰，庶有補于將來。且夫子談經，志取垂訓。雖五孝之用則别，而百行之源不殊。是以一章之中凡有數句，一句之内意有兼明，具載則文繁，略之又義闕，今存於疏，用廣發揮。

仁和金鍾曰：「唐玄宗天資明睿，勵精求治，於開元、天寶之初，親註疏義，書勒辟雍，至今稱爲『石臺孝經』。夫親爲訓註以明孝也，書題隸古以尊經也，列之學宫以示教也，可謂得致治之要矣。雖其修身、齊家鮮克有終，然其書迨今家傳人誦，爲蒙習養正之書。所以維持世教，以延唐家三百年之祚，未必不基本於是也。」

吕維祺曰：「此序，唐玄宗所製。雖其行事不免爲孝德之累，其制旨註解亦無甚足觀，然石臺刻布，炳照千古。朱子漸謂先王之功得聖經而始明，孔子之經得御序而益顯，當是唐朝第一篇文字，故君子不以人廢言，如玄宗表章《孝經》是也。」

孝經大全卷之十九

明新安吕維祺箋次

表章通考

入　告　表　劄子　進呈序　疏

進孝經表

唐李齊古

臣齊古言：臣聞《孝經》者，天經地義之極，至德要道之源，在六籍之上，爲百行之本。自文宣既歿，後賢所注，雖事有發揮，而理甚乖舛。伏惟開元、天寶，聖文神武皇帝陛下敦穆孝理，躬親筆削，以無方之聖討正舊經，以不測之神改作新注，朗然如日月之照，邈矣合天地之德，使家藏其本，人習斯文，普天之下，罔不欣戴。仍以太學王化所先，《孝經》聖理之本，分命璧沼，特建石臺，義展睿詞，書題御翰，以垂百代之則，故得萬國之歡。今刊勒既終，功績斯著。天文炳煥，開七曜之光輝。聖札飛騰，奪五雲之氣色。煙花相照，龍鳳沓起，實可配南山之壽，增北極之尊。百寮是瞻，四方取則。豈比周官之禮空懸象魏，孔氏之書但藏屋壁！臣之何幸，躬覩盛事，遇陛下興其五孝，忝守國庠；率胄子歌其六德，敢揚文教，不勝欣躍之至。謹打《石臺孝經》本，分爲上下兩卷，謹於光順門奉獻兩本以聞。臣齊古誠惶誠恐、頓首頓首、死罪死罪謹言。

御批：孝者，德之本，教之所由生也。故親自訓注，垂範將來。今石臺畢工，亦卿之善職，覽所進本，深嘉用心。

進古文孝經指解表嘉祐元年作。

宋涑水司馬光

臣光言：臣聞聖人之德，莫加於孝。猶江河之有源，草木之有本。源遠則流大，本固則葉繁。是以由古及今，臣畜四海，未有孝不先隆而能宣昭功化者也。伏惟尊號皇帝陛下純孝之性，發於自然，動静云爲，必咨訓典，起居出入，不忘先烈。以爲滁州者，太祖皇帝所以擒馘姦桀，肇開王迹；并州者，太祖皇帝所以芟除僭亂，混一九圍；澶州者，真宗皇帝所以攘却貪殘，乂寧華夏，皆大勳懿業，威靈所存。遂命有司，分建原廟，圖績聖容，躬題扁榜，嚴奉之禮備盡恭勤，羽衛供帳率從豐衍，兹有以見陛下尊顯祖宗之意無不至矣。經曰：「愛敬盡於事親，而德教加於百姓，刑於四海。」夫以陛下天授之資，愛敬之志，而又念夫百官者，祖宗之百官，不可以私非其人。府庫者，祖宗之府庫，不可以賞非其功。法令者，祖宗之法令，不可以罰非其罪。申之重之，益自儆戒。如是則爲無不成，求無不給，榮名之彰，炳於日月，基緒之固，巍如泰山，黎民乂安，四海懷服，草木禽魚，靡不茂豫，此誠孝德之極致也。

臣愚幸得補文館之缺，以經史爲職，竊覩秘閣所藏古文《孝經》，先秦舊書，傳注遺逸，孤學湮微，不絶如綫，是敢不自揆量，妄以所聞，爲之指解。雖才識褊淺，無能發明，庶幾因聖人之言得少闢省覽，則糞土之臣榮願足矣。其《古文孝經解》一卷，謹隨表奉進以聞。

進孝經指解劄子元豐八年十二月二日上。

宋涑水司馬光

臣竊惟自古五帝三王，未有不由學以成其聖德者。所謂學者，非誦章句，習筆札，作文辭也，在於正心、修身、齊家、治國，明明德於天下也。恭惟皇帝陛下肇承基緒，雖年在幼沖，而執喪臨朝，率禮弗越，體貌尊嚴，舉止安重，顒顒卬卬，有老成之德，中外瞻仰，無不愛戴。此乃聖性自然，不聞亦式，實天祐皇家宗廟，社稷生民之盛福也。然玉不琢不成器，人不學不知道，儻復資學問以成之，則堯、舜、禹、湯、文、武何遠之有！伏見近降聖旨，過冬至開講筵。臣竊以聖人之德無以加於孝，自天子至於庶人，莫不始於事親，終於立身，揚名於後世，誠爲學所宜先也。

臣曏不自揆，嘗撰《古文孝經指解》，皇祐中獻於仁宗皇帝。竊慮歲久遺失不存，今則繕寫爲一本上進，伏乞聖明少賜省覽。取進止。

進呈古文孝經指解序

宋涑水司馬光

聖人言則爲經，動則爲法，故孔子與曾參論孝，而門人書之，謂之《孝經》。及傳授滋久，章句漫差，孔氏之人畏其流蕩失真，故取其先世定本，雜虞、夏、商、周之書及《論語》藏諸壁中。苟使人或知之，則旋踵散失，故雖子孫不以告也。遭秦滅學，天下之書，掃地無遺。漢興，河間人顔芝之子得《孝經》十八章，儒者相與傳之，是爲今文。及魯恭王壞孔子宅，而古文始出，凡二十二章。當是之時，今文之學已盈，故古文排擯，不得列於學宫，獨孔安國及後漢馬融爲之傳。諸儒黨同疾異，信僞疑真，是以歷載累百，而孤學沉厭，人無知者。隋開皇中，秘書學士王逸於陳人處得之，河間劉炫爲之作《稽疑》一篇，將以興墜起廢，而時人已多譏笑之者。及唐明皇開元中，詔議孔、鄭二家，劉知幾以爲宜行孔廢鄭，於是諸儒争難蠭起，卒行鄭學，及明皇自注，遂用十八章爲定。先儒皆以爲孔氏避秦禁而藏書，臣竊疑其不然，何則？秦世蝌蚪之書廢絶已久，又始皇三十四年始下焚書之令，距漢興纔七年耳。孔氏子孫豈容悉無知者，必待恭王然後迺出？蓋始藏之時，去聖未遠，其書最真，與夫佗國之人轉相傳授、歷世疎遠者，誠不侔矣。且《孝經》與《尚書》俱出壁中，今人皆知《尚書》之真而疑《孝經》之僞，是何異信膾之可啗而疑炙之不可食也。嗟乎！真儒之明皦若日月，而歷世争論不能自伸。其中異同不多，然要爲得正，此學者所當重惜也。

前世中，《孝經》多者五十餘家，少者亦不減十家。今秘閣所藏，止有鄭氏、明皇及古文三家而已。其古文有經無傳，按孔安國以古文時無通者，故以隸體寫《尚書》而傳之。然則《論語》、《孝經》不必獨用古文，此蓋後世好事者用孔氏傳本更以古文寫真，其文則非，其語則是也。夫聖人之經，高深幽遠，固非一人所能獨了，是以前世並存百家之説，使明者擇焉，所以廣思慮、重經術也。臣愚雖不足以度越前人之胸臆，闚望先聖之藩籬，至於時有所見，亦各言爾志之義。是敢輒以隸寫古文，爲之指解。其今文舊注有未盡者引而伸之，其不合者易而去之，亦未知此之爲是而彼之爲非。然經猶的也，一人射之，不若衆人射之，其爲取中多也。臣不敢避狂僭之罪，而庶幾於先王之道萬一有所裨焉。

表章孝經疏

明婺源江旭奇監生

臣惟《孝經》一書，孔子手著。其始成也，師與弟子祭告天地，見雲物，垂星象，孔子曰：「我行在《孝經》。」漢孝宣時，疏廣、疏受以之訓儲。孝章時，介胄皆通《孝經》。孝靈時，向栩言：「北向讀《孝經》，賊自消滅。」隋蘇威言：「惟《孝經》一卷，足以立身治國，何用多爲。」隋主納其言，以《孝經》賜鄭譯。周賓興六行曰：「孝、友、睦、婣、任、恤。」齊内政，公問卿子之鄉有孝於父母者，有則以告，有而不告謂之蔽明。漢元朔間，有司議不舉孝以不敬論。唐制舉明經，《孝經》爲《九經》之首。宋詔察孝弟、力田，而明經仍唐制。我太祖高皇帝諭俗首孝順父母，亦有孝弟、力田、通經、孝廉等科。後來廣輯經書大全，命題試士，《孝經》偶遺，實有待於皇上。臣幼時，臣母猶能以《孝經》、《小學》口授於臣，謂臣曰：「古人先通《孝經》，後及《論語》、《小學》。」宋朱熹八歲通《孝經》大義，曰：「若不如此，便不成人。」元許衡敬《小學》如神明。臣觀《孝經》先至德要道，顯親揚名，而後廣之；《小學》先立教明倫敬身，而後亦廣之，是體裁一稟於《孝經》也。

今世儒童生員，鮮讀二書者。臣以爲厚人心、淳風俗，實爲王道。誠於考試間以命題，則孔、曾傳授之密旨，與朱熹嘉惠後學之盛心，爲世誦法，自能培植根本，延綿命脉，臣所謂表章首經者此也。臣聞人之一心，私欲浄盡之後，當以義理養之。漢諸葛亮曰：「非淡泊無以明志，非寧静無以致遠。」而其勸後主，一則曰「先帝」，再則曰「先帝」，無非以孝啓沃其君心也。唐張巡言欲知人倫，纔識天道。宋岳飛涅背盡忠，事母至孝。聖門四科，德行爲首，忠孝如是。況其省卒分班，以少禦衆，屯田錯處，因糧於敵，政事如是。國學、鄉學，彝倫、明倫，示人效法，皆未從祀，亦有待於皇上也。我世宗皇帝於文廟進祀歐陽修，以其濮議有裨於孝思也。願皇上效法進祀三人，顧瞻景企，人心固結，國運靈長，周年漢祚，當遠過之，臣所謂顯示臣鵠者此也。崇禎二年正月二十日恭逢駕臨御彝倫堂具奏。

二十一日奉聖旨：江旭奇欣逢盛典，奏請進書，意亦可嘉。《孝經疏義》留覽，其考試命題，併前代諸臣祀事，該部酌議具奏。欽此。

禮部覆表章孝經疏

明粵東陳子壯

題爲聖帝表章《孝經》，愚臣遵奉註解，恭呈睿覽，以弘孝治事。儀制清吏司案呈：奉本部送崇禎七年十二月二十四日禮科抄出湖廣黄州府蘄州黄梅縣儒學廩膳生員瞿罕奏前事，内稱臣僻處山林，伏聞崇禎二年正月内欽奉聖旨：欲以《孝經》考試命題。仰見皇上仁孝，格天精誠，法祖親祀圜丘方澤，是父天母地之聖孝也。祇肅禴祀蒸嘗，是尊祖敬宗之聖孝也。特頒綸綍，崇重《孝經》，睿識神謨，卓冠萬古，真遠符帝舜而丕承祖烈矣。臣伏念今天下知有《四書五經大全》，自成祖文皇帝始也。《孝經》者，四書、五經之母，心性道德之源也。今明詔欲以《孝經》命題試士者，自皇上始也。是以《孝經》在聖代猶未及與四書、五經上並列於經筵，下同頒於庠序者，正造物陰閟留之，以俟我皇上之表章也。然而六年之間，覆請如舊，意者疑《孝經》有古文與今文之異乎？夫古文與今文，原無異也。所異者獨「閨門」一章，爲唐時删去，與一二字句不同耳。及宋臣司馬光進《孝經指解》，朱熹作《孝經刊誤》，皆遵信《孝經》古文也。

聖朝明經取士，悉從朱註，則論斷《孝經》，既當以孔氏古文爲正，而考定篇次，自當以朱熹《刊誤》爲宗矣。臣是以從朱熹所定者句解各章，名曰《孝經貫註》。其原爲朱熹所删者附註於後，名曰

《孝經存餘》。較勘古文、今文篇次之不同，名曰《孝經考異》。歷敘作經傳經世代之相傳，名曰《孝經對問》。蓋古今有孝之理，便有孝之事。臣因想《註疏》、《大全》、《語録》中原與《孝經》貫徹者，旁引以明其理；復考子、史、志、書、譜牒中可與《孝經》配合者，廣譬以證其事。總欲以《孝經》各章之理貫於五經，因而借歷朝五等之文貫於一孝，以期闡發幽光，鋪揚祖德，上贊聖皇之孝治，下副先臣之教誨耳。

臣祖太僕寺少卿晟，臣父翰林院待詔九思，臣兄舉人甲，四世感被國恩，隆天極地，況臣父九思繆以學行累薦隱逸，蒙神宗顯皇帝屢旨擢用於生前，熹宗悊皇帝特旨褒闡於身後。六年五月内，伏蒙聖恩，有瞿九思近例何不詳述，還着明白奏來之旨。臣雖卑賤，更蒙聖恩，拔置學庠，歲糜公廩，七經提學道臣遵奉禮部題欵，獎臣孝行，臣矢以《孝經》報國，閉户潛心，歲既六更，稿凡數易，今年秋仲，始克成編。邑人石確以同學之誼，爲臣商訂。臣謹徒步詣闕，薰沐進呈，伏乞皇上俯覽。

愚忱少垂睿照，如或有一得之愚，乞勑該部看詳頒布，以成皇上六年欲行未竟之旨。且臣聞孔子自道之言曰：「志在《春秋》，行在《孝經》。」而註疏又曰：「《孝經》之文，同《春秋》而作。」今詞臣捧命進講《春秋》，綱常大義揭日月而中天。更乞皇上將《孝經》前旨未及推行，詔今學官士子共相講習。發策決科，或從今始，則錫類之聖孝普被寰區，而創見之皇猷昭垂華夏矣。臣謹以所輯《孝經貫註》二十卷、《孝經存餘》三卷、《孝經考異》一卷、《孝經對問》三卷隨本奏聞等因。

崇禎七年十二月十八日奉聖旨：《孝經》委宜表章，這註解着該部看詳具奏，欽此。欽遵。抄出到部，送司案呈：到部看得《孝經》一十八章，孔子之述作，誠百行之宗，五教之要也。國家隆尚經學，典制定以四書五經取士，如日中天，而《孝經》旅列於十三經註疏中，以資誦説。自西漢以來，註解殆及百家，惟孔安國、鄭康成最著。至唐玄宗採集諸儒，翦繁撮要，以行於今，莫之有改。而生員瞿罕乃覃思搜索，字箋句釋，爲《貫註》、《存餘》、《考異》、《對問》各卷以獻，雖其中固不無附會汎濫之處，然亦可謂即流遡源，著述不妄者矣。合無准從書肆刊布，以無虛其六年苦心。而至於命題一節，崇禎二年奉有明旨，已經覆請一遵聖祖頒定之舊第。《孝經》雖不並於四書、五經，自不後於《小學》、《性理》，今依朱子定本頒行，令督學、師儒等官，凡遇考試生童，將《孝經》、《小學》、《性理》三書間出論題，仍不時講究，使多士翕然誦習，立行蒸蒸，庶幾上副表章之旨，而於皇上以孝治天下之隆義不無裨益矣。謹將御前原發下《孝經貫註》一部，隨本進繳，統候聖裁。

崇禎八年三月十一日具題，十六日奉聖旨：《孝經》原隸學宫，着兩雍及直省各學臣嚴飭士子，同《小學》俱務誦讀力行，考試仍一體命題，以驗有無熟習，所進《貫註》不必刊布，欽此。

吕維祺曰：「漢興，表章六經，以篇帙殘缺，既置博士，復令諸儒集較，遂成全書。惟《孝經》未及，劉向、孔安國嘗較正之，各自名家。然文帝、光武諸帝，已加意表章矣。及晉、隋、唐、宋諸帝，俱於《孝經》特加尊崇。王安石與司馬温公有隙，以温公進《孝經》，遂罷黜，不以貢舉，至今猶未恢復。今録李齊古、温公兩表，而唐宋得失之林亦可概矣。温公進呈劄、序併録於篇，而以太學生江旭奇、瞿罕等疏附之，并録明旨表章之盛，以見我皇上之加意《孝經》，非漢、唐以下主所可幾萬一也。恢復《孝經》，以符元鈞滄子五百年王者興起之期望，豈非孝治一大機哉！」

孝經大全卷之二十

明新安呂維祺箋次

表章通考

入　告　疏

進呈孝經疏　　呂維祺

奏爲恭進《孝經本義》、《大全》、《或問》，伏祈睿斷頒布，以羽翼化理事。

臣聞宋儒蔡沈言二帝三王之治本於道，二帝三王之道本於心，臣以爲二帝三王之心本於孝。昔堯親睦而時雍，舜齊栗而風動，禹致孝而祇台岡距，湯思孝而肇修人紀，文、武止孝達孝而汝墳遵化，四海永清。大哉，孝乎！天經地義，神明四海，一以貫之矣。世入春秋，孝治之道邈焉。孔子刪述六經，筆削《春秋》，復作《孝經》者，蓋所以會六經之指歸，繼帝王之道統，以明治天下之大經大法，端在乎此。漢、唐、宋雖代有表章，然止設科取士，而猶未深知其爲興道致治之本也。

我太祖高皇帝首諭孝順父母，成祖文皇帝御製《孝順事實》，凡我列宗皆崇孝行，然表章頒布，千秋盛事，猶闕以待我皇上之善繼善述爾。而我皇上仰法二祖列宗，躬行孝道以明教化，故加意聖祖《六諭》、《孝經》、《小學》以爲化民成俗之本。今《六諭解註》、《小學集註》頒矣，至《孝經》，有《孝經》全不講究之諭，《孝經》委宜表章之旨，《孝經》着學臣嚴飭誦讀力行，考試一體命題之旨。頃於本年五月内，又有聖祖《六諭》、《小學》、《孝經》果否遵旨通行，講讀考試，撫、按年終類奏該部，詳加甄别，以憑黜陟之諭，而適與尊崇聖母徽號之恩詔會，是皇上躬行孝道，表章《孝經》至矣。而尚未頒發定本，坊刻舛誤不一，士雖留心此經，莫知適從，故頒發萬不容緩也。臣潛心此經二十餘年，不揣愚陋，僭著《本義》二卷，《大全》二十八卷，蓋求合乎孔、曾相傳之心法，與明王孝治天下之大經大法，而不規規於訓詁、事親一節。第世狃固習，宗旨未明，復僭著《或問》三卷，所以釋群疑而明大意。謹繕寫成帙，恭撰表文一通，附卷首以進。伏祈皇上深維孝治之本，曲賜乙夜之覽，倘一得可採，祈勅禮部覆議頒行，以爲羽翼化理之助。臣惟願我皇上早奏明王孝治之效，以建中興第一事業，同符二祖，光顯列宗，臣當與父老子弟共歌咏聖化於無窮矣。臣曷任激切待命之至。具奏。

崇禎十二年九月十七日奉聖旨：這所進《孝經》有裨治理，該部會同翰林院再加較正詳備

敬陳表章疏

奏爲敬陳表章《孝經》八要，以課實責效事。

頃臣恭進《孝經本義》、《大全》等書，復具八要一疏，蓋嘔心條議，欲課實效，而通政司新奉限字嚴旨，未敢封進。微臣愚藎尚鬱，該部看議奚憑。敬遵旨分疏，補牘再請。臣惟帝王致治之本，惟孝爲先。孔、曾相傳之宗，此經爲要，非天子孰敢考文？惟大孝斯能建極。宋臣尹焞曰：「《孝經》非堯、舜大聖不能盡。」先臣王褘曰：「是書有關世教甚重，豈曰小補？」

我皇上仁孝聰睿，超出千古帝王之上，而崇重《孝經》爲第一經，即興舉孝治爲第一務，想聖心深契，必不止出題誦習已者。誠自聖躬以及教儲睦族，自朝廷以及鄉國郊遂，自官僚以及介胄氓庶，無非孝之一道包羅，無非皇上之一孝感通，將見道貫三靈，功苞萬象。動天地而降休徵，感鬼神而昭景福，其功可勝言哉！抑臣謂此非人之所能爲也，天也。昔元隱士鈞滄子嘗言聖經安得竟廢不行，五百年必有王者興，嗣是必有明王振作是經者。考宋罷《孝經》，今適五百餘年，乃知天意若閟留之，以待皇上之興起之也。契十八章未墜之微言，明二千年久晦之大義，闡遺經而揭日月，崇正學以及乾坤，明王孝治之烈，自我皇上始闢之，故曰天也，非人所能爲也。臣受恩深重，所以礪愚忠，甘勞怨，以事皇上者，惟一部《孝經》而已。舍誠正別無學術，非堯、舜何敢陳前！故願皇上以明王孝治之道治天下，蓋決之天意，有默屬焉爾。伏祈勑部將臣八要另疏詳議舉行，庶孝治可立見於今日，而屢諭不至托諸空言矣。

崇禎十二年十一月十二日奉聖旨：該部知道。

再陳表章疏

奏爲再陳表章《孝經》第一要事。

臣惟表章八要，首在皇上躬行大孝，故其一要曰進講經筵，以樹模範。蓋天子之孝，與臣下異，而皇上之大孝，又與三代而下之帝王異。何者？臣下以一身一家爲孝，皇上以興起天下之孝爲孝也。三代而下以試士爲表章，皇上大孝，以樹模範、奏孝治爲表章也。先臣丘濬有言，人君肇修人紀，愛敬既立，則家國天下無不感化。我皇上聖由天縱，孝本性成，嘗諭臣下曰：「朕不敢與天地祖宗並。」此不敢之心，大孝也。充此心以敬天仁民，錫類不匱。當深居燕閒時，披閱《孝經》，詳玩意義，仍命儒臣進講經筵，詳加啓沃，於以立愛敬而興天下之孝，樹模範而奏孝治之化，道豈遠乎哉！太祖高皇帝曰：「孔子明帝王治天下之大經大法於萬世。」成祖文皇帝曰：「人君之孝，與庶人不同。」又曰：「朕宫中恒觀書，深有啓沃。」宣宗章皇帝曰：「朕宫中無事時，取書籍玩味，亦得胸次開豁。」此誠皇上之所當法者。

然世儒之言曰：「今天下貪欺成習，兵食告匱，流土交訌，何汲汲於此。」臣以凡此者，政由教化之未明，人心之未正，反經之未實故也。矧一代之人心風俗，聲教德化，皆繫於人主之精神好尚。蓋上之精神，天下之所繩從而鵠望也。如東漢之節義，唐之詩賦，宋之理學，風教所樹，人心景從，況皇上精神所注，首以《孝經》立之繩鵠，而天下有不翕然丕變者，臣不敢信也。孔子曰：「吾志在《春秋》，行在《孝經》。」誠行《孝經》於今日之天下，使天下之服習《孝經》者，皆願爲忠臣、孝子，皆欲實爲朝廷任事，豈復憂貪欺，憂兵食，憂盜賊。何者？得其本故也。得其本，而凡古明王之以孝治天下者，其道皆可該也。愛敬盡而德教立，即察天地，通神明，光四海，一以貫之矣。

崇禎十二年十一月十二日奉聖旨：禮部知道。

三陳表章疏

奏爲三陳表章《孝經》二要、三要事。

臣既以孝治歸本，皇上躬行大孝爲第一要矣，其次則教儲睦族，皆孝治之最大者，是以敢次第言之。二要曰：「東宮講習，以端儲教。」三要曰：「頒諭宗戚，以敦親睦。」何以明其然也？臣聞太子天下之本，儲教致治之原。我皇上加意豫教，命太子出閣講學，所以端軌樹範，養正作聖，無不肫摯，臣以爲尤必先教以孝。蓋孝，德之本，教所由生。使太子當蒙養時，即知問安視膳，温凊定省，而預啓迪之以舜之大孝、文之止孝、武之達孝。如《孝經》一書，更當朝夕温習，諭令儒臣開導講解，以爲異日孝治天下之本。昔我太祖高皇帝曰：「爲太子者，當知敦睦九族，隆親親之恩。」我成祖文皇帝曰：「皇太子當進學之時，欲使知要，庶幾將來太平之望。」我仁宗昭皇帝諭楊士奇等曰：「東宫開講筵，當以大經大法進説。」此非我皇上之所當法者乎！

臣又聞《堯典》曰：「克明峻德，以親九族。九族既睦，平章百姓。」若是乎大孝之先篤親也。昔我太祖高皇帝諭秦右相、鄭九成等曰：「朕封建諸子，選用傅相，凡與王言，當廣學問，陳忠孝，使其聰明無蔽，上下相親。」我成祖文皇帝賜蜀王書曰：「敦孝循理，好學不倦，勉自愛重，用副所懷。」又曰：「國家篤於親親，宗室謹於禮法，共保富貴，令聞長世。」此又非我皇上之所當法者乎！我皇上篤念宗親，備極優渥，而頃又允閣臣楊嗣昌之奏，申諭諄切，加以勑奬誡諭，可謂仁之至，義之盡。臣以爲當頒《孝經》於各王府宗親，俾各服習體認，以成親睦之仁。至於戚臣一體頒諭，宗學一體試題。仍乞諭令選舉換授必以敦孝行，通《孝經》爲本，庶孝愈篤於本支，義共固於維城矣。皇上既自身而家，自家而國，而天下修齊治平之本裕如已。伏惟睿斷施行。

崇禎十二年十一月十二日奉聖旨：禮部知道。

四陳表章疏

奏爲四陳表章《孝經》四要、五要、六要事。

臣惟皇上端孝範於上，而以孝正元儲之養蒙，篤九族之親睦矣。又其次則揆文奮武，宜弘薪槱之運，而醇菁莪之化也。故四要曰：「頒行試題，以驗習學。」臣聞孝爲百行之原，《孝經》統六經之會。皇上加意此經，業命誦讀試題矣。然該部原疏但云將《孝經》、《小學》間出論題耳。合無責令兩雍省直師儒學官，凡遇貢監生儒考試，照經書出題作制義，如解卷無《孝經》制義以不職論。昔太祖高皇帝謂：「教化之道，學校爲本，宜講論聖道，使人日漸月化。」成祖文皇帝謂：「學校風化所係，在上人之作興耳。」則皇上仰法二祖，教天下以孝作忠者，道必本乎此也。

五要曰：「鄉、會出題，以隆大典。」臣聞漢、唐以來，率用《孝經》取士。如漢置《孝經》博士，唐以《論語》、《孝經》、《孟子》爲一經，宋尚書省加試《論語》、《孝經》，其來已久。自王安石黜《孝經》，貢舉遂不以取士矣。今制鄉、會試初場題，例以四書三篇，經四篇，合無勑令習本經者皆通《孝經》，遇鄉、會試令出《孝經》題一道，列於四書後、本經前，減本經一篇，即自十三年會試爲始。成祖文皇帝曰：「《孝經》者，聖賢之格言大訓。」宣宗章皇帝曰：「設科求賢，願得忠孝之人，以資國用，朕之心亦如此。」則皇上頒行《孝經》，成成祖、宣宗之志，此正繼志述事之大孝也。

六要曰：「頒諭武士，以明大義。」臣聞宋儒程顥看詳武學，欲添習《孝經》，曰：「欲令武勇之士知義理。」故東漢時有令虎賁士習《孝經》者，有令期門羽林通《孝經》章句者，而我成祖文皇帝曰：「申明武學，嚴其課讀，毋爲文具。」孝宗敬皇帝曰：「公、侯、駙馬、伯子孫，令讀書習禮，將來朝廷庶得世臣之用。」伏祈皇上諭頒《孝經》於天下武學，其考試必問出《孝經》題目，其武塲鄉、會試亦一體出題，至公侯指揮世襲等官子孫承襲，必問抽《孝經》一二段，令背誦讀解，通者方許承襲，庶干城腹心之士，猶有敦《詩》《書》、悦禮樂之風焉。統惟皇上舉行，以光文武薪檟菁莪之典。

崇禎十二年十一月十二日奉聖旨：該部知道。

五陳表章疏

奏爲五陳表章《孝經》七要、八要事。

臣既陳表章六要，夫如是，皇極建而元良貞，一本敦而群策儲矣。然而辟舉不真，風俗不醇，雖欲復古孝治猶未也。故次七要曰：「辟舉真孝，以勵士俗。」臣聞漢辟舉孝廉猶爲近古，我祖宗朝尤加意行之。太祖高皇帝曰：「爲國得寶，不如得賢。」又曰：「但嚴舉錯之法，則冒濫自革。」宣宗章皇帝曰：「務選經明行修之人，不得濫舉。」皇上既命復辟舉矣，然必深明辟舉之首重乎孝，使天下知上意之所重，然後可挽澆俗而於變耳。合無勑令撫、按遵奉新頒聖諭，每年終類奏各舉通習《孝經》孝友廉讓者，無論紳衿隱逸，多不過三人。有奔營濫舉者，連坐其提學考較。巡按出巡，聽酌舉真孝，徑自獎勸優賞。如黄香扇枕温席而舉授榮親，王元規著《孝經義》而詔舉高第，皆其遺事也。

終八要曰：「諭俗講解，以正民風。」臣聞化民成俗，以孝爲先。太祖高皇帝曰：「風俗本乎教化，教化行，雖閭閻可使爲君子。」成祖文皇帝曰：「近俗簡於事親，此蓋教化不明之過。」合無勑令天下府、州、縣官於講鄉約時，先宣聖祖六諭，間亦講説《孝經》，務令通俗易曉，以化鄉愚。凡塾師、教習處，皆頒《孝經》一部，命誦講解。其士民，杖笞小過，果能背誦講解明白者，亦准寬宥。如司馬光講「庶人」章以誨父老，真德秀作「庶人」章解以化泉民，又如王漸誦《孝經義》而鄉里慚謝，韋景駿以《孝經》化貴鄉而母子感悟，皆其成效也。

總之，表章八要，以朝廷爲萬國之倡，俾天下皆講明正學，實敦孝道。如此而期月之間，紀綱粗布，行之三年，有不成教化，變風俗，裕兵食，再久之而有不復祖宗淳熙之化，舞干兩階，幾致刑措，真才輩出，輔德翼治者乎！帝德巍焕，不識不知而順則；王道蕩平，無偏無黨而式度。斯文未喪，至孝通神，惟在我皇上獨斷而實行之焉。

崇禎十二年十一月十二日奉聖旨：禮部知道，講讀已有旨了。

補陳表章孝經四翼疏

奏爲補陳表章《孝經》四翼，以備採擇事。客歲，臣恭進《孝經》，奉聖旨：這所進《孝經》，有裨治理，該部會同翰林院再加較正詳備具奏。臣續陳表章八要，奉聖旨：下部議覆矣。兹閲邸報，禮部題爲科場留期等事。奉聖旨：《孝經》章數無多，若更定一題，易於揣摩打點。這會場七題還仍舊，或於科歲二考間出，以觀士子學習，條欵嚴飭行。欽此。謹恭繹明旨，補陳四翼：

一曰定本須發宜早。我皇上加意《孝經》，命科歲出題，以觀學習矣。坊刻非無《孝經》，但舛譌不一，有僞古文加題名者，有傅會分傳者，有增減字句改移章次段落者，士子學習，安所適從，故須發誠不可一日緩也。

二曰科場試題宜酌。奉旨謂章數無多，易於揣摩，仰見皇上隆重《孝經》、慎毖制舉至意，臣愚謂《孝經》逐句出題誠少，若比類推擬，以長短搭截章節句段之題，通計之不下千餘道，揣摩豈易？蓋非科場出題，無以鼓舞人心，變化士習。在漢、唐尚能設科，豈聖朝終成闕典？且仍舊云者似止就今科會場論，非阻後來科場表章之路也。

三曰聖經闡翼宜隆。臣聞漢、唐、宋謂《孝經》章數不多，故有附《論語》，或附《孟子》爲一經。臣謂孔子作《孝經》以垂憲萬世，直當孤行於世，何必他附。倘必存乎見少，請以《孝經》附《大學》，便蓋四書記孔子問答之言，五經孔子所贊定筆削者，獨《孝經》與《大學》，聖經其所作也。若以二經合而名之曰「孝學」，使天下知孝與學非二物，「孝學」與治天下國家非二事，每科首出孝學一題，次出《論語》、《中庸》、《孟子》各一題，次出本經三題，豈非千古盛事自皇上始乎！

四曰臣工激勵宜切。皇上教臣下廉毋貪，恬毋競，蕩平毋黨，實心任事毋欺飾，而臣下未然者，豈免而無耻與，抑忠孝之本未講明與？宜頒《孝經》於大小文武、内外臣工，使朝夕捧誦，講明體認，如是而尚不廉、不恬、不蕩平、不實心任事，是爲不忠不孝無耻之尤者。

三尺何辭？此臣補陳四翼與前八要等疏互相發明，總以成皇上隆重慎毖至意。伏惟聖明採擇施行，臣何任瞻仰待命之至。

七陳表章疏

奏爲七陳表章《孝經》六便、七益併擬試題，以重科場首務事。

臣前疏以《孝經》科題與《大學》或合而同出，或總而間出，或另而專出，業請候裁矣。弘表章之盛舉，光取士之大典，蓋有六便，又有七益。

何謂六便？孔子一生，止作此二經，一也。二經皆曾子筆記，二也。文法、義理相似，三也。聖門道統，賴此二經之傳，四也。使天下知孝、學非二物，孝、學與治天下非二事，五也。國制科題，

《大學》序《論語》前，《中庸》序《論語》後，今孝、學相合，首出一題，不致前後參差，六也。

何謂七益？使天下首務講明忠孝之義，一也。使士子顧名思義，知經書之源，設科之義，首重忠孝，二也。舉世皆尊崇孔子，顧獨淺近其自作之經，千古曠典，自皇上舉，三也。孔子明二帝三王之道本於孝，皇上傳二帝三王之孝本於《孝經》，四也。自皇躬以及天下國家，無非一孝所貫，皆自表章《孝經》始，五也。漢、唐猶以《孝經》附他書，後儒多以删改生異議，皇上獨隆重定本，一洗漢、唐之陋，而正後儒之譌，六也。宋君臣黜《孝經》，不設科者五百餘年，皇上一旦復古，功在聖道，功在萬世，七也。

此其表章，豈僅科塲出題已哉！即以科塲題論，亦自不少。臣常比類推擬，約單句題二百零一道，雙句題一百六十六道，連句題三百零九道，摘段題一百六十八道，搭截題七十六道，全章、合章、搭章一百九十二道，共約一千一百一十二道。臣恐以字數踰格，有煩聖聰，另送閣部，備聖明取覽，該部酌覆之資。蓋臣生平精力專在於此，六載林居，萬念灰冷，獨此羽翼《孝經》，孤志耿耿，百折不變。且妄謂帝王治天下之孝弟、德教、禮樂、刑政、泰交功化，無一不備於《孝經》。業箋輯《孝經衍義》、《外傳》等書百十餘卷，次第垂成，倘不即填溝壑，會當敬獻楓宸。昔我成祖謂《孝經》爲格言大訓，而我皇上亦曰：「所進《孝經》，有裨治理。」倘忘臣之迂且愚而採納之，聖道之幸，世道之福也，臣之願也，非所敢必也。

先太傅《孝經註疏》既以表文進呈，又陳表章八要，以功令述字踰格，列疏五上，及表章四翼、六便、七益，疏凡八上，業蒙嘉納，而頒布學宫，鄉、會命題之旨，猶未及行。嗟乎！一生功力，千古心傳，斯文未喪，吾道誰屬？聖人之書，安得終廢不行乎！入告之後，附以進呈奏疏，原進呈《大全》合《節略》、《大全通考》共二十八卷。今增以入告奏疏合《節略》首卷，共有二十九卷。男兆璜敬識。

孝經大全卷之二十一

明新安呂維祺箋次

表章通考

述文序

孝經集義序

宋建安真德秀

《孝經》一書，其行於世久矣。至子朱子乃始分别經傳，去後儒之所傳益者而經復完，然未暇發揮其義也。予友龔君栗篤志好學，乃本朱子之意，采衆説之長而折衷之。又以生事葬祭之禮見於他書者，彙而輯之，以爲此經之羽翼。學者所疑，則設爲問難，曲而暢之，於是聖門教人之微指，始瞭然無餘藴矣。

夫孝者，人心之固有也。古先聖王命家宰降德于民者，不過以節文度數示之，而未嘗言其義也。言其義，則始于孔子。蓋三代以前，理道明，風俗一，人皆曉然知孝之爲孝，聖王在上，設禮教以範防之，俾勿失而已。至孔子時，則異矣。觀其告游、夏者，猶恐以服勞能養爲孝，則下乎游、夏者可知，故不得不詳其義，以曉學者。今之世，視孔子之時，則又異矣。雖名爲士君子，有不知孝之爲孝者，服勞能養且有媿焉，況其大者乎！況凡民之狃於敝俗者乎！龔君之爲此書，欲爲士者知孝之爲孝，俛焉以盡其力，而無不能孝之士。凡民有所觀法，亦知孝之爲孝，俛焉以盡其力，而無不能孝之民。其用心豈不至矣乎！

予謂長人者宜以此書頒之庠序，布之鄉黨，使爲士者服習焉，而力行以先乎民，則吾邑之俗可變。推而達之，將天下之俗無不可變者。豈小補云哉！顧龔君於此用力甚勤，辭義之間，雖若小有未瑩，而其大指則炳然矣。故爲之序而切磋講究之，庶以永其傳云。

孝經註疏序

宋成都傅注

夫《孝經》者，孔子之所述作也。述作之旨者，昔聖人藴大聖德，生不偶時，適値周室衰微，王綱失墜，君臣僭亂，禮樂崩頽。居上位者，賞罰不行。居下位者，褒貶無作。孔子遂乃定禮樂，删《詩》、《書》，讚《易》道，以明道德仁義之源；修《春秋》，以正君臣父子之法。又慮雖知其法，未知其行，遂説《孝經》一十八章，以明君臣、父子之行所寄。知其法者修其行，知其行者謹其法。故《孝經緯》曰：「孔子云：『欲觀我褒貶諸侯之志在《春秋》，崇人倫之行在《孝經》。』」是知《孝經》雖居六籍之外，乃與《春秋》爲表裏。先儒或云夫子爲曾參所說，此未盡其指歸也。蓋曾子在七十弟子中，孝行最著，孔子乃假立曾子爲請益問答之人，以廣明孝道。既說之後，乃屬與曾子。洎遭暴秦焚書，並爲煨燼。漢膺天命，復闡微言。《孝經》河間顔芝所藏，因始傳之于世。

自西漢及魏，歷晉、宋、齊、梁，註解之者迨及百家。至有唐之初，雖備存秘府，而簡編多有殘缺。傳行者唯孔安國、鄭康成兩家之註，并有梁博士皇侃《義疏》播於國序。然辭多紕繆，理昧精研。至唐玄宗朝乃詔群儒學官，俾其集議。是以劉子玄辯鄭註有十謬七惑，司馬堅斥孔註多鄙俚不經，其餘諸家註解皆榮華其言，妄生穿鑿。明皇遂於先儒註中採摭菁華，芟去煩亂，撮其義理允當者用爲註解，至天寶二年註成頒行天下。仍自八分御札，勒于石碑，即今京兆石臺《孝經》是也。

孝經管見序

元隱士釣滄子

說者曰：二帝三王之治本於道，二帝三王之道本於身。愚以二帝三王之建極於身者，立心極也；立心極者，端極於孝也。孝者，良心之切近精實者也。以其所切近精實者推之，則爲惻隱，爲辭讓，爲羞惡，爲是非。又推之，爲齊家，爲治國，爲平天下。何莫不是出也已。舍是而求適於治，無由也。故齋栗底豫矣，而風動四方。視膳三朝矣，而汝墳遵化。善述善繼矣，而四海永清。若分羹忍而終成雜伯，刼父謀而竟致雜彝，其功效成驗可知梗概哉。是孝立而心極建，心極建而身極端，身極端而治化美。大矣哉，孝之道乎！全之可以淑身心，擴之可以淑民物，根之於惟淵惟默之中，賦之於形生神發之際，不離於須臾之頃，恒完於方寸之間，自生民以來無改也。奈之何一廢嬴火，再廢曲學，竹編蝌蚪，錯雜謬誤，穿鑿考訂，臆説沸騰。是以荆公執政，卑視此經。大廷不以策士，史館不以進講，家之長老不以垂訓子孫，學之傅師不以課誨弟子，此經非特不爲治平之具，且蒙習亦弁髦之矣。嗟夫！聖人精神命脉之發，將爲淵沉土覆乎？豈人天性之良，古今之賦受者殊耶？殆不然。不灼其景，瞶者弗覩也。不裂其聲，聾者弗聽也。不翼其肱，跛者弗行也。性雖賦於固有，良雖具於本然，不有開示訓導，警覺提撕，安能復性返良而還其天哉！上無身先之教，下無向化之機，治不軼古無異也。

孔子言治，未嘗不本諸德。德，仁之發也。仁，孝之端也。然慮天下後世君民者有昧乎此，故特因敦孝之人以發孝旨。若專爲孝也，實指其化民成俗，天下之要也。不然，何獨於孝之一端而諄諄詳告有如此乎？愚故曰二帝三王之治本於道，二帝三王之道本於身，二帝三王之身極本於心，二帝三王之心極本於孝，孝乃齊治均平之準也。惜乎！其經之湮泯於異端曲學之私也。愚不慧，讀經之次，稍有覺悟，敢舉其一二而明發之，如測淵於蠡，窺天於管焉耳。後之君子，倘翹起而復振之，幸毋哂其疵焉，幸何如哉！

朱鴻曰：「萬曆庚寅季春，望後三日，鴻過南屏山村肆中，偶獲《孝經管見》一卷，迺至正三年隱士釣滄子撰也。其語意梗概，率以孝治爲先，與孫初陽及鴻所見皆符。迨閱後語期五百年必有明王振起，先聖遺經復明於世，鴻考荆公執政，罷黜此經，至今適五百年，正我明孝治之會，而隱士預卜其期，若執左契，此非精於數學，蓋仙家者流也。故特梓其前後二序，見大聖微言無終晦之理，明王孝治成和睦之風。古今貞卓之見，亦自有曠世而同然者耳。有志羽翼是經者共鑒諸。」

孝經集善序

明金華宋濂

《孝經》一也，而有古、今文之異者，蓋遭秦火之後，出於漢初顔芝之子貞者爲今文，凡十八章，而鄭玄爲之註；至武帝時，得於魯恭王所壞孔子屋壁者爲古文，凡二十二章，而孔安國爲之註。後世諸儒各騁意見，尊古文者，則謂孔傳既出孔壁，語甚詳正，無俟商確。揆於鄭注，雲泥致隔，必行孔廢鄭，於義爲允，況鄭玄未嘗有註，而依倣托之者乎？尊今文者，則謂劉向以顔芝本參較古文，省除繁惑而定爲今文，無有不善。爲之傳者，縱曰非玄所作，而義旨實敷暢。若夫古文并安國之註，其亡已久，世儒欲崇古學，妄撰孔傳，又僞爲《閨門》一章，文句凡鄙，不合經典，將何所取徵哉？二者之論，雖莫之有定，然皆並存於時，各相傳授。自唐玄宗注用今文，於是今文盛行，而古文幾至廢絶。宋司馬温公始專主古文，撰爲《指解》上之。以予觀之，古、今文之所異者，特辭語微有不同。

稽其文義，初無絶相遠者，其所甚異唯《閨門》一章耳。諸儒於經之大旨未見有所發揮，而獨斷斷然致其紛紜若此，抑亦末矣。

自伊洛之學興，子朱子實起而繼之。於是因衡山胡氏、玉川汪氏之疑，而就古文考定分爲經、傳。元室之初，吴文正公出於臨川，又以今文爲正，頗遵《刊誤》章目，重加訂定而爲之訓解，其旨益明而無遺憾矣。東廣孫君蕡讀而悦之，因增以諸家所註，名曰《孝經集善》，而其大義則以朱子及吴公爲之宗。蕡通經而能文辭，采擇既精，而又發以己意，其書當可傳誦。故余爲疏歷代所尚之異同，序於篇端。蕡字仲衍，洪武壬寅鄉貢進士，今爲織染局使云。

孝經集説序

明義烏王禕

《孝經》有古文、今文之異，當秦燔書時，河間顔芝藏其書。漢初，芝子貞出之，河間獻王得而上諸朝。長孫氏、江翁、后蒼、翼奉、張禹之徒，皆名其學，凡十八章，所謂今文也。武帝時，魯恭王壞孔子宅，得《孝經》與《尚書》於壁中，以爲秦時孔鮒所藏。昭帝時，魯國三老始以上獻，孔安國爲之傳，凡二十二章，所謂古文也。劉向典較經籍，實據顔本，以比古文，除其繁惑，以十八章爲定。鄭衆、馬融、鄭玄皆爲之註，專從今文。故古文不得列於學官，而安國之本亡於梁。隋開皇中，王邵始訪得之，以示河間劉炫，炫遂分《庶人》章爲二，《曾子敢問》章爲三，又多《閨門》一章，以足二十二章之數，且序其得喪，講于人間，時議皆疑炫所自作，而古文非復孔氏之舊矣。唐開元間，詔諸儒集議，劉知幾請行孔傳，司馬貞力非之，獨主鄭説。玄宗自爲之註，用十八章爲正。先是，自《天子》至《庶人》五章，惟皇侃標其目冠於章首，至是用諸儒議，章始各有名，如《開宗明義》等類。爲之疏者，元行沖也。至宋邢昺爲《正義》，訓詁益復加詳，而當世大儒司馬温公、范蜀公則皆尊信古文，司馬公爲古文《指解》。迨朱徽公爲《刊誤》，謂經一章，傳十四章。而近時臨川吴氏復以爲隋時所得古文，與今文增減異同率不過一二字，文勢曾不若今文之順，以許慎《説文》所引、桓譚《新論》所言考證，皆不合，決非漢世孔壁之古文，爰因《刊誤》重以古文、今文較其同異焉。

夫今文最先出自劉向、鄭玄等，以及唐世君臣皆知表章之，其書固已通行。古文出稍後，而安國之傳既亡，劉炫之本又非真，豈其顯晦各繫於時之好尚哉！今行中書右丞公以古文、今文及《刊誤》三書雖皆行世，而學者皆習而不察，乃與儒者議，彙次其先後，且删漢、唐、宋諸家訓註，附於古文之下，刻本以行。於是《孝經》之爲書，本末具矣。嗚呼！孝者天之經，地之義，而百行之原也。自天子達於庶人，尊卑雖有等差，至於爲孝，曷有間哉！五經、四子之言備矣，而教孝必以《孝經》爲先，則以聖言雖衆而《孝經》者實總會之也。是書大行，其必人曾參而家閔損，有關於世教甚重，豈曰小補而已。

孝經引證序

明吉水鄒元標

太史貞復楊子，學悟性宗，一見與余論合，聯榻信宿而別。一日，出所編《孝經》徵予序，予卒業遲回者久之。經曰：「身體髮膚受之父母，不敢毁傷。」予之足已毁矣。又曰：「愛親者不敢侮人，敬親者不敢慢人。」予生平取世忌嫉不少，必予愛敬之未至矣。雖然，吾有尊足者存，卒不敢以世忌嫉弛吾愛人敬人真心，敬斂衽而序之。序曰：大哉，經乎！千聖之道之總萃咸備於是，無所容吾贅矣。古今稱孝，舜曰大孝，武王曰達孝，下此者即不得謂孝。予請縱言之可乎？乞人賤行也，丐者行食於道，得食飲即遺母，母食且爲之歌數闋，盡懽而止。彼不得不丐者，遇也。丐而娱親者，真性也。苗裔異族也，有苗泣親，繼以殞命。彼淪於苗者，族也。不以苗忘親者，真性也。禽獸無知也，而跪食，而返哺，禽獸未始不知有親也。夫大者謂其彌綸六合，有一物不孝者非大也。達者謂其達之天下，有一物不順者非達也。呼途之人曰：「來，吾語汝以大道。」彼未必不四顧踟蹰，惟語之以孝親，三尺豎兒心動神洽。覺世君子，從人所常有者提撕之，則人不沮於其難而吾言之入也常易，此楊子惓惓於是經不忘也。

或曰《集靈》《引證》何居？予曰草木微物，必有以鼓動之，始甲而拆，拆而徐達。子輿氏曰樂則生，生則惡可已，此《集靈》《引證》意也。羅子《宗旨》何居？予曰鵠誠設射者至之，軌道誠立行者由之，羅子《宗旨》，孝道之軌鵠也。一切揣摩意識，思慮懸想，儀章度數，盭宗旨遠甚。且斯道也，吾不知其所自來也。窮之無原，執之無端，用之不可。既洞焉通焉，廣大無際，窮天蟠地，無復周浹，以之事君，以之事長，無二道也。人曰仁，宜曰義，履曰禮，知曰知，樂曰樂，所謂不敢毁傷，不敢侮人，不敢慢人者，皆是物也，皆人所固有，羅子非能爲人加益之也。必明乎斯，而後可以言孝。事父孝，故事天明。事母孝，故事地察。不然，事父母且不知父母，矧曰天地？嗟乎！安得起羅子而質之？予聞陸象山氏曰：「《孝經》十八章，夫子從曾子篤實處説出來，學者必踐履篤實，久則恍然無疑斯語。」晦菴年方七歲即題其上曰：「不如是非人。」嗚呼！思先儒格言，繹羅子微旨，而後楊子之志不孤。

刻孝經全書序

明南昌鄧以誥

夫孝，生人之命脉，而持世之綱維也。開闢以來，堯、舜以孝治天下，萬邦協和而四方風動。堯、舜之心至今在，風會日流，彝倫浸斁，習焉而玩。暨於《春秋》，夫子痛二百四十二年之間，倒置益甚，褒貶衮鉞，庶幾迴狂瀾于既倒，已令《春秋》凛凛懼矣。然可以柬天下而未可以化天下，猶有蔓難圖也，是不得不爲之敦龐而植本也。删述既成，穆然有深思焉。當七十二歲，於曾子問答次第著爲經，發明至德要道。我所固有，亦人所同有。我莫之爲而爲，亦人共莫之爲而爲。令讀者自見腔子内渾是一團生意，若君父大倫，尊尊卑卑，灼然透徹，固結於人心，而《春秋》之僭竊，已潛消默化已。故夫子嘗曰：「吾志在《春秋》，行在《孝經》。」孟子學孔子，守此孝、弟二字。其稱堯、舜也，必本孝弟。其言仁、義也，必自事親從兄。觀諸孩提，未嘗學慮，而愛根仁體，森然畢露，不越於衣冠言動，不移於少艾熱中，一念終身，不識不知，一順帝之則也。視於無形，聽於無聲，一不睹不聞之純乎天也。

人人親其親，人人皆孝子，人人長其長，人人皆悌弟，而天下平也。夫剖堯、舜之宗，抉仁、義之實，渾合大人、赤子之全體，總之大羽翼於《孝經》，固其所不朽哉！願今天下臣庶人置一帙，口誦躬行，俾家親長而户孝弟，一道同風，和氣蒸溢。蓋風雨調而寒暑時，天胥應之。蓋佳禾植而芝草生，地胥應之。蓋綱常正而教化行，人胥應之。夫子生平删述，歸一於《孝經》，自此益揭日月而中天，其媲美唐虞之盛也，千萬世其無疆哉！

古文孝經序

明四明王佐

夫自天子以至庶人，誰能離孝？粤稽古載籍，誰不言孝？而以孝作經，自吾夫子始。吾夫子蓋嘗作《春秋》矣，操二百四十二年南面之權以寓誅賞，而亂臣賊子懼，故《春秋》者，吾夫子之刑書也，然而有所假也。夫孩提生而無不知愛親，是爲良知，良知則無所假也。孩提生而無不能愛親，是爲良能，良能則無所假也。吾夫子曰：令天下萬世不敢爲亂臣，孰若令天下萬世願爲忠臣？令天下萬世不敢爲賊子，孰若令天下萬世願爲孝子？與曾子問答幾二千言，總不離良知、良能者。是蓋不假誅賞而愛敬，若發自孩提而自不容已，此吾夫子作經意也。而庸知實昉於乾坤。何者？天地吾大父母，父母吾小天地，吾身則合父母、天地爲一體，而毫髮無所假者。乾以易知，此良知所自始，率其良知則無不易而自無不知。坤以簡能，此良能所自始，率其良能則無不簡而自無不能。故事父孝則事天明，事母孝則事地察。吾夫子之贊孝也，通神明，光四海，推之東西南北而無不服，孰非此易簡握其樞哉！

敬齋鄧公嘗取古文《孝經》暨經傳名家語録，彙成一集授梓，令不佞序諸簡端。不佞烏能文？謬窺知能本體歸於易簡，而略闡不睹不聞之微旨，以自附於蠡測，俾天下萬世之風動恊和，上下草木鳥獸咸若。原非偉烈，豫頑嚚而諧傲弟，一深山野人能之，卒至有天下而不與。嗟嗟，人人有孝弟，人人有堯、舜。彼七十二子向北辰磬折，與吾夫子跪受黄玉刻文，夫非尊德性而示吾良知、良能不可棄且褻耶？勿作徵異觀可也。

孝經引證序

明嶺南楊起元

孝道之大，備著于經矣。貫三才，通神明，光四海，至貴之行，配天之德，聖人之至教也。以之事君則忠，以之事長則順，以之事天地則仁。天子之所以保天下，諸侯之所以保其國，卿大夫、士之所以守宗廟、保禄位，庶人之所以保四體、養父母，未有離孝者也。萬善未易全也，惟孝則全。百福未易備也，惟孝則備。令名未易亨也，惟孝則亨。至於還淳返朴，致和召順，歸蕩平而躋渾噩，調雨暘而集靈貺，未有不由斯道者矣。《易》曰：「天之所助者，順也。人之所助者，信也。」履信思順者，其唯孝乎！《書》曰：「惠迪吉，從逆凶，惟影響。」蓋言孝也。孝順德也，吉德也，逆則凶矣。孝者，人之常行也。人惟失其常行，然後不孝焉，不孝然後刑罪及焉。周之衰也，下陵上替，害禮傷尊，干上犯分，罪不容誅，原其所由致此者，孝德忘也。嗟夫！此《春秋》之所以作也。人徒見《春秋》誅罰之筆若是其嚴，不知皆因孝德之亡而後有使天下有孝德焉。君君、臣臣、父父、子子，或有弗協者，司寇得而刑之，《春秋》可不作也。

然則《孝經》者詔萬世以常，《春秋》者防萬世於變也。故《孝經》之義，不可一日不行於天下也。乃若德至於天，而風雨節，寒暑時。德至於地，而嘉禾植，芝草生。德至於人，而壽考且寧。要荒即叙，惟聖天子愛敬之極所致，而輔相之上務也。然稽之往牒，雖書生賤士持誦是經，且足以感靈祇，致瑞應。雖一物之微，率此足以格天享帝，而況於人乎！而況士大夫而上至於崇貴乎！予爲之惕然。是編也，雖淺陋者所爲，然不敢不出以示人，亦所以畏聖人之言也。

孝經大全卷之二十二

明新安吕維祺箋次

表章通考

述文跋

管見跋

元隱士釣滄子

夫粟菽非可以甘唇，乃其所常食也。布帛非可以華躬，乃其所常服也。然常食之中有至味，常服之中有至美，但人莫不食且服也，而喜膏粱，好文繡，知其味與美者，豈不鮮哉！《孝經》廢弛日久，士尚奇詭之學，視此若土苴，談而及之，反唇而譏，掩口而笑，不以爲迂，則以爲腐，冰炭豬薰，兩不相合。愚雅嗜讀書，不求仕進，退居山僻，蒐究典墳，然不喜襲陳説。間閲《孝經》，少參一二，名之曰「管見」，猶云坐井觀天也。但其間若有自得之趣，輒註輒喜，甫成即函之笈笥以自珍，非欲私之已而不公之人也。苟不在孝道中用力與不達孔、曾之旨者，持而語之，是强以粟菽易膏粱，布帛奪錦繡，烏乎能哉，故寧秘之而不發也。雖然，卞氏之璧，不終於塵埋，趙氏之珠，豈久爲淵没！聖人之經，安得竟廢而不行哉！五百年必有王者興，其間必有名世者，嗣是而後有以孝治天下之明王在上，而海内仁人、孝子興起而振作之，則必輯録是經，發明奥藴，將蒐羅而纂集之。愚言幸存，或亦爲芻蕘之采，得備籠中之藥物，未可知矣。今日之言，寧非他日之用哉！若或言悖於道，不印聖心，不合經意，則亦俟後之仁人、孝子教我而已，我又何得自知乎！

孝經跋

明錢塘虞淳熙

聖人所以通神明之德者惟孝乎！亘五際，總五經，含五常，孕育三才而靈然獨存者也。其結字也，子戴老、老馮子，鴻濛以降，年莫老於太極，而兩儀爲之伯長。經曰：「事天事地。」是大《易》稱父稱母之文，而推原性真，開闡經義，則又太極生生之大指矣。仲尼既成《春秋》，年踰七十，始收衮鉞，爰受玉圖，呼弟子以開宗，揭周公而示行。配天雖大，契性猶難，必若《大學》之修身，《中庸》之誠身，七篇之守身，然後見遺體之大全，而紹性宗之正脉也。學絶既久，心晝日湮，慈湖楊子首倡學即孝字之説以發矇，而㬷㬷良知，東越標其獨見，於是子漸之孝，遂名朱氏之學矣。子漸由孩提以至耄耋，由始生飲食以至賓飲於鄉，無須臾離孝，亦無終食離經。大索古今，遠蒐疏解，爰張百家之羽翼，横絶四海而家喻户曉，不啻王漸之沿門誦義，尹公之散及鄉人也。

書凡四種：曰《經書孝語》，曰《家塾孝經》，曰《曾子孝實》，曰《古文直解》，并《古疏》爲五帙，挾大槐從皇祖教鐸而趨，與遒人日狗于路。温中丞壯其志，表其閭，分其衺三以應三才，以象九疇之三揲，使妙應無方，出家塾，通序室，質諸十六字而無疑，斯盛心哉！乃子漸猶恐身附文公疑于兩朱子者。夫從孝遡之，豈惟無兩朱子，將孔、曾天地尚非兩人。遡身之初，無論身附朱子，即孔、曾天地尚非兩身。而子漸何慮其僭耶！三才不一，不能盡其才。三極不一，不能用其極。神明本通，安所取疏鑿之力而始通乎？當是時，東越俎豆孔庭，國學剞劂正義，西清東壁，咸列是經，豈其必家塾，而聖天子陳之經筵，從容留覽。正子漸質成之會，豈其必疑之，質孝且達矣。雖然，熙尤欲以國人之儆儆子漸也。太極遺體，是曰吾身。守之則名希孟子，誠之則名希子思，修之則名希曾子，立之則名希孔子，尚思揚名哉？四子一身也。守即誠也，誠即修也，修即立也，名即實也，實即孝也，孝即學也。齊戒以神明其德，在子漸之益致其知，益力其學也。

孝經跋

明錢塘葛寅亮

古帝王之治天下也，咸願得忠義之臣，而共敷雍熙之化。然有宵旰不能求而垂拱敦倫，濟濟真才倍出而風俗自美者，則孝之關於士風世道不綦重哉！蓋人之五倫，父子最親。親故愛之、敬之，移於兄則爲悌弟，移於君則爲忠臣，由是而成廉、成讓，由是而不貪、不欺，直一念貫之耳。使愛敬未至，孝道仍缺，忠於何推？矧其他乎！故知孝雖家庭庸行，而實聖帝明王之至治。使爲治而舍此，縱稱仁講義，崇禮作樂，終非上理也。洪惟我太祖高皇帝以孝警民，成祖文皇帝以孝垂訓，自是列聖相仍率循斯道，故一時臣工，或以義著，或以忠聞，而雍熙之化直比隆唐虞矣。

今上御極，洞教化之原，徹至理之治，首重是道。爰頒聖諭，責重學臣，崇尚《孝經》，詘浮藻之詞，而欲收移孝爲忠之用。大哉王言！誠可謂萬世卓絶之至見，而一時願治之極思也。竊私念之，以爲聖天子純孝若此，則士風自漓反淳，世道以治益治，此其時已。迺首起而綜輯是經者，即得之吾友江邦玉。邦玉世登仕版，俱以忠孝著聞，而邦玉則樂於恬退，獨居横山之中，無書不讀，而尤精《孝經》一書，此其人品亦可概見矣。時維夏五月，予寄官璽卿，邦玉所訂《孝經》成，郵致一册而問序于予。予莊誦之，備漢、唐、宋、元之詮釋，辯古文、今文之同異，博而得要，該而不繁，無論經傳註述悉有條貫，而聖人作經之微意蔑不窺矣。非孝與性成，童而習之，烏能精專至此哉！此書一出，吾知人同此心，將觸之火然泉達，有不自知其興於孝者。孝則必忠，而貪僞之風又奚患不消靡耶！如是而人心純粹，世道雍熙，則是書也，誠足仰副聖天子之望已。

刻孝經跋

明吴興閔洪學

有味乎孟氏之言曰：「人人親其親，長其長，而天下平。」凡天地間，有待安排，有費辭説，一人知，不必人人共知，一人能，不必人人共能，此于道不可謂自然，于人便非親切，于世爲可有可無之物。以之立教，不免離合參差，有作而不必應，有唱而不必和，平天下者不道也。

若夫親親長長則不然，人不生空桑，墮地即有父母，此無待而然者也。有父母，即痛癢關切，孩之而笑，疾痛而呼，又莫不然而莫知所以然者也。無賢不肖，無知愚，亦無貴賤貧富，亦不必依傍名理，亦不必轉相借貸，隨取隨足，至易至簡。嘗試盡一世之人而詰之，有一人焉，能脱離父母，不屬于毛，不離于裏者乎？姑舉事父母諸事，如朝夕温凊，視膳問安，負米扇枕之彙，設身處地，有一可自謂不能者乎？雖田夫、野叟、兒童、婦女生未識字之人，但聞説孝弟等事，靡不心開目明，手舞足蹈。即世間一種下愚，喪心滅性，舉人世上名義禮法，俱於彼似不相關涉，一切入之不得，但使有人焉偲偲切切，直提以身所從來，亦必隱隱若刺，肉顫心戰，瞿然悚然。不自知頳發乎面，汗發乎背，傍徨而無以自容，借曰不然，必非範人之形而可耳。此無他，所謂刺頂得血，着其痛處，不覺啞然失聲。蓋招不孝者而歸諸孝，招不弟者而歸諸弟，亦如呼行者而使之歸，無不望見城邑涕泗悲號者矣。昔孔子嘗曰：「吾志在《春秋》，行在《孝經》。」《孝經》與《春秋》相表裏，固經世之書爾。

刻孝經跋

明宜興陳于廷

夫孝，人子之極思也。思則至性鬱勃，無待也。待訓戒丁寧乎？待訓戒丁寧而後萌，又惡在爲孝思也。噫！不然也。自先王之道不明，而師失其所以教，弟子失其所以學。天經地義，晦蝕澌滅，膝下依依真意，轉入百千萬億之情識，如少艾妻子得君種種，移其慕父母之良，而至違禽獸不遠。夫違禽獸則誠不遠矣，脱斯時而有介乎其側者，告之曰吾猶臆爾父母之腹爾者，奚若也。其寧自餒而飼爾，寧自凍而燠爾，寧自瘁而憂爾者，奚若也。有不恍遇其膝下之真而潸然淚下者乎？又告之曰吾猶臆爾父母睊睊其目，望逮爾一日之養者，奚若也。爾幸有今日，乃向之睊睊者，曾能以粒粟寸絲甘其口而溫其膚否也。又有不泫然涕流若不能須臾視息于人世者乎？凡此則有待而萌者耳。何況聖經洋洋，群籍炳炳，發皇夫至德要道之微，而指陳夫大人赤子之體者。堯、舜孝弟，宛在庭除。親長平天下，燦若指掌。又不有賢愚共其觸發而貴賤同其悲感者哉！

顧嘗論之，孝一也，有及親之孝，有盡己之孝。歿而祭，祭而哀，直盡己焉耳。舜孝之大，大于以天下養也。曾參之孝之純，純于養志養口體兩無憾也。噫！真子道之盛也。負米興恨，風木銜悲，雖悽惻千古，于親何及哉！歐陽子曰：「祭而豐，不如養之薄也。」余讀其言而愴然悲心焉。夫自天子至庶人，其隨分得爲者皆可及吾親，乃或大言曰吾且爲顯揚爲大孝，而區區口體弗遑留意。嗟嗟，曾口體之養弗切，而有真顯揚者乎！文王之爲世子也，朝于寢門日三，食上必視寒煖之節，食下必問所膳，彼至聖之孝而猶若是。蓋膝下愛漓，掀揭宇宙，皆愧端也。孩提慕永，勳華事業，猶一吷也。古人不以三公易一日之養，而啜菽飲水，務盡其歡。即泣竹剖冰，屢標其異，豈非生前聚順之爲真而勿使有後日之恨哉！余故願今之讀是書者，毋遠求，即自温凊菽水始。夫經之言孝，終始顯微，靡所不極。乃余若有意乎其近者，何也？則欲使今之人人入門可致，隨有無可勉。與後日而思其居處，思其嗜欲，固不如今日者之遂得致于吾親也。又況即此一念，忠移君，悌移長，治移官，五孝之用雖別，而百行之原不殊，塞天地，横四海，又豈迂乎哉！余故從至性鬱勃中亟導其近且易者，即與哀是書者之婆心一耳。

刻孝經跋

明 九華施達

孔子七十二著《孝經》曰：「吾志在《春秋》，行在《孝經》。」夫《春秋》經世，雖先王之志乎，其事則齊桓、晉文，其文則史，即與《孝經》奚涉也。抑《孝經》嘗論列天子、諸侯、卿大夫、士矣。愛敬盡於事親，而德教加於百姓，刑於四海，則天子之令行。諸侯不驕不溢，卿大夫守先王之法言、法行，士以孝敬事其君長，則僭竊不生，篡逆不作。五刑之屬可措，而《春秋》之筆削何從？故《春秋》成而亂臣賊子懼，《孝經》行而犯上作亂鮮。其謂先王有至德要道以順天下，民用和睦，上下無怨，亶其然乎！

昔鄭玄注《孝經》，以爲五經之總會。國朝《孝經》不列於學官，而《春秋》孤行。先儒盱江羅氏學先仁孝，厥徒楊歸善氏傳得其宗，纂輯是經，采摭武林虞淳熙《集靈》、《禮記》諸書引證及師門宗旨，合爲一編，俾學者朝夕禮誦。其言曰：「《孝經》之教，以不敢爲先，自身體髮膚不敢毀傷，馴至於不敢惡慢，不敢服道行於非法，不敢失小國、侮鰥寡、失臣妾，是不敢之爲孝也，大矣。乃若五刑之辜莫大於不孝者，凡刑之所加，皆敢之所致也。故《孝經》之教行天下，可以無刑人。」其表章《春秋》，於《孝經》義爲著。學者果能涵濡浸漬於斯，《春秋》之治可致也。爰刊副本，以廣示夫天下之爲人臣子者。

孝經大全卷之二十三

明新安呂維祺箋次

表章通考

述　文　論説

孝經論一

宋慈湖楊簡

孔子曰：「天有四時，春夏秋冬，風雨霜露，無非教也。」簡亦曰：「無非教也。」又曰：「地載神氣，神氣風霆，風霆流形，庶物露生，無非教也。」簡亦曰：「無非教也。」不敢惡於人者，此也；不敢慢於人者，此也；在上不驕者，此也；制節謹度者，此也；不敢服非先王之法服者，此也；不敢道非法之言者，此也；不敢行非法之行者，此也；愛於母，敬於君，而兼敬愛於父者，此也；用天之道，因地之利，謹身節用，以養父母者，此也。是三才之所同也，人性之所自有也。人性之自有而爲悖爲亂者，動於意而昏也。孔子每每戒學者毋意，絶其昏亂之萌也。意欲不作，清明融和，爲愛敬，爲博愛，爲敬讓，爲不敢，爲不驕，爲不溢，爲德義，爲禮樂，爲不敢遺小國之臣，爲不敢侮鰥寡，爲不敢失於臣妾，爲不敢從父之令，爲補君之過，皆此心之變化，一以貫之也，不可以爲彼粗此精也。曰粗曰精者，意也，非吾所謂無所不通者也。其物似十百千萬，其實未嘗十百千萬也，故曰：「孝弟之至，通於神明，光於四海，無所不通。」《詩》云：「自西自東，自南自北，無思不服。」此之謂也。此心之神，無所不通，光明如此，由此謂之正學，失此謂之僞學。而章句陋儒，取孔子所與曾子之書，妄以己意增益之而分裂之，又刊落之，相與妄論於迷惑之中而不自知，此惟心通内明乃克決擇。

孝經論二

宋慈湖楊簡

孔子曰：「夫孝，天之經，地之義，民之行。天地之經而民是則之。」夫天地之不可以俄而測度如彼，而民何以則之？謂民則不惟聖賢，凡民皆在其中。然則凡民何以則之也？身體髮膚受之父母，不敢毀傷，是則之也，是天地之經也。居則致其敬，養則致其樂，病則致其憂，喪則致其哀，祭則致其嚴，是則之也，是天地之經也。自膝下嬉嬉，皆知愛其親，愛其親之心曰孝，是愛其親之心，吾不知其所自來也。窮之而無原，執之而無體，用之而不可既，不勉而中，不思而得，洞焉通焉，廣大而無際。天之所以健行而不息者，乃吾之健行也。地之所以博載而化生者，乃吾之化生也。日月之所以明者，乃吾之明也。四時之所以代謝者，乃吾之代謝也。萬物之所以散殊於天地之間者，乃吾之散殊也。吾道一以貫之，果吾之所自有也。人皆有之，而自省自信者寡也。志曰："聖人之道，發育萬物。"又曰："聖人先得我心之所同然也。"孩提之童，無不知愛其親，及長，無不知敬兄，敬兄即愛親之心也。壯而事君，無不知忠於君，忠於君之心，即愛親之心也。無二心也，無二道也。及其臨民博施之心，又不期生而自生，即愛其親之心也。此無二心也，無二道也。泛焉應酬，縱焉交錯，愛敬互興，喜怒哀樂，無二心也，無二道也。仁此謂之仁，宜此謂之義，履此謂之禮，樂此謂之樂，知此謂之知。明目而視之，不可得而見也；傾耳而聽之，不可得而聞也。故曰："無聲之樂，日聞四方。"此即天之經也，此即地之義也，是之謂則天地之經。

安厝時思論一

宋涑水司馬光

葬者，人子之大事。死者以窀穸爲安宅，死而未葬，猶行而未得其歸也。是以孝子雖愛親，留之不敢久也。古者天子七月，諸侯五月，大夫三月，士踰月而葬。今《五服年月敕》王公以下皆三月而葬，是舉其中制而言之。按禮未葬不變服，啜粥，居廬，寢苫，枕塊，蓋孝子之心以爲親未獲所安，已故不敢安也。今世信葬師之説，既擇年月日時，又擇山水形勢，以爲子孫貧富、貴賤、賢愚、壽夭盡係於此，而其爲術又多不同，争論紛紜，無時可決。乃至終喪除服，或十年，或二十年，或終身，或累世，猶不葬。至爲水火所漂焚，他人所投棄，失亡尸柩，不知所之者，豈不哀哉！人所貴有子孫者，爲其死而形體有所付也。既而不葬，則與無子孫而死於道路者奚以異乎？《詩》云：「行有死人，尚或殣之。」況爲人子，乃忍棄其親而不葬哉！大抵世之遷延不葬者，多以昆弟各懷自利之心，而野師俗巫又從而誑惑之，甚至偏納其賂而紿之以私已，愚而無知者安受其欺而弗悟也。

夫某山强則某支富，某山弱則某支貧，非惟義理所不當問，雖近世陰陽書亦有深排其説者。惟野師俗巫則張皇煽惑以爲取利之資，擇地者必先破此謬説，而後無大拘之患，爲人子者所當深察也。南劍州羅鞏，在大學默禱前程事於神。一夕，夢神曰：「子得罪陰間，宜亟歸，前程不須問。」鞏懇平生無過，願告獲罪之因。神曰：「子無他過，唯父母久不葬，兄弟碌碌，安足責也。」鞏悔悟，急歸，未及家而卒。

安厝時思論一

宋建安真德秀

浮屠之教得行，由吾儒之禮先廢，使今之居喪者，始死有奠，朔有殷奠，虞、祔、祥、禫皆有祭，既足以盡人子追慕之情，則於世俗之禮且將不暇爲之矣。不復祭禮而徒曰「勿用浮屠」，使居喪者悵悵然，無以報其親，未見其可也。經曰：卜其宅兆而安厝之。春秋祭祀，以時思之，孝子之事親終矣。雖然，君子有終身之喪，忌日之謂也。忌日不用，非不祥也，言夫日志有所至而不敢盡其私也。人子之於生日，苟無父母，當以忌日自處。太宗以萬乘之主能行之，況學者豈可昧此！

孝經本文說

明海昌褚相

聖學者，心學也，一元沕穆之始勿論已。兩儀既奠，而三才之道彰，則一元之秘，獨契于聖人之一心。自羲皇一畫而爲心學之祖，宣聖一貫而爲心學之宗。時至春秋，教化漓而人心陷溺，君權世道大裂不支。聖爲此懼，斷魯史以維既墜之王法，闡《孝經》以覺未泯之人心，要皆本吾天地生生之心，廓吾天地生生之德。然德莫大于盡孝，孝即良知、良能，此心之愛敬爲之，匪襲也。命于天，率于性，彰于教，通于治，藴于人心，流行于萬事萬化。通神明，和上下，格天地，光祖宗，達四海，前乎千萬世之既往，後乎千萬世之將來，無所不通。信哉！

《孝經》一書，孔、曾授受之藴，吾道一貫之精乎！夫道以一貫則道以心盡，舉一孝而天地古今之治化畢矣。惜嬴煨作而經殘教潰，歷代君臣好尚靡定，聖學罔聞，遂至諸儒紛紛各售己見，分門立户，考索異同，而有拂經、鑿經、議經之失。嗟乎！此聖經一大厄也。予嘗反覆玩味，經之本文數百語，直截簡明。其旨燦然，其義秩然，其體察躬行一指掌而化理藹然。言天子，則舉天下之孝盡之矣。言諸侯、卿大夫，則舉一國一家之孝盡之矣。言士、庶，則舉一人一身之孝盡之矣。明此而大順充溢，比屋可封，天下復覩唐虞三代之盛，何古今率貿貿焉莫知所自也。或者曰：子以一貫說經，深明此孝渾然一理，無事紛張，似矣。其間孔、曾更端問答之詞，何居？噫！此正聖賢教思無窮之心，萬物一體之學。先揭明王孝治以端化本，更歷叙孝行以崇化機。至于因人情以爲節文，因上之善政善教以及不軌之懲戒，閨門之幽隱，而凡有裨于人心化理至詳至密，無非欲人各隨其分，以盡吾性，以全吾孝。至求其孝治天下之本，實係于吾君之建心極。嗟乎！惟皇建極，大化攸同，此誠聖經垂範之大旨。譬猶麗天之宿一舉首而在目中，合轍之車不出户而通天下。古謂一孝立而萬善備，非一貫之旨歟！第愧後儒罔求聖學心源，惟兢俗流訓詁，前後異見，遂析爲古文、今文之辨，是謂拂經。分章註釋，以各炫己長，自多博識，是謂鑿經。删煩訂訛，迄無定論，以破千古之惑，是謂議經。三者出而全經愈蝕，俾聖心獨得于天之藴，乃爲後世支離口耳之談，其獲戾聖教何如耶？有志聖經者，莫先于明一貫之學，庶可覷其微矣。

孝經叙録説

明崑山歸有光

《孝經》一篇十八章，河間顔芝所藏，芝子貞出之。《孝經》古孔氏一篇，二十二章，孔氏壁中所藏，魯三老獻之。漢世傳《孝經》，有長孫氏、江氏、后氏、翼氏四家，而古文絶無師授。至劉向較定，以十八章爲定。魏晉以後，王肅、韋昭、謝萬、徐整之徒，注者無慮百家，莫有言古文者。蓋古文并於十八章，而孔氏之别出者廢已久矣。隋劉炫始自離析增衍，以合二十二章之數。著《稽疑》一篇，當時遂以爲孔傳復出，而儒者固已譁然，謂炫自作。炫又僞造《連山》、《魯史》等百卷，則炫之書，又可信哉？ 晉穆帝永和十一年及孝武大元元年，再聚群臣，共論經義，荀昶撰進《孝經》諸説，以鄭氏爲宗，其後陸澄謂爲非玄所注。 唐開元七年，詔群臣集議，史官劉子玄遂請行孔廢鄭。 夫子玄以爲非鄭之注可矣，因欲以廢經而用劉炫之古文，豈不過哉！ 當是時，儒者盡非子玄，天子卒自注，定從十八章，仍八分御札，勒於石碑，世謂之《石臺孝經》。 宋咸平中，詔邢昺、杜鎬等依以爲講義，而司馬温公《指解》猶尊用古文，其意詆今文爲他國踈遠之僞書，蓋見新羅、日本之别序而近忘京兆之石臺也。 元吴文正公始斥古文之僞，因朱子《刊誤》多所更定，今予一從石臺本。 獨其章名乃梁博士皇甫侃之所標，非漢時之所傳，故悉去之。 予又著其説曰： 大哉，孝之道！ 非聖人莫之知也。昔孔子嘗不對或人之問禘矣，其言明王之以孝治天下，至於刑四海，事天地，言大而理約，豈非極萬殊一本之義！ 意其所以告曾子者如此。

全孝圖説

明錢塘虞淳熙

「孝」字從老省、從子，子在老傍，抗而不順，非孝也。 老在子下，逆而不順，非孝也。 老上子下，斯象形矣。 規者，太虚也。 規中者，其孕也。 約以從老從子之象。 太虚爲老，能孳萌爲子。 太虚爲老，三才萬物爲子。 乾爲老，坤順承爲子。 乾坤爲老，六子爲子。 乾坤爲老，日月五行民物爲子。 日爲老，月受光爲子。 日月爲老，五行民物爲子。 五行生我爲老，我生爲子。 山祖脉爲老，胎育爲子。川源爲老，委爲子。五行爲老，渾敦氏爲子。渾敦氏爲老，人爲子。二氏父母爲老，二氏爲子。兆人父母爲老，兆人爲子。四裔父母爲老，四裔爲子。五等之貴者爲老，賤者爲子。禽獸草木，各有牝牡雌雄，雖胎化不同，而生者爲老，受生者爲子。以老孚子，以子承老，無物非孝也。《援神契》曰：「孝在混沌之中。」曾子曰：「夫孝，推之後世，而無朝夕無時非孝也。」無物不有，無時暫停，以應規也。人言釋老超出太虛，不拜父母。太虛無外，復何可超？即與同體，能不孳萌而爲孝乎！作《全孝圖説》。

孝經大全卷之二十四

明新安呂維祺箋次

表章通考

述文解

宋建安真德秀

紀孝行章解

昔聖人作《孝經》一書，教人以事親之道。其《紀孝行》章曰：「居則致其敬，養則致其樂，病則致其憂，喪則致其哀，祭則致其嚴，五者備矣，然後能事親。」孝之終始，無出於此。所謂「居則致其敬」者，言子之事親，須當恭敬，不得慢易。蓋父母者，子之天地也。昔王侍郎十朋見人禮塔，呼而語之曰：「汝有在家佛，何不供養？」蓋謂人能奉親即是奉佛，若不能奉親，雖焚香百拜，佛亦不佑，此理甚明。所謂「養則致其樂」者，言人子養親，當順適其意，使之喜樂也。昔老萊子雙親年高，已亦七十，常綵衣爲兒童戲於親側，欲親之喜。今貧民固無美食珍膳，但能隨力所有，盡其誠心，則尊者之心自然快樂，一門之内盎然如春矣。所謂「病則致其憂」者，言父母有疾，當極其憂慮也。昔人王祥有母病，三年衣不解帶。親年既高，不能無病，人子當躬自侍奉，藥必親嘗。若有名醫，不恤涕泣訴告以求治療之法，不必刲肝割股然後爲孝。所謂「喪則致其哀，祭則致其嚴」，二事皆當以盡誠盡敬爲主。又曰：民間不幸有喪，富者則侈靡而傷於財，貧者則火化而害於恩。夫送終之禮，稱家有無，昔人所謂必誠必信者。惟棺椁衣衾，至爲切要，其他繁文外飾，皆不必爲。又曰：至如佛家追薦之説，固茫昧難知。供佛飯僧，廣修齋事，甚爲無益，灼然可知。又曰：聞鄉俗相承親賓送葬，或至割羊宰豕，酬杯劇飲，當哀而樂，尤爲非禮。又曰：經曰：「孝弟之至，通於神明。」天下萬善，孝爲之本。若能勤行孝道，非惟鄉人重之，官司重之，天地鬼神亦將佑之。如其悖逆不孝，非惟鄉人賤之，官司治之，天地鬼神亦將殛之。此州素稱善國，好善者多。今請鄉黨鄰里之間更相勸勉，其有不識文義者，煩老成賢德之士當爲詳説使之通曉，庶幾人人興起，家家慕效，漸還淳古之俗。

庶人章解

宋建安真德秀

經云：「用天之道，分地之利。謹身節用，以養父母。」此至聖孔子所作，大聖言語，應不誤人。春宜深耕，夏宜數耘，禾稻成熟，宜早收斂，豆、麥、黍、米、桑、麻、蔬、果宜及時用功浚治，此便是用天之道。高田種早，低田種晚，燥處宜麥，濕處宜禾，田硬宜豆，山畬宜粟，隨地所宜，無不栽種，此便是分地之利。既能如此，又要謹身節用。念我此身父母所生，宜自愛恤。莫作罪過，莫犯刑責，得忍且忍，莫要鬬毆，得休且休，莫興詞訟，入孝出弟，上和下睦，此便是謹身。財物難得，當須愛惜。食足充口，不須貪味。衣足蔽體，不須奢華。莫喜飲酒，飲酒失事。莫喜賭博，賭博壞家。莫習魔教，莫信邪師，莫貪浪遊，莫看百戲。凡人皆因妄費便生出許多事端，既不妄費，即不妄求，自然安穩無諸災難，此便是節用。謹身則不憂惱父母，節用則能供給父母，能是二者，即是謂孝。故曰：「以養父母，此庶人之孝也。」爾衆朝朝誦念，字字奉行，如此則在鄉爲良民，在家爲孝子。明不犯王法，幽不遭天刑。比之遊惰荒廢，自取饑寒，放蕩不謹，自招危辱者，相去遠矣。

呂維祺曰：「按：真文忠公經濟學術，古今宗仰。昔治泉州，首解《孝經》二節，刊給諭民，民多向化，至今誦之。蓋孝固統於事親，而公揭此以諭泉民，則泉治矣。以此諭天下，則天下治矣。其爲至德要道若此。況公所解語，民皆易曉。有志民瘼者，其留意焉。」

孝經解

明正學方孝孺

孝子之愛親，無所不至也。生欲其壽，凡可以養生者，皆盡心焉。死欲其傳，凡可昭揚後世者，復不敢忽焉。養有不及謂之死其親，没而不傳道謂之物其親。斯二者罪也，物之尤罪也。是以孝子修德修行，以令聞加乎祖考；守職立功，以顯號遺乎祖考。俾久而不忘，遠而有光。今之人不然，豐於無用之費而嗇於顯親之禮，以妄自誑而不以學自勉，不孝莫大焉。

孝經解　　明合肥蔡悉

身也，道也，皆父母所以與我，而我與父母一者也。皆父母與我，所以肖天地而一者也。不敢毁傷，敬其身體髮膚已爾。天地之塞吾其體，天地之帥吾其性，所謂道也。身任此道，道立此身，身與親，庶幾不朽乎！事親曰始，自孩提愛敬左右，就養而言也。立身曰終，自父母全而生之，子全而歸之言也。

夫孝終於立身，立身要矣，學道急焉。夫孝天性也，始何所始，終何所終，本乎至情，隨分自盡，無有患不及者也。大舜養以天下，曾子養以酒肉，其道一也。《虞書》顯設于當時，《孝經》、《大學》垂憲于萬世，其道亦一也。乾以易知，則天之明，不慮之良知也。坤以簡能，因地之利，不學之良能也。利即《坤》「不習無不利」之利，良知、良能民之行也。愛敬生於孩提，仁義達之天下，沛然而不可禦也。教成而政治矣，以順天下，豈有驅迫勉强於其間哉！天地之性，人爲貴，父子之道，天性也。率性而愛敬之，謂之孝，是曰性善，其儀所以不忒也。至於配天，而性無毫髮不盡矣。夫子言性，何切近精實也。父母生之，續莫大焉，續者天性，生生不斷者也。敬親愛親，豈容有以尚之！義當最厚者，獨君父之臨耳，必自愛親敬親之心移以事君而後能忠。悖德悖禮是謂凶德，如此之人，豈能有道事君哉！夫莫厚於君臣之義，而本因於父子之親，聖人之德，又何以加於孝乎膝下？愛敬爲仁之本也。聖人因以教敬教愛，教不肅而成，政不嚴而治矣。可道、可樂、可尊、可法、可觀、可度，此謂可欲之善。佛老不先親親，是二本也。管、商政刑驅迫，惡知仁義哉！善根斷滅，皆爲凶德。雖虛無道成，霸圖克遂，豈君子所貴乎！親愛，樂之實也。敬順，禮之實也。孝弟立，而禮樂興矣。樂可移風易俗，禮可安上治民，敬行而悦生，禮先而樂後也。教孝、教弟、教臣，總曰君子之教以孝也。

孝之時義大矣哉！孝莫大乎以道養親，故親不義則諍之，況可以不義悦親乎！人資乾以始，父，子之天也，良知胎于此矣。資坤以生，母，子之地也，良能胎于此矣。則天之明，事父孝，故事天明。因地之利，事母孝，故事地察。良知、良能本乎父母，塞乎天地，通於神明，光於四海，無所不通。事天明，良知配天。事地察，良能配地。神明之彰，無在而無不在。順德之馨，宗廟之享，焉往而不感通也，豈可以常情測哉！上下相親，忠之至也。忠之道，《孝經》備矣。或者著《忠經》，未達乎生民之本盡矣之義也。本者何？天性是也。親，人所由生也；人，親所以長生也。生愛敬，死哀戚，父祖子孫宛然一脉，流通萬代。如見死生之義備，而孝子之事親終矣。非親人從何生？非人親復何存？非愛敬哀戚何以盡生人之天性而繼續于無窮乎？大哉，孝也，斯其至矣。

五等章解

明錢塘孫本

愚統觀夫子作經之旨，端爲治道設也。然孝屬事親，而所以能通於治者何也？蓋孝不外乎愛敬。愛敬者，乃推行此孝之大端也。故人能愛敬，則其心和順，必不敢惡慢於人。即此不敢惡慢人之心推之，則凡形諸言動，措諸政令，必皆博愛廣敬之事，故君則化民成俗，臣則承流宣化，而世道自臻於化理矣。但天下之愛敬雖同，而勢分則異，其所推及乃有大相懸者，故夫子以愛敬總冠於五等之上，則推行有本，然後歷叙五等之人各有當盡之孝，而要之皆愛敬所推也。

五等者何？天子有天下，故愛敬盡於事親，則自不敢惡慢於人。而推之德教，即有以加百姓，刑四海，所謂一人之善賴及兆民而保先王所傳之天下。故謂之天子之孝，孝之最大者也。諸侯有社稷，既愛敬其親而不驕不溢，戰兢以守其富貴，蓋諸侯所以成其孝也。卿大夫有宗廟，亦以愛敬推於容服言行之間，務皆合於禮法，豈不可保其禄位，蓋卿大夫所以成其孝也。士無爵，土可守，而先人之祭祀所當奉也。故必夙興夜寐，以事所生者事其君長，而祭祀可守，蓋士所以成其孝也。若庶人則雖均有愛敬之心，而不能以遠推也。不過因天分地，謹身節用，以養父母，爲庶人之孝而已。然則愛敬者，事親之事，所謂孝之始也。推及於天下國家者，立身之事，所謂孝之終也。不能愛敬，是爲無始；不推愛敬，是爲無終。故自天子至於庶人，孝無終始則必亡身喪家，而國與天下皆不可保矣，焉有不及於患者哉！

此五等之孝，自天子倡之，則諸侯、卿大夫、士、庶罔不合敬同愛以成天下和平之化，而後王之欲圖治者舍孝何以哉？故曾子仰而嘆曰：「甚哉，孝之大也！」

聖人因嚴以教敬因親以教愛解

明仁和朱鴻

經曰：「聖人因嚴以教敬，因親以教愛。」此可見親嚴者，人之性也。聖人因性以立教，固無惑乎？不肅不嚴，而教易成，政易治矣。然親生膝下，以養父母日嚴，此正孩提之童一無知識之時，豈能遽率聖人之教耶！要在爲父母者訓導之爾。苟於斯時，而謂其幼小無知，務爲姑息，是不知古人胎教之益。俾之任情縱慾，放其良心，斲其真性，大曠其養正之時，及能出就外傅，已事倍而功半矣。聖人豈慮不及此哉！蓋聖人愛敬盡於事親，而德教自有以加百姓，刑四海，則孝弟之道天下同風。爲父母者以身率教，朝夕薰陶訓迪，俾弟子聞孝言，見孝行，啓發其天性之良，充長其愛敬之性，於凡一切殘忍慢易之事，悉禁絶之而勿使接於耳目，自然習與性成，而天下和平之化可漸而致也。然則父母所以甄陶其子者何？莫非聖教之所漸被也哉？正如孟子所謂西伯善養老者，不過導其妻子使養其老。可見聖人之立教，豈家至日見而諄諄然以命之？亦惟導其父母使教其子爾。夫何今之教子者反是，不能善體聖人之訓，率皆沿習衰世末俗之行，假以姑息豢養之恩，誘以富貴利達之事，至長而從事於師，亦惟加課習之勤，督文藝之末，於德行本源之地一罔聞知，幾何而能成其順德之風、仁義之習也哉？ 若使聖人微言所蘊蚤白於天下，則天下之人悉知教子於嬰孩，養真純、防外誘，務全其天性之良，則仁人孝子亦胥此焉出矣。 嗚呼！ 子弟能先明於本源之地而後從事於文藝，豈不益有力哉！ 故曰科舉之學，不患妨功，惟患奪志。

孝經大全卷之二十五

明新安吕維祺箋次

表章通考

述　文　考　辨　別傳　衍義　心法

孝　經　考

明仁和朱鴻

謹按：《漢·藝文志》及《鉤命訣》、《孝經中契》、《孔聖全書》、《年譜》、宋景濂《生卒辯》謂孔子七十二以《春秋》屬商，而《孝經》則以屬參，是《春秋》、《孝經》之成似同斯時也。夫魯麟生而《春秋》作，《孝經》成而圖文見。天人交應，理固然者，其垂憲萬世宜矣。由魏文侯立傳，傳至嬴秦，與六籍同燬。漢興，惠帝除挾書律，《孝經》自顔貞氏出，乃隸書也，故名今文。文帝爲置博士，司隸有專師，制使天下誦習焉。及涼州變，令家家習之，詔書詰責。武帝時，孔壁出《孝經》，皆蝌蚪書也，故名古文。光武時令虎賁士習之，明帝時令羽林悉通《孝經》章句。是時，不惟天下之經生、學士，而家誦户習遍武人矣。况廟號率用孝謚，選士每先孝廉，世稱漢治近古，殆不誣哉！第歷代表章經籍，咸列學官，直以此經明顯，未令諸儒會議，故經旨未能統一，悠悠千載，可勝嘆哉！曹魏以後，注者無慮百家，於是晉永和及孝武大元間，再聚群臣，共論經義。迨梁武帝撰疏十八卷，簡文帝撰疏五卷，梁昭明、唐壽王及諸胤子皆講於殿庭，唐太宗命孔穎達講於國學。是累朝之英君碩輔靡不尊尚，而諸儒之註疏多穿鑿踳駁。開元間，乃詔群臣集議。夫玄宗最爲好古，篤信是經，剪繁蕪，撮樞要，重加註疏，更爲精密。書勒國學，仍勅家藏，學者至今稱《石臺孝經》云。宋太宗有御書《孝經》，仁宗有篆隸二體，高宗有真草二刻，復詔邢昺、杜鎬爲置講義。是此經之流播宇内如日中天，誠六經之總會，百王之衡鑑也。夫何王安石以偏拗之學，既以斷爛視《春秋》，而此經亦以淺近見黜。夫昔之火於秦也，旋復於漢，今徒挾司馬公之隙，遂使先王至德要道晦蝕者五百餘年，其禍較之秦尤烈矣。洪惟我明尊號定謚，必加孝德於聖母，以端孝之本。洪武初，會《孝經》大旨纂爲御製六言，使遒人振鐸於路，以發孝之端。永樂間，命儒臣纂集《孝順事實》，以收孝之實。二祖之教以孝也，何啻家至日見哉！列聖相承，率循是道。胤是嘉靖中興，尊崇至孝，超越千古，纂《明倫》一書。萬曆庚辰、乙酉，咸以此經策士，用之掄材。今皇上益篤孝思，親御《孝經注疏》留置扆前。蓋欲以風示天下，必且進之經筵，頒之學官，使得與五經、四書並列於世，以臻夫重熙累洽之盛者，端有竢於今日。

忠經辨

明仁和朱鴻

經曰：「事親孝，則忠可移於君。」《大學》曰：「孝者所以事君。」言忠孝一道也。今觀馬融之《忠經》果可與《孝經》並乎？其意謂衆善咸起於忠，故《保孝行》章曰：「君子行孝，必先以忠。竭其忠，則福禄至。」若然，則隱居之士終不得以孝其親乎！且於夫子所稱始於事親，終於事君之旨悖矣。然融推忠之義甚大，故並立二經，以補夫子之缺。不知人臣之義，莫備於《春秋》。《春秋》皆人臣大經大法，無將之戒，至於誅其意焉，其責人臣純心以盡忠者，至矣。愚嘗謂《孝經》立萬世人子之則，《春秋》嚴萬世人臣之防，故夫子曰：「吾志在《春秋》，行在《孝經》。」是《春秋》即夫子之《忠經》也，故名忠訓以勸人臣作忠則可，名《忠經》以配《孝經》則不可，故作《忠經辨》。

孝經別傳

明餘姚李槃

夫天地人物，大父母也。人生天地稱萬物靈，則其父母全而生之也。仁者人也，故人仁同天地之種也。父母生我此身爲仁，固天地之種，吾忍不念父母生身之本，忘承順之思而昧克肖之義，與天地不相似矣。不可爲人，不可爲子，何者？爲其不仁也。不仁不可以爲孝也。故孝子之道，大人君子仁配天地之道也。天子、諸侯得此道，以稱君，公、卿大夫、士得此道，以稱子，故合之謂君子。君子之謂大人，有大人之道，居大人之位，此大人君子也。純則聖，及則賢；世衰道廢，聖賢愚不肖倒置。無大人之道，居大人之位，不足爲大人君子；無大人之位，居大人之道，不失爲大人君子。非大人君子爲不肖子，不肖子迺不孝；大人君子爲肖子，肖子乃孝。自有天地而有父母以來，以至於今居大人之位，行大人之道，立大人之身，若伏羲、神農、黄帝、堯、舜、禹、湯、文、武之作君，風后、力牧、皋、夔、稷、契、伊、傅、周、召之作臣，皆不過爲肖子則已矣。傳至孔子，雖嘗試爲大人，而終不得安其位，以竟大人君子之施。視其門人，炫才博辨，如游、賜之徒，皆日月一至不能躬行。惟顔子聰明沉潛，藏於如愚，凡終日與言，皆勤於退省，獨契博約，善發其藴。孔子知其用行舍藏，可與共也。問仁而及天下歸仁，問爲邦而談帝王法戒，蓋全以大人君子克肖克孝之道授之矣。顔淵不幸不存，其次唯曾子聰明弘毅，藏於朴魯。凡教語所傳，皆勤於「日省」，獨唯「一貫」，善發其藴。孔子知其任重道遠，可與托也。故語之以孝，皆明王孝治天下、君臣上下一德之事，蓋非世俗所謂奉養之末也。迺仁同天地，務其本根。一言不忘父母，一行不忘父母，父母全生，子全歸。不辱其身，不羞其親，自生事而葬、而祭、而行父母之遺體，合孝、悌、禮、樂而一之，可以家，可以國，可以天下。本諸身，孚諸親，及諸祖，推諸君，加諸民，考諸先王，建諸天地，達諸後世，質諸鬼神，素位而行，成親之善，補親之愆，終子之身，無止息焉。大行道彌六合，不爲加；窮居行修一身，不爲損。故曰：「仁者，仁此者也。禮者，履此者也。義者，宜此者也。信者，信此者也。强者，强此者也。」

樂自順此生，刑自反此作。故曰：「夫孝，置之塞天地，溥之横四海，施之後世無朝夕。」此《孝經》之義也，立其仁，配天地之身是已，曾子得之，闡爲《大學》，蓋大人君子之學，明明德於天下，不過舉至德要道以順天下耳。故孔子之傳，曾子獨得其宗，守身事親，若曾子者可也。舜之大孝，武王、周公之達孝，曾子臨深、履薄、戰兢之孝，易地皆然。孔子之時也夫，孔子之時也夫。

父母生之續莫大焉衍義

明新安吴從周

仁、孝一道也，仁者人也，人得天地生生之理。爲心即爲仁，此仁在天地，全是一箇生生。未有天地，此生生之理涵於太始。既有天地，此生生之理繼續不窮。自開闢而來至於今，只是一箇生生不絶，少有斷續，便不生生，天地之仁或幾乎息矣。父母初生時，這天地之仁合畀在吾身上，天地生生之理從予繼續得來，不有父母生我，我從何處繼續得天地之仁來。是天地之仁繼續於吾身，吾身之仁繼續於吾心，繼續不斷，愛敬父母，斯爲孝。緣父母生我時爲我繼續得天地生生之理，在今此生生之理繼續於父母爲孝，則孝者所以繼續此天地之仁也。繼續此天地之仁，全憑父母當初生得此身來，故曰續莫大焉。此生生之仁繼續得來，即爲德，即爲禮，是克續於親也。移此孝事君，則德禮隨在形見，是克續於君也。苟不愛親而愛他人，則愛心斷續，德斯悖矣。不敬其親而敬他人，則敬心斷續，禮斯悖矣。蓋此愛敬即天地之仁，原是父母爲我續得天地來的，原是斷續不得的，一或間斷不接續，此心便與父母不相續，如何向事君上繼續得去？是故君子言思可道，行思可樂，德義可尊，作事可法，容止可觀，進退可度，以臨其民，無非繼續此天地生生之仁也，無非孝也，無非仁也。不爾，是父母於天地爲我續得來，我却不能將父母爲我所續的續將去，是自斷其生理也。哀哉！故凡人思所爲孝，當知此續，知此續原於所生，則知既生不可無此續。是續也，前乎千萬世之既往，後乎千萬世之將來，相續不窮，則此孝之在人心，誠相續而無間可息者也。自吾身續之父母，自父母爲我續之天地，自天地續之無始之初，夫既續之於無始，當必續之於無終，故曰：「孝無終始。」嗟嗟，續之爲義大矣哉！《傳》曰：「天行健，君子以自强不息。」其庶乎文王純亦不已，純孝之謂也，續莫大焉者也。

全孝心法

明錢塘虞淳熙

人在氣中，如魚在水中。父母口鼻，通天地之氣。子居母腹，母呼亦呼，母吸亦吸，一氣流通，已無間隔，何況那本靈本覺的乘氣出入，又有甚麽界限處。可見此身不但是父母的遺體，也是天地的遺體，又是太虚的遺體。保養遺體之法，不過馭氣攝靈一事，馭氣攝靈不過愛敬二字，愛之極爲敬，敬之至爲齋，齋戒洗心到得浩然之氣塞乎兩間，赫然之光照乎四表，方纔是箇全孝，方纔叫做孝子，這是極平、極易、極庸、極常的道理。如人目能視，耳能聽，只把做平易庸常。使一生盲聾的人，忽然得此便大驚小怪，誇張神異，然究竟來只是箇平易庸常，如何添得些子？且世上有五等人：孤子、義子、失怙之子、爲人後之子與中貴人，他都恨不得親事父母，殊不知此身既爲太虛天地的遺體，難道不是君父、繼父、繼母的遺體！昔日王祥輩但只一味孝順繼母，就有許多靈感，豈是那繼母生下他來！至於孤子，有乾坤，有君師，有宗廟，隨在皆可盡孝，隨在皆有感通。這五等人，雖無父母得事，其實與在膝下一般，若肯依着這心法行將去，何處不遇本生父母！

孝經大全卷之二十六

明新安呂維祺箋次

表章通考

述文 宗旨 引證

孝經宗旨

明南城羅汝芳

問道。曰：道之爲道，不從天降，不從地出，切近易見，則赤子下胎之初，啞啼一聲是也。聽着此一聲啼，何等迫切；想着此一聲啼，多少意味。其時母子骨肉之情，毫髮分離不開，真是繼之者善，成之者性，而直見乎天地之心。經曰：「此之謂要道。」

問仁。曰：孔子云：「仁者，人也。」蓋仁是天地生生之大德，而吾人從父母一體而分，亦純是一團生意，故曰：「形色，天性也。惟聖人而後能踐形。」踐形即目明耳聰，手恭足重，色溫口止，便生機不拂，充長條暢。人固以仁而立，人亦以人而成，人既成即孝無不全矣。經曰：「天地之性人爲貴，人之行莫大於孝。」

問孝何以爲人之本也。曰：子不思父母生我千萬劬勞乎？未能分毫報也。子不思父母望我千萬高遠乎？未能分毫就也。思之自然，悲愴生焉，疼痛覺焉，即滿腔皆惻隱矣。遇人遇物，必能方便慈惠，周衈溥濟。經曰：「愛親者，不敢惡於人。敬親者，不敢慢於人。」

問學何爲者也。曰：學爲人也。蓋父母之生我人也，人則參三才，靈萬物，其定分也。全生之，則當全歸之。故曰：「立身行道，以顯父母。」夫所謂立身者，負荷綱常，發揮事業，出則治化天下，處則教化萬世。經曰：「夫孝始於事親，終於立身。」

孔孟立教，爲天下後世定之極則。曰：「堯、舜之道，孝弟而已矣。」後世不察，乃謂止舉聖道中之淺近爲言。噫！天下之理，豈有妙於不思而得者乎？孝弟之不慮而知，即所謂不思而得也。天下之行，豈有神於不勉而中者乎？孝弟之不學而能，即所謂不勉而中也。人能日周旋於事親從兄之間，以涵泳乎良知、良能之妙，俾此身此道不離於須臾之頃，則人皆堯、舜之歸，而世皆雍熙之化。經曰：「其教不肅而成，其政不嚴而治。」

問孝弟爲教是矣，如王祥、王覽非不志於孝弟，而不與之爲聖，何也？曰：人之所貴者孝弟，而孝弟所尤貴者學也，故質美未學者爲善人。夫善人者，豈孝弟之不能哉？弗學耳。弗學則如瞽目行路，步或可進尺寸，然終是錯違中正，墮落險阻。故宗族稱孝，鄉黨稱弟，而不善致其良知者，則執滯於一節而變或不通，循習於一家而推或不廣，矯激於異常而恒久可繼之道或違，又安能光天地，塞四海，垂之萬世而無朝夕！　故君子必學之爲貴也。　經曰：「有覺德行，四國順之。」

問立身行道，果何道耶？　曰：《大學》之道也。《大學》明德，親民，止至善，如許大事，惟立此身，蓋丈夫之所謂身聯屬天下國家而後成者也。　如言孝，則必老吾老以及人之老，天下皆孝而其孝始成。　如言弟，則必長吾長以及人之長，天下皆弟而其弟始成。　是則以天下之孝爲孝，方爲大孝，以天下之弟爲弟，方爲大弟也。　經曰：「教以孝，所以敬天下之爲人父。　教以弟，所以敬天下之爲人兄。」

友人終日興嘆，問其故，有一弟而不能化也。　曰：汝曾擇好友與之處乎？　曰：未也。　曰：此即便見汝愛弟未至也。　夫兄弟手足也，若汝手傷流血，則呻吟呼痛，求人問藥，肯少停時刻哉！　此友感悟。　先生徧呼諸友曰：手足且然，況君父乎！　吾輩有志明時，顧乃優游卒歲，護持鮮呻吟之痛，而調理無號呼之切，徒悼嘆於君民堯舜之難，而治平之不可親見也。　罪將何逃？　經曰：「進思盡忠，退思補過，將順其美，匡救其惡，故上下能相親。」

宗也者，所以合族人之渙而統其同者也。　吾人之生，只是一身，及分之而爲子姓，又分之而爲曾玄，分久而益衆焉，則爲九族。　至是各父其父，各子其子，更不知其初爲一人之身也，故聖人立爲宗法以統而合之。　董子曰：「道之大原出於天，天之爲命，本只一理。」今生爲人爲物，其分甚衆，比之一族，又萬萬不同矣。苟非聖賢有箇宗旨，以聯屬而統率之，寧不愈遠而愈迷亂也哉！於是苦心極力説出一箇良知，指在赤子孩提處見之。夫赤子孩提，其真體去天不遠，世上一切智巧心力，都着不得分毫。然其愛親敬長之意，自然而生，自然而切。蓋盡四海九州之千人萬人，而其心性渾然只是一箇天命。雖欲離之而不可離，雖欲分之而不可分。如木之許多枝葉而貫以一本，如水之許多流派而出自一源，其與人家宗法正是一樣意思。蓋宗法者，是欲後世子孫知得千身萬身只是一身。聖賢宗旨，是欲後世學者知得千心萬心只是一心。四書、五經中，無限説中、説和、説精、説明、説仁、説義，千萬箇道理也只是表出這一箇體段。前聖後聖，無限立極、立誠、主敬、主静、致虚、致一，千萬箇工夫也只是涵養這一箇本來。往古來今，無限經綸、宰制、輔相、裁成、底績、運化，千萬箇作用事業也只是了結這一箇志願。若人於這一箇不得歸着，則縱言道理，終成邪説，縱做工夫，終成詖行，縱經營事業，亦終成霸功，與原來不慮而知，不學而能，天然不變之體，又何啻霄壤也哉！如人家子孫衆多，各開門户，各立藩籬，無宗以統而一之，其不至於相戕相賊，而流蕩無歸者無幾。經曰：「夫孝，德之本也，教之所由生。」此之謂也。

孝經引證

明嶺南楊起元

孝之爲貴，貴能立身行道，永光厥祀。若匍匐懷袖，日用三牲，而不能令萬物尊己，舉世我賴，以之養親，其榮近矣。經曰：「孝莫大於嚴父，嚴父莫大於配天。」凡人事天地鬼神，莫若孝其二親。二親最神也。孝至於天，日月爲之明。孝至於地，萬物爲之生。孝至於民，王道爲之成。經曰：「孝弟之至，通於神明，光於四海，無所不通。」子路見孔子曰：「負重道遠，不擇地而休。家貧親老，不擇禄而仕。昔者，由事二親之時，常食藜藿之食，而爲親負米百里之外。親没之後，南遊於楚，從車百乘，積粟萬鍾，累茵而坐，列鼎而食，願食藜藿，爲親負米不可復得也。枯魚嗡索幾何不蠹，二親之壽忽如過隙。」草木欲長，霜露不使。人子欲養，二親不待。孔子曰：「由也事親，可謂生事盡力，死事盡思者也。」經曰：「生事愛敬，死事哀戚。」

吕維祺曰：「《孝經》一書，通神明，和上下，格天地，達四海。前乎千萬世之既往，後乎千萬世之將來，無所不通，信孔、曾授受之藴，吾道一貫之精也。惜嬴焜作而經殘教潰，歷代君臣好尚靡定，聖學罔聞，遂至諸儒紛紛各售己見，分立門户，考索異同。雖然，諸儒之闡經翼聖，薪盡火傳，使聖遠言湮之餘，猶得見聖人之遺書而足以興起斯文者。諸儒之言，胡可盡没也。故以述文次第之曰序，曰跋，曰論，曰説，曰解，曰考，曰辨，曰别傳，曰衍義，曰心法，而文之變盡矣。然有敘事之文，有闡道之文，有廣義之文。至於羅氏《宗旨》，楊氏《引證》，亦採數則，附諸述文之末，在觀者潛泳而自得焉。」

孝經大全卷之二十七

明新安吕維祺箋次

表章通考

紀　事

漢文帝置《孝經》博士，司隸有專師，制使天下人人誦習。

漢平帝元始三年，令序庠置《孝經》師一人。五年，令天下通知《孝經》教授者所在以聞，遣詣京師。

東漢光武帝表章《孝經》，行《沛王通論》。又，光武帝令虎賁士俱習《孝經》。

漢顯宗明帝時，自期門羽林之士悉令通《孝經》章句。當時甘露降於甘陵，仍降附樹枝，芝草生殿前，神雀五色翔集京師，西南有哀牢、儋耳、僬僥、槃木、白狼、動黏諸種，前後慕義貢獻，亦或有遣子入學。吏稱其官，民安其業，遠近肅服，户口滋植焉。

晉元帝太興初，置《孝經》鄭氏博士一人。愍帝崩，斬衰居廬，太陽陵毁，素服哭三日。時玉册見于臨安，白玉、麒麟、神璽出于江寧，日有重暈，竟全吴楚，中興晉室，其作《孝經傳序》曰：「天經地義，聖人不加，原始要終，莫踰孝道。能使甘泉自涌，鄰火不焚，地出黄金，天降神女，感通之至，良有可稱。」

晉穆帝永和十二年二月帝講《孝經》，升平元年三月又講《孝經》，親釋奠于中堂。

《隋志》，梁武帝《義疏》十八卷，梁簡文帝《孝經註》五卷。按梁武帝釋《孝經》義，中大通四年三月，置制旨《孝經》助教一人，簡文于士林館發《孝經》題，張譏論義往復，譏有《孝經義》八卷。

《齊書》，昭明太子講《孝經》，殿中中庶子徐勉、祭酒張充執經。天監八年九月，於壽安殿講《孝經》、《論語》，講畢親臨釋奠於國學。

隋文帝親臨釋奠，頒賜《孝經》。

唐太宗貞觀十四年，帝詣國子監釋奠，命祭酒孔穎達講《孝經》，講畢，有詔褒美。至屯營、飛騎亦授以經。是年野蠶繭大如奈，其色緑，凡收八千三百碩。十八年，引沂、鄜諸州所舉孝廉，賜坐於御前。皇太子問以曾參説《孝經》，並不能答。太宗謂曰：「朕發詔徵天下俊異，纔以淺近問之，咸不能答，海内賢哲將無其人耶！朕甚憂之。」二十年，命趙弘智攝司業爲終獻，既而就講，弘智談《孝經》忠臣孝子之義。許敬宗上四言詩，以美其事。是年玉華宫李樹連理，隔澗合枝。又有黄雲闊一丈，東西際天。

《唐史·孔穎達傳》，太宗時，穎達爲太子右庶子，數諍太子承乾過失，撰《孝經章句》，因文以盡箴諷，帝悦，賜黄金綵絹。久之，拜祭酒，仍充東宫侍講。

唐高宗永徽初，召趙弘智爲陳王師，講《孝經》百福殿，頗躭墳典，方欲以德教加於百姓，刑於四海，乃令陳《孝經》大要，以補不逮。對曰：「天子有争臣七人，雖無道，不失其天下，願以此獻。」帝悦，賜絹疋名馬，故永徽之治庶幾貞觀云。

唐玄宗御製《孝經制旨》一卷，取王肅、劉劭、虞翻、韋昭、劉炫、陸澄六家之説，參倣孔、鄭舊義，今行於太學。開元十年六月二日，上注《孝經》成，頒天下及國子學生。天寶二年五月二十二日，上重注，亦頒天下。天寶三載十二月癸丑，詔天下家藏《孝經》。按《會要》云：「精勤教習，學校之中倍加傳授，州縣官長申勸課焉。五載二月二十四日，詔《孝經》書疏雖粗發明，未能該備，今更敷暢以廣闕文，令集賢寫頒中外。」唐玄宗八分書《孝經》，立國學，以層樓覆之。壽王通《孝經》，賜王迴質束帛酒饌，命元行沖爲疏，立於學官。開元時，凡童子科十歲以下能通一經及《孝經》每卷誦文十通者予官，通七予出身。天寶十一載，明經所試一大經及《孝經》各有差。

開元時，趙匡爲澤州刺史，上舉人條例，謂《孝經》德之本，學者所宜先習，其明經以《論語》、《孝經》爲之翼助。又謂《論語》、《孝經》爲一經舉，既立差等，隨等授官，則人知勸勉。又謂進士亦請令習《孝經》，其有通《禮記》、《尚書》、《論語》、《孝經》之外，兼有諸子之學爲茂才舉。又謂簡試之時，請皆令習《孝經》、《論語》，其《孝經》口問五道，《論語》口問十道，須問答精熟，知其義理，並須通八道以上行之。

玄宗爲太子，褚無量擢明經，官侍讀，釋奠日講《孝經》，隨端建義，博敏而辨，觀者嘆服，進銀青光禄大夫，賜以章服綵絹。

唐代宗廣德元年，禮部侍郎楊綰請依古察孝廉，而所習取大義能通諸家之學，《論語》、《孝經》、《孟子》兼爲一經。李栖筠等議，稱綰所請實爲正論，詔行之。

唐穆宗時，韋處厚、路隋掇《孝經》爲《法言》，帝稱善，並賜金幣。

于公異既仕，不歸省後母，詔賜《孝經》。

唐制，學生以品官子孫爲之。凡治《孝經》、《論語》，共限一歲試，通者爲第。

唐王元感上所撰《孝經藁草》，詔諸儒公議可否。魏知古見其書，嘆曰：「信可爲指南矣。」徐堅、劉知幾、張思敬等嘉其異聞，每爲助理，聯疏薦之，遂下詔褒美，拜崇賢館學士。

唐至德中，徐孝克通《孝經》，有《講疏》六卷，帝命太子入學，發《孝經》題，詔太子北面聽講。尚書省第舊多怪，孝克居兩載，妖變皆息。

薛放對穆宗曰：「《孝經》者，人倫之大本。自漢首列學官，今復親爲註解，當時四海大理，蓋人知孝慈，氣感和樂之所致也。」穆宗曰：「聖人以爲至德要道，信其然乎！」

宋太宗賜李至御書《千文》，至謂理無足取，莫若《孝經》有資治化，仍御書以賜。時《孝經疏》板未備，至乞讐校，以備刊刻，詔從之。

宋真宗咸平三年，勾中正受詔，以三體書《孝經》摹石。表上之，召見便殿賜坐，嘉歎良久，賜金紫，命藏於秘閣。

咸平三年三月癸巳，命國子祭酒邢昺等校定《周禮》、《儀禮》、《公羊》、《穀梁傳》正義，又重定《孝經》、《論語》、《爾雅》正義。四年九月丁亥，翰林侍講學士邢昺等及直講崔偓佺表上重校定《周禮》、《儀禮》、《公》、《穀》傳、《孝經》、《論語》、《爾雅》七經疏義，凡一百六十五卷，賜宴國子監，昺加一階，餘遷秩。十月九日，命摹印頒行，於是九經疏義具矣。又祥符間，講《孝經》資善堂。

宋仁宗命王洙書《孝經》四章，楊安國請書後屏，帝不欲背聖人之言，令列置左右。天聖、景祐、至和、嘉祐年間，壽星凡十五見，主人君壽昌，天下安寧，賢士進用。四十二年，深仁厚澤，升遐之日，雖深山窮谷，莫不奔走悲號而不能止，謚孝明皇帝。

皇祐四年，命丁度書《孝經·天子》《孝治》《聖治》《廣至德要道》四章爲圖。

嘉祐二年，增設明經試法，兼以《論語》、《孝經》、策時務三條，出身與進士等。

崔遵度七歲好學，仁宗開壽春王府，拜爲王友，授王《孝經》，賜御詩寵之。

仁宗命國子監取《易》、《詩》、《書》、《周禮》、《禮記》、《春秋》、《孝經》爲篆、隸二體，刻石兩楹。

至和二年三月五日，判國子監王洙言：「國子監刊立石經，至今一十五年，止《孝經》刊畢，《尚書》、《論語》見書鐫未就，乞促近限畢工，餘經權罷。」從之。

嘉祐中，蜀人龍昌期注《孝經》，詔取其書，野服自詣京師，賜緋魚并絹百疋。

又天聖四年閏五月，侍讀學士宋綬録《惟皇誡德賦》、《孝經》、《論語》要言、唐太宗《帝範》二卷、楊浚《聖典》三卷、楊相如《君臣政理論》三卷以進。時帝好儒學，太后命綬擇前代文字，資孝養補政治者，以備帝覽故也。慶曆七年三月丙申，邇英講《孝經》。

宋哲宗元祐二年九月庚午，吕公著言：「伏覩今月十五日，以經筵講《論語》畢，賜執政及講筵官御筵。是日内出御書唐賢律詩，分賜臣等各一篇。次日，臣於延和謝。今以《論語》終帙，進講《尚書》，二書皆聖人之格言，爲君之要道，臣輒於《尚書》、《論語》及《孝經》中節取要語，凡一百段，惟取明白於治道者，庶便省覽。」他日宣諭公著曰：「所進《尚書》、《論語》、《孝經》等要義百篇，書寫看覽，甚有益學問，與寫詩不同。」

又元祐二年，尚書省言欲加試《論語》、《孝經》大義，仍裁半額，注官並依科目次序。詔近臣集議以聞。

宋高宗紹興二年，高宗出所寫《孝經》，宣示吕頤浩等。九年，宰臣乞以御書真草《孝經》刻之金石。上曰：「十八章，世以爲童蒙之書，不知聖人精微之學不出乎此。」十四年，詔諸州以御書《孝經》刊石，賜見任官及學生。

紹興中，王𢓜獻《孝經解義》，詔賜粟帛。

宋孝宗淳熙二年，下禮部太常議明堂大禮。初，李仁父主此説於前郊，會近習楊言、李焘博極群書，却不曾讀《孝經》，乃不果行。夫不讀《孝經》而誤大議，徒博何益？今年童子科，凡全誦六經、《孝經》、《語》、《孟》爲上等，與推恩。

吕維祺曰：「紀事者，雜紀漢、唐、宋諸朝所表章《孝經》之事也。蓋孔子作《孝經》本爲明王以孝治天下而發，非獨爲興文課士之講習而已。然而三代以下，猶知尊崇此經，列爲九經之一，以頒之學官，或置博士助教，或令虎賁、羽林俱誦《孝經》，或選吏舉孝廉，或刊石兩楹，或頒賜近臣，或命儒臣講於太學，講於殿廷，或親爲註釋御書刻石，或以《孝經》出身與進士等。紀其事，尚足以膾炙人口，生色簡編，況實舉而躬行於上，教民於下者乎！是所望於今日耳。陶潛曰：『文王孝道光大，自近至遠，故得萬國之懽心，以事先王。』知言哉！」

孝經大全卷之二十八

明新安吕維祺箋次

表章通考

識餘

《家語後序》，孔安國考論古今文字，爲《古今論語訓》十一篇、《孝經傳》二篇、《尚書傳》五十八篇，皆所得壁中蝌蚪本也。又集録《孔子家語》四十四篇。

獻王輔，光武子，好經書，善説《京氏易》、《孝經》、《論語》傳及圖讖，作《五經論》，時號曰《沛王通論》。

《漢·六藝志》序六藝爲九種。《易》十三家，二百九十四篇。《書》九家，四百十二篇。《詩》六家，四百十六篇。《禮》十三家，五百五十五篇。《樂》六家，百六十五篇。《春秋》二十三家，九百四十八篇。《論語》十二家，二百二十九篇。《孝經》十一家，五十九篇。小學十家，自《史籀》至杜林《蒼頡》三十五篇。《漢·祭祀志》注：「蔡邕《明堂論》曰：『魏文侯《孝經傳》曰太學者，中學明堂之位也。』」

《漢・藝文志》：《孝經》十一家，五十九篇。古孔氏一篇，二十二章。《孝經》一篇，十八章。長孫氏《説》二篇，江氏、翼氏、后氏《説》各一篇。《雜傳》四篇。安昌侯《説》一篇。《五經雜義》十八篇，石渠論。《爾雅》三卷，二十篇。《小爾雅》一篇。《古今字》一卷。《弟子職》一篇。《説》三篇。

漢《孝經》置《孝經》博士，司隸有《孝經》師。荀爽對策漢火德，其德爲孝。漢制，使天下誦《孝經》，選吏舉孝廉。

《王肅傳》：奉詔令諸儒注述《孝經》，以肅説爲長。《唐會要》：劉子玄云：「王肅《孝經傳》首有司馬宣王之奏，奉詔令諸儒注述《孝經》，以肅説爲長。」《隋志》：梁有《孝經圖》一卷，《孝經孔子圖》二卷。《舊唐志》：《孝經應瑞圖》一卷；讖緯有《孝經古秘圖》一卷，《左右契圖》一卷，《分野圖》一卷，《内事圖》二卷，《内事星宿講堂七十二弟子圖》一卷，又《口授圖》一卷。《崇文目》農家：《大農孝經》一卷。

《唐志》經録：《孝經》二十七家，三十六部，八十二卷，失姓名一家。始於古文孔安國傳，終於元行沖疏。古文有孔安國之傳、劉邵之注。爲注者，王肅、鄭玄、韋昭、孫熙、蘇林、謝萬、虞盤佐、虞翻、殷仲文、叔道、徐整、袁克己，❶而唐玄宗制旨附焉。爲講義、義疏者，車胤、皇侃、何約之、梁武

❶「袁」，兩《唐書》皆作「魏」。

帝、劉炫、賈公彦、任希古、元行沖，而荀勖《集解》、太史叔明《發題》、張士儒《演孝經》附焉。《應瑞圖》一卷，失姓名。不著録六家，一十三卷。尹知章、王元感之注，孔穎達之《義疏》，李嗣真之《指要》及平貞眘《孝經義》，終於徐浩《廣孝經》。《隋志》：古今《孝經》等十八部，六十三卷。《崇文目》：五部，九卷。《中興目》：十五家，二十卷；《續目》：一家，一卷。

《唐志》：任希古《越王孝經新義》十卷，後周顯德六年八月，高麗遣使進《别敘孝經》一卷，《越王新義孝經》八卷。《别敘》者，記孔子所生及弟子從學之事。《新義》以越王爲問目，釋疏文是非。李陽冰子服之，貞元中，授韓愈以其家蝌蚪《孝經》。又渭上耕者亦得古文《孝經》。

西山真德秀跋鄭居士《孝經圖》曰：「自先正司馬公作《孝經指解》，學者始得見此經舊文。然誦而習之者蓋鮮，况能服而行之者乎？居士鄭公居其父喪時，手抄此經，遵守惟謹，可謂篤志力行之士。方其落筆時，用紙蓋不暇精擇，此豈有意於傳哉！距今八十有五年，蠹蝕之餘墨色如新，使人捧玩起敬，爲善之不可揜類若此。」

范陽張九成曰：「李伯時畫，超然塵世之外，其精緻微密處，幾與造化争衡，豈凡流所可彷彿？猶恨其不深攷《孝經》微意，其間不無可議者，此君子所以爲之深惜也。」

玉山汪應辰曰：「漢石建以馴行孝謹爲齊相國，齊國慕其孝行而治，此所謂居家理，故治可移於官也。况於聖人乎！伯時畫此章，乃徽纆桁揚，纍纍然者，何也？」

朱文公曰：「熹伏讀范陽、玉山二先生跋《龍眠孝經圖》語，有以見有道君子心目之間無非至理，非如好事者徒議工拙於筆墨間也。拜謁玉山先生墓下，公子逵出示此卷，不勝涕感，因敬書于其後。」

石潨楊一清曰：「唐、宋人圖《孝經》者無慮數十家，各臻其妙。此風教中事，非其他圖畫鬼神、仙佛及花木、竹石、禽魚，矜奇衒麗，玩物適情者之比。大邦侯張公藏是卷，間以示予。圖不必工，而摹寫出君臣、父子、俯仰、升降、瞻拱、拜揖之狀，藹然可掬。志存乎勸忠勵孝，匪直爲觀美而已也。披閱之餘，書此以復。」

廬陵郭子章曰：「劉中壘較定傳數千祼，子朱子始删《詩》爲經，餘改爲傳。不佞謂『戰戰兢兢』一詩實《孝經》大旨。曾子易簀之語曰：『啓予足！啓予手！《詩》云：「戰戰兢兢，如臨深淵，如履薄冰。」而今而後，吾知免夫！』非謂免於毁傷也，謂平生戰兢，至疾革始免，即仁以爲己任，死而後已也。」

李維楨曰：「《孝經》，孔子與曾子燕居所論説。遭秦焚書，河間人顔芝藏於屋壁。至漢而其子貞出之，凡十有八章，長孫、江翁、后倉、翼奉、張禹傳之，是曰今文。及魯共王壞孔子宅，得蝌蚪書二十有二章，孔安國解之，是曰古文。劉向較讐，以十八章爲定。至唐玄宗采註六家，其章句悉準子政氏。及宋，考亭夫子作《刊誤》，裁爲經一，傳十四。若曰是古文云爾，或曰劉炫贋作。夫經之爲言常也，今石臺文具存，醇粹簡切。古文雖亡，即今之文固自不害其爲經，奈何黨同伐異，呶呶聚訟？」

仁和張瀚曰：「《孝經》五常之本，百行之源。所謂布、帛、菽、粟，人舍是無以資生。仁、義、道、德，士舍是無以爲學，天下國家舍是無以施政教，臻化理。」

仁和沈淮曰：「大哉，《孝經》！其先聖之微言乎！孔子删述六經，匡持理道，參贊化育，詳且悉矣。又慮夫天下後世求派遺源而不知大經大法之要，故諄諄曾氏發明孝行，示天下後世治平之準，萬化之源。」又曰：「王安石與司馬搆隙，因其崇尚古文，遂挾私論，廢而不用，聖人孝治之意，遽爾湮泯。」

虞淳熙曰：「《孝經》自魏文侯而下唐、宋，傳之者百家，九十九部二百二卷。由元迄今，益又多矣。」又曰：「窮經者，師其義乎？師其詞乎？如以詞而已矣，則宜辨，不則，無如會其大旨，見諸行事之深切著明也。後之君子，無泥從今之語，復致紛紜。」

朱鴻曰：「漢世近古，《孝經》居九經之一，嘗列學官，置博士，雖羽林武臣，明帝皆令通習之。延及宋初，亦得附試明經。自王安石變新經義，始不以取士，是時《孝經》爲廢滅餘編。程夫子詳看武學之制，猶欲與《論語》、《孟子》並行於世，使人皆知義理。」又曰：「後世又有疑《孝經》旨意，何教人處多而躬行處少？不知夫子之作經意，尤重於爲人上者。蓋上之人躬行其孝，則下之人自率而化之矣。豈待家諭户曉而後可以明孝哉！」

清源蘇濬曰：「余觀《孝經中契》謂陽衢乘紫麟，下告地主要道之君，後年麟至，口吐圖文。竊疑其爲怪誕不足徵之詞。然孔子嘗曰：『吾志在《春秋》，行在《孝經》。』《春秋》成而麟出，《孝經》成而圖文見，何足怪也。」

錢塘孫本曰：「《孝經》起自仲尼閒居，迄於孝子之事親終矣，統爲一篇。按《漢・藝文志》首稱《孝經》古孔氏一篇，可徵也。乃孔子口授曾子一時問答之語。夫子之心，直欲以孝治天下，而此篇則備述其所以治世之具也。觀夫子嘗曰：『吾其爲東周乎！』又曰：『期月而可，三年有成。』豈漫言以誇人哉？誠恃其治天下有此具也。然則謂之經者，以爲古先聖王治天下之常道，大抵爲後世王者告也。」

吕維祺曰：「孔子《孝經》一篇，其言如驪珠盛於玉盤，秋蟬懸於晴空，緑萍結於春沚。雖活潑照徹，聚散不可拘執模擬，而圓融之體，貞明之質，完合之勢，固自如耳。後之學者，紛紛各爲之説，而經愈晦。不知《孝經》分殊而理一，用大而體約。雖有五等三才始終常變之異，而其要歸不過一性天盡之，其旨趣不過一孝治盡之。今既箋次《節略》、《大全》及孔、曾言行、先儒尚論、歷代表章諸卷，幾於大備，庶於孔、曾論孝之旨、帝王孝治之道，爛然具矣。識餘數十條，則復簡笥中所遺稿，猶足以稱述訂證者，以備學者之參考焉。」

附《孝經》詩

呂維祺撰

崇禎乙亥元日，《孝經本義》成，箋次《大全》，作圖説。恭紀

我后崇禎之八載，春王正月歲之元。風微日澹寒雲薄，地義天經孝道尊。禄閣老藜存聖諦，留曹閒筆總君恩。圖書告備慚才淺，欲問真傳不得言。

自從堯舜至於今，談道紛紛衆若林。誰識孝爲天地性，吾因經見孔曾心。神明四海其源遠，兢戰三言厥旨深。却是見前平易事，多人踏破鐵鞵尋。

諸儒言孝在承歡，曾作明王德教看。泗水應遺周禮樂，期門猶想漢衣冠。二千餘載真宗派，五百多年廢學官。天子方思興至理，獨無孤柱可迴瀾。

日來連上侍親書，陶徑全荒萊綵虚。北斗孤懸黄玉幻，西山遥望白雲疎。争言魯壁藏蝌蚪，耻撥秦灰問蠹魚。此意與人談不得，横經春在五辛餘。

戊寅元日，復訂《孝經本義》、《大全》，作序例，孔曾論孝等卷成。又紀

閒卧深山石隱居，辛觴應是聖恩餘。時情冷煖争迎歲，日課陰晴愛擁書。半世窮經知是否，千年言孝竟何如？憑誰細問春消息，窗草盆梅爲起予。

椒盤栢酒俗相沿，冬去春來亦偶然。浮世光陰如一瞬，真傳今古竟誰肩。東風始起堯階蓂，北斗長留孔壁篇。時輩不知人意思，争謡閉户草楊玄。

孔門洙泗總斷斷，傳孝獨於曾子云。自古人皆存至性，秖今天未喪斯文。心疑見處還非我，手欲拈來説與君。畢竟通神光海訣，其中消息迥難聞。

薪傳千古問遺經，絶學諸儒見未曾。堯舜可爲惟孝弟，孔曾相授只淵冰。幸留斯道微言在，合有明王應運興。想像東周真事業，誰當執此答升恒。

己卯九月十七日進呈《孝經》，有旨謂「有裨治理」，命所司較正詳備具奏。喜而賦此

孔壁遺經久在兹，微言傳後更傳誰？漢唐課士猶虚典，今古通儒尚妄疑。闢地開天歸聖主，崇文重道恰明時。豈應千載渾埋没，一日絲綸萬國知。

謂訓蒙書世盡云，誰知治理裨斯文。天顔展閲臣鄰喜，御筆親批較備聞。久矣孔曾傳此道，都哉堯舜見吾君。還期早奏明王事，穩卧東山老白雲。

孝經或問引言

孔子述而不作，其作《孝經》也，蓋繼往開來，調元贊化之書，而孔子欲輔明王孝治之心，於是焉寄也。此經不明久矣。不明故不行，不行故人心不正，學術不醇，政教不興，而作經之心幾晦。聖天子加意表章，申諭多士講究力行，此誠明王孝治之一大會也。愚敬信此經，如天地神明，父母師保。二十年苦心玩索，沉潛反覆。或晨夕焚香，恭誦數過。久之，始敢作《本義》、《大全》二書。既成，乃與學者日講究之，力行之，而學者尚紛紛多狃舊見，半昧宗指。愚於是不敢不作《或問》，所以明大意，揭宗傳，辯真僞，闢附會，詮章旨，析疑似，而末尤拳拳於表章之實，道統之傳也。其爲卷凡三，綱凡六十有五，目凡百十有二。有前所未言而訂補者，有前所已言而重申者，言之不足而再言之，而詳言之，而屢言、重言之。愚豈好辯哉？周茂叔曰：「世無孔子，萬古長夜。」今聖天子表章孔子所作之經，而欲明之行之，所以旦萬古之夜也。誠使此經昭然明於今之天下，而明之，而行之，而實明、實行之，而亟明、亟行之，如日月之中天，江河之行地然者，道豈遠乎哉？愚極知僭踰且固陋，然愚區區千慮之愚，或亦可以少副聖天子孝治之意，不晦孔子作經之心，而於人心、學術、政教，庶亦有小補乎？

崇禎戊寅，肇秋吉日，伊雒吕維祺介孺甫敬書於孝友堂。

孝經或問卷之一

明新安呂維祺著

論孔子作《孝經》大意

或問：《孝經》何爲而作也？曰：爲闡發明王以孝治天下之大經大法而作也。孔子本欲得明王輔之以行孝治天下之道，而道卒不行，故其晚年傳之曾子，以詔天下與來世，非特爲家庭温清定省之儀節言也。

論《孝經》獨稱經

或問：五經初未稱經，其言經者，後人推尊之耳。獨《孝經》孔子即謂之經，何也？曰：經者常也。自古雍熙太和之治，率本於孝，故首云「先王有至德要道」，又云「明王以孝治天下」，又云「明王事天明，事地察」。蓋謂其爲後世帝王治天下之準，萬世不易之常法也。故謂之經，即經中「天地之經」「經」字。

論五經不可無《孝經》

或問：五經之言孝備矣。其作《孝經》者，何也？曰：五經之言孝，孝之散殊也。《孝經》之言孝，孝之統會也。有五經不可無《孝經》，猶之洪河之水不可無星宿之源、海若之滙也。

論《春秋》不可無《孝經》

或問：孔子既作《春秋》，復作《孝經》，有微意乎？曰：孔子之意，若曰：「吾令天下萬世不敢爲亂臣，孰若令願爲忠臣；令天下萬世不敢爲賊子，孰若令願爲孝子。」此作經微意也。蓋孔子欲爲東周素心，世有明王即執此以往矣。

論志在《春秋》行在《孝經》

或問：孔子自言「吾志在《春秋》，行在《孝經》」，何也？曰：志者，猶言其心之所欲也。行者，猶言行此道于天下後世也。蓋《春秋》天子之事也。孔子不能得位行道、誅亂臣、討賊子，但寓誅討之意于筆削間耳，故曰「志在《春秋》」。《孝經》亦天子之事也。其中所言皆修德立教、孝治天下之事，使果見諸施行，豈不成一上下無怨、天下和平世界？故曰「行在《孝經》」。

論孔子作經之年

或問：孔子作《孝經》在何年？曰：按《白虎通》謂孔子「已作《春秋》，復作《孝經》」，似《孝經》之作在《春秋》後，要亦不甚相遠。先臣宋濂作《孔子生卒辨》併《孔聖全書年譜》，皆謂七十二語曾子著《孝經》。然學者但當融會義理，不必深泥。

論《孝經》傳曾子

或問：孔子何獨傳《孝經》於曾子？曰：曾子平日篤實，又能純心行孝，此道非曾子不能傳，故因閒居而諄諄言之，曾子退而筆記之也。然必有經孔子之筆削者，《史記·曾子傳》云孔子以曾參「通孝道」，與之共著《孝經》，近是。或謂孔子假曾子之問而自著之，或謂曾子之門人爲之，皆非。

論子思孟子未嘗引《孝經》

或問：曾子後來傳道於子思、孟子，今《中庸》、七篇二書未嘗引及《孝經》，何也？曰：《中庸》一書言命、言性、言教、言子臣弟友、言舜武之孝、言周公之成德，七篇中言仁義、言性善、言孩提愛親、言堯舜之道，不外孝弟，無一非從《孝經》來，不必引《孝經》也。如《中庸》、七篇亦未嘗引《易》，蓋深於《孝經》者不言《孝經》，猶深於《易》者不言《易》也。

論《孝經》非淺近

或問：王安石以《孝經》爲淺近，今觀是書似庸淺，子何以獨津津若有味乎其深嗜之也？曰：此理至近、至遠、至淺、至深、至庸、至神，即如《中庸》「所求乎子以事父」，非不庸淺，孔子猶以爲未能。又如經中「至德要道」、「天經地義」、「天地之性」等語，孔子以爲聖人之德無加于孝，而學者反執安石之見目爲庸淺，使聖經至今晦蒙，殊爲扼腕。

論《孝經》與《論語》説孝同異

或問《孝經》與《論語》説孝同異。曰：《論語》答子夏「色難」即《孝經》「愛親」之旨，答子游「不敬何别」即《孝經》「敬親」之旨，答武伯「謹疾」即「不敢毁傷」之旨，答懿子「以禮」即不陷親於不義之旨，稱閔子「人無間言」即「行成」「名立」之旨。其理一也，然皆舉孝之一端而言。若《孝經》言孝之始、孝之中、孝之終，則孝之全體大用備矣。且《論語》論孝大抵在事親上説，《孝經》論孝大抵在立身行道、德教治化上説，此論孝之大者也。非徒爲曾子言，蓋爲天下後世之君天下者言也。

論《孝經》今古文之異

或問：《孝經》何以謂之今文？曰：今文《孝經》本河間人顔芝所藏，漢初其子貞即出之，皆隸書，故謂今文。河間獻王之奏，即今文也。按《漢·藝文志》，《孝經》一篇十八章，長孫氏、江翁、后蒼、翼奉、張禹傳之，各自名家。《隋·經籍志》劉向典較經籍，以顔本比古文，除其繁惑，以十八章爲定，即今石臺所傳者是也。但原本無題名耳。

或問：《孝經》何以復有古文？曰：古文《孝經》相傳爲孔鮒藏，武帝時魯共王壞孔子宅壁，聞金石絲竹聲，得孔鮒所藏虞、夏、商、周古《尚書》及《論語》、《孝經》，皆蝌蚪文字，時人無能知者。孔安國以所聞伏生書考論文義，定其可知者爲隸古，更以竹簡寫之，其餘錯亂磨滅弗可復知，悉上送官，藏之天府，以待能者。安國復作傳獻之，遭巫蠱事不及施行。後安國之本亡於梁亂，其書無傳。漢末購求遺書，東萊張霸詭言受古文書，成帝徵至，較其書，非是，斥去。隋劉炫又因王邵所得市上陳人本，序其得喪，講於人間，漸聞朝廷。儒者諠諠，皆云炫自作之，非孔壁舊本。臨川吴氏曰：古文劉向蓋嘗手較，魏晉以後其書亡失，世所通行惟今文十八章而已。隋時有稱得古文《孝經》者，非漢世孔壁中之古文也。

論《孝經》宜從今文

或問：《孝經》既有今古文之異，宜何從？曰：《孝經》今古文之異，特以其字有隸書與蝌蚪之異耳，非謂其文義之有古今也。然今文之出在漢惠帝時，而古文之出在武帝時，已不無先後矣。且今文歷漢、唐至今累世通行，而古文經梁亂，其書已亡失無存。隋時所稱得古文《孝經》者，非安國本也，或張霸、劉炫之徒增減今文以自異耳。學者好是古非今，多右古文於今文，其實非也。故《孝經》以今文爲正。

論《孝經》章第題名

或問：《孝經》分章第何如？曰：《漢·藝文志》：「《孝經》，一篇十八章。」邢昺正義：《孝經》劉向定一十八章。蓋孔子口授曾子時原無章第，但一十八章相傳已久，且卷帙既多，不得統同無別，即分章第，於義理無礙，今倣《中庸》「右第某章」例，仍爲十八章而不列名。

或問：近儒多謂不宜分章第，子猶分「右第某章」，與石臺本「某章第一」何異？且得無分裂聖經乎？曰：石臺本如「開宗明義章第一」，「天子章第二」，皆直綴之經前，似嫌分裂。今止於經文後註「右第某章」分之，則十八章合之則一篇，又何分裂之嫌？

或問：「開宗明義」等題名何如？曰：《孝經》原無題名，劉向較經籍不列名。又有荀昶《集録》及諸家疏，並無題名。自「天子」至「庶人」五章，惟皇侃標其目冠於章首。至唐玄宗時集議，儒官連狀題其章名，重加商量，遂依所請。乃知題名皆後人所爲，非原本也。且名多不雅，又不親切，宜删去爲當。

論《孝經》不當分經列傳

或問：《孝經》分經、列傳何如？曰：此因紫陽取古文《孝經》刊其誤者，爲經一章，傳十四章。其原本止曰：「此一節，孔、曾問答之言，疑所謂《孝經》者，其本文止如此。其下則或者雜引傳記以釋經文，乃經之傳也。」然雖註有「此一節，當爲傳之某章」，而於經文未嘗移易一字。後人遂盡顛倒移易之，而曰「右經一章」、「右傳之首章」之類，皆附會之也。至臨川吴氏，又更復竄改，亦爲經一章，傳十二章，自云「不欲傳之」，亦非定筆。

或問：《大學》經一章，傳十章，《孝經》以《大學》之例推之，似亦當分經、傳乎？曰：此亦泥「自天子至於庶人」至「未之有也」末段結語相似而云然耳。不知《大學》首章止列三綱領、八條目，而未及發揮，故曾子雜引孔子之言，立傳以釋之，章旨始明。若《孝經》，首言至德要道，次言孝德之本，次言孝之始終，次言五等之孝，即於本章已發揮詳盡，何必更立傳以釋之？且孔子論孝，曾子傳經，皆無明訓，而後人附會，輒割裂經文以就己，立傳何也？又況《大學》傳雖亦引孔子之言，却有曾子立論甚多。又有起有結，有引有解，其爲傳明矣。《孝經》則「甚哉，孝之大也」以後，俱曾子問而孔子言之，豈作傳者全無一字一句出於自己手筆？又如《諫争》、《喪親》等章于傳説不去，却云「不解經而别發一義」，於傳何居？

或問：傳釋之説，世儒多尊信之，子獨以爲非，何也？曰：如謂前六章爲經，後十二章皆采輯平日之言爲傳，則孔子數百言不知平日從何人發之，而他書略無紀録。且果雜引記傳及平日之言，則「甚哉，孝之大也」，曾子何所聞而發此嘆？「聖人之德無以加於孝乎」，曾子又何所聞而發此問？「若夫慈愛、恭敬、安親、揚名，則聞命矣」，曾子所聞者何而夫子所命者又何？其出於一時問答甚明，何傳之有？

或問：今國家功令遵朱註，似《孝經》亦當遵《刊誤》。曰：觀朱子自云曰「疑」、曰「質」、曰「或」、曰「且」、曰「免罪」、曰「未敢」，則《刊誤》未定筆也。況《刊誤》章第皆後人分裂，註解皆後人擬議，非朱子親筆也。若謂功令遵朱，則《尚書》、《戴禮》、《春秋》諸註固不盡出朱子，豈可因功令遵朱而信朱子未定之筆，且信他人附會之書乎？朱子復起，不易吾言矣。

論《孝經》不當改移

或問：近世刊刻《孝經》，有移「明王事父孝」在「君子事上」章後者，有移「君子之教以孝」在「甚哉，孝之大也」前者，其他破析章第，離合段落，甚或摘其一二句移於别句之下，抽其一二段厠於他章之中，豈孔、曾遺經，劉向較定，便章章有斷韋錯簡至此乎？曰：此皆學者欲徇己意，便於習讀，不自覺其侮聖言也。《孝經》本文，前後脉絡貫通，精神照應。若熟讀細玩，深思其理，自知此經一脉相生，一氣相貫，真一字不可竄易。

論《孝經》不當增減

或問：古文《孝經》比今文增減數十字，如何？曰：且如「自天子至於庶人」增「以下」二字，「是何言歟」增「言之不通也」五字，其他章又增數字，又增《閨門》章二十四字，反覆玩味，似非聖人口氣。又如「夫孝德之本」、「教之所由生」、「蓋天子之孝」、「蓋諸侯之孝」等語減去數「也」字，其他章減去「也」字更多，便覺辭句突兀。至於「天性」、「君臣之義」減去二「也」字，更於文理欠通，反覆玩味，亦非聖人口氣。聖人氣象從容，詞句婉曲，一唱三歎，有餘不盡，必不如此。吴氏謂：「增比今文，徒爲冗羡；減比今文，更覺突兀。」信夫！乃近世儒者，亦多率臆增減字句，皆無取焉。

孝經或問卷之二

明新安吕維祺著

論《孝經》全篇大指

或問《孝經》全篇大指。曰：一部《孝經》，只是「德教」二字。「孝，德之本，教所由生」，是一部《孝經》綱領。《孝經》重天子，故「德教」二字獨于《天子》章發之，諸侯以下皆各有德教，而皆天子教之也。「甚哉，孝之大也」二章，則因曾子贊之而言德以及于教。「配天」章則又因曾子之疑問而前言聖人之德可以生教，後言聖人之教必本于德。其下五章，皆反覆申言德教而已。《諫争》章又因曾子疑問而更端言之，「事父孝」章則復言德教功化之極至矣盡矣。「事上」章又抽出事君一事，《喪親》章又抽出事親全終一大事，而末總結之，總是言德而教在其中。其精約貫串、變化之妙，非惟漢儒不能及，即仲、閔、游、夏之輩亦不能贊一詞。經書中，惟《易·文言》、《繫辭》，《書》「人心惟危」十六字及《大學》聖經篇相似，餘書無此等文字。

論經内稱先王明王聖人君子

或問：經内或稱先王，或稱明王，或稱聖人、君子，何也？曰：先王以位言而德在其中，聖人、君子以德言而位在其中，明王則德位兼言之。然或意義所至，各舉所重，猶《中庸》所稱「至誠」、「至聖」、「聖人」、「君子」，非有軒輊等次也。惟「事其先王」之「先王」則指明王之先王，而「君子之事親孝」、「君子之事上」則指在下之君子耳。

論首章仲尼居曾子侍

或問：《孝經》「仲尼居，曾子侍」，劉炫古文有「閒」字、「坐」字，今文無，何也？曰：仲尼居，居即閒居也。許慎學古《孝經》，其《説文·自序》云稱引《孝經》、《論語》皆古文也。今按《説文》「居」字下，引「仲尼居」無「閒」字，則真古文《孝經》原無「閒」字，而劉炫古文之僞可知矣。若曾子侍，即侍坐也。何以知之？曰：以下文「曾子辟席」則知之矣。如《論語》「六言六蔽」問對，并未言侍，而下文有「居吾語汝」四字，則知子路必侍立矣。古人文義簡貴如此。

論先王有至德要道

或問：《孝經》以先王立言者，何也？曰：此先王即後章之明王也。以此立言，蓋謂孝道最大，非明王不能全盡。其曰「至德要道，以順天下，民用和睦，上下無怨」，古昔聖明之世太和至順景象恍然如睹，而孔子欲輔明王孝治之意情見乎詞矣。

論孝德之本教所由生

或問：何謂孝德之本、教所由生？曰：德以仁爲長，仁主愛，愛莫切于愛親，故孝爲德之本。本立而道生，事君、事兄、事長，修身齊家，睦宗信友，仁民愛物，參天兩地，窮神知化，無一不自孝中流出，故教之所由生必本于孝也。然德即爲教，教不離德，明德新民豈是兩事？

論孝之始孝之終

或問：何謂「立身行道？」曰：身者，父母之身，即天地之身。此身既爲天地父母之身，若不撑天柱地，涵養學問，立定根基，便爲富貴功名、毀譽利害、人情世故、勢焰邪説摇動傾墜，如何能行此身所當行之道？如何能揚名顯親？立得定方行得正，故下文止言「終于立身」。

或問：行道是得位事君否？曰：得志與民由之固是行道，不得志獨行其道亦是行道。若得位事君，止是行道中一節耳。

或問：揚名于後世以顯父母名，亦君子之所貴乎？曰：子爲賢人，則其父母爲賢人之父母。子爲聖人，則其父母爲聖人之父母。故實至而名必隨之。若不至揚名，便是立身行道不完美。若有意求名，便是立身行道不真切。

或問：孝之始終，分先後否？曰：孝之始，是言孝之托始根基。孝之終，是言孝之完全成就。邢昺《正義》曰：「不敢毁傷，闔棺乃止。立身行道，弱冠須明。」此何常迥然分判先後也。

論始於事親中於事君終於立身

或問事親、事君、立身。曰：「愛敬盡于事親」，事親也。「以孝事君則忠」，事君也。「修身慎行」，立身也。

或問事親、事君、立身之目。曰：「居則致其敬，養則致其樂，病則致其憂，喪則致其哀，祭則致其嚴」，事親之目也。「進思盡忠，退思補過，將順其美，匡救其惡」，事君之目也。「言思可道，行思可樂，德義可尊，作事可法，容止可觀，進退可度」，立身之目也。

或問始、中、終之義。曰：譬如果木，始猶根荄也，終猶根榦枝葉花果之全體也，中猶發榮敷暢於其中也。事親，則孝之根荄培矣。立身，則孝之全體具矣。事君，則環于二者之間。而發榮敷暢，以光大其孝而已，原無起初、中間、末後之分。

或問：事君爲中，諸侯、卿大夫、士皆有君可事，孝有中矣。天子、庶人將無孝之中乎？曰：天子事天地，猶臣之事君也。庶人事長上，亦猶臣之事君也。自天子至於庶人，無一人無始、中、終之孝。

論引《詩》、《書》

或問：先儒謂《孝經》引《詩》、《書》以雜乎其間，多不親切，且使文意分斷間隔，故删去引《書》者一、引《詩》者四，何如？曰：孔子常言「無徵不信」，如《表記》、《坊記》節節皆引經語爲證，蓋立言法也。觀古《詩》、《書》註疏，往往各自爲説，而古人所引多屬斷章取義，何可一切以本文律之？即如本經所引，又未嘗不親切。如論孝之始終，引《詩》曰：「無念爾祖，聿修厥德。」蓋立孝在修德，當以立身行道爲重也。論天子之孝，引《書》曰：「一人有慶，兆民賴之。」蓋言孝感之機，係於天子一人也。諸侯之孝，謂「戰戰兢兢」者，蓋言諸侯思社稷、民人之重，故不敢驕溢敗度而後爲孝也。卿大夫謂「夙夜匪懈，以事一人」者，蓋言卿大夫出而事君，則當致謹言行而無時敢忘君也。士謂「夙興夜寐，無忝所生」者，蓋言士當早夜不敢即安，而後可以事上顯親也。諸如此類，皆有奥義，即如《大學》、《中庸》、《孟子》亦多引《詩》、《書》相證，何常分斷間隔。

論引《詩》、《書》不必移屬下章

或問：近儒有謂《庶人》章不可無引《詩》，遂以首章「無念爾祖，聿修厥德」移屬下《天子》章，而以「一人有慶」等《詩》、《書》遞屬下章，謂如此經文始全。是否？曰：引《詩》各有意義。如首章「無念爾祖」即上文以顯父母意，「聿修厥德」即上文「立身行道」意，若屬之《天子》章，殊無意味。且「一人有慶」指天子也，移之《諸侯》，諸侯可當「一人」乎？「以事一人」指王朝卿大夫事天子也，移之《士》，士可即「事一人」乎？況移引《詩》者，又酷信古文，而古文《庶人》章加「子曰」二字，則此五章二有「子曰」，三無「子曰」，於屬詞之體，亦似悖謬不倫。

論經内「子曰」非引語亦非分斷間隔

或問：《孝經》自首章至《庶人》章俱似一時語，而《天子》章加「子曰」二字，且後章加「子曰」者甚多。有謂「子曰」字于經文分斷間隔，又謂後章「子曰」爲曾子引孔子之言，然否？曰：凡無發問而稱「子曰」者，必言甫竟而又言之，或問答偶間而更端言之，或緊要提醒而諄諄言之，原非引語，亦非有所分斷間隔。惟《庶人》章古文加「子曰」者一，「配天」章古文加「子曰」者二，殊屬蛇足，細玩自見。

論天子諸侯卿大夫士庶人之孝

或問：天子、諸侯、卿大夫、士之孝，何以不專言事親？曰：天子以天下爲孝，諸侯、卿大夫以有國有家爲孝。當時天子德教不行於四海，諸侯一味驕滿，卿大夫一味僭僞，士一味泄沓，便是立身有虧，貽辱父母。孔子如此立訓，正是切時對症之藥，正是事親關繫處。

或問：先儒謂《孝經·諸侯》《卿大夫》《士》三章詞語繁複，疑有掇取他書附會其間者。然否？曰：《諸侯》、《卿大夫》、《士》三章，俱是先論其理合如此，下文方接各人身上是該盡合如此，即《天子》章如「愛親」四語，亦是論理如此，下緊接云「愛敬盡于事親」，方著在天子身上。蓋聖人之言，反覆詠歎，從容不迫，深有意義，非如後人之言一出無餘味也。惟庶人之孝，明白易見，故直截説去。此聖人立言之妙也。

或問：天子、諸侯、卿大夫、士之孝皆曰「蓋」，而下必引《詩》、《書》，庶人則獨言「此」，又不引《詩》、《書》，何也？曰：天子孝道最大，其當盡之道亦無窮，今所言特其約略耳，即諸侯、卿大夫、士亦然，故言「蓋」。蓋者，約略不盡之詞也。然猶恐不足取信，必引《詩》、《書》證之。若庶人之孝，只此數事，便已都盡，故直指之曰「此」，已明白矣，又何必引《詩》、《書》乎？

論天子之孝

或問：「不敢惡於人，不敢慢於人」，邢昺《正義》謂：「天子施教化，使天下之人皆行愛敬，不敢惡慢其親。」是否？ 曰：非也。不敢者，兢兢業業，小心之極，即匹夫匹婦以爲勝予，不敢遺小國之臣之心也。謂天子施教化是後一層事，下文「德教加於百姓，刑於四海」，乃言施教化耳。

或問：「加於百姓，刑於四海」，何分别？ 曰：百姓是畿内百姓，四海則通天下而言之。如《堯典》「平章百姓」、「百姓昭明」即加於百姓也。「協和萬邦」、「黎民於變時雍」即刑於四海也。

論諸侯之孝

或問：諸侯之孝，必曰「富貴不離其身」。夫富貴者，君子不以累其心，何故諸侯偏以此垂戒？曰：富貴在諸侯，爲最要緊，上承先業，下啓後裔。富貴可輕，社稷、民人可輕乎？ 且長守富貴者，在於不驕不溢，蓋就守富貴之根本言耳。此止爲諸侯垂戒最親切。

或問：「戰戰兢兢，如臨深淵，如履薄冰」，此詩先儒欲删之，可乎？ 曰：此一部《孝經》心法，孔、曾相傳，惟此三語，爲最精切。即堯、舜之「欽明」、「温恭」，禹、湯、文、武之「祇台」、「聖敬」、「敬止」、「執競」不過如此。所以曾子有疾，傳門弟子亦只口咏此詩三語而已。曾子傳孔子之道，傳此者也；孝德之本，本此者也。何可删也。

論卿大夫之孝

或問：卿大夫之孝，前言法服、法言、德行三者；中承言、行二者而不及服似掛漏，且于言、行又反覆言之似重複；然末又總結三者。何也？曰：卿大夫立朝敷奏，接賓出使，將命布德，服、言、行三者最重，故首言之。然服明白易見，而言、行尤重，故中止申言、行而不及服。要之，三者不可缺一，故末又總結之。中三聯一步緊承一步，何曾重複掛漏？

或問：何謂「口無擇言，身無擇行」？曰：擇者，擇其言行之盡善與否也。《詩》曰：「威儀棣棣，不可選也。」若所言所行無一不本于孝，雖擇其何言行爲盡善、何言行爲未盡善，而無可擇處。所以言、行雖至滿天下，而無口過、無怨惡。

論士之孝

或問：人子之于父母，其因心之愛一也。今曰「資于事父以事母而愛同」，豈愛母果有不足，必資取愛父之愛以愛之乎？曰：人子愛親之心，皆出天性，有何不足，必待資取？蓋言愛母之愛與愛父之愛雖一，而愛母之愛世或有流于狎恩恃愛而不自覺者。惟事父之愛便有嚴敬之意存于愛中，取此以事母，乃爲真愛至愛耳。謂資于事父以事母，非謂資於愛父以愛母。細玩之，始知聖言精微。

或問：「以孝事君則忠，以敬事長則順」，有謂以事兄之敬事長者，是否？曰：此「敬」即上文「敬同」、「取敬」之「敬」。「以孝」之「孝」兼愛、敬而言也，「以敬」之「敬」則但言敬而已。本文原無事兄意，不必贅入。

論庶人之孝

或問：「分地之利」，古文爲「因地之利」，「因」字似比「分」字爲精。曰：分，即因也，《論語》「五穀不分」。「分别五土，視其高下，各盡所宜」，即因之也。

論孝無終始

或問：「孝無終始而患不及者，未之有也」，邢昺《正義》及近儒皆謂孝道徹始徹終，有何終始？如此，豈患不及？似於文義爲通。子何以獨異？曰：此經一部，前後照應。此「始」、「終」二字，即首章「孝之始」，「孝之終」，「始于事親」，「終于立身」之「終」、「始」也。孝無終始，事親、立身俱無成就，豈有禍患不及之理？「患」字對上「保守」等字，不能保守，即有禍患。又觀下文「災害禍亂」、

「五刑大亂」等語，乃知孔子爲天子、庶人通設此戒，至爲嚴切，與《大學》「本亂末治，所薄者厚」結語酷相似。

論天經地義

或問：此章首云「天之經也，地之義也」，何以承云「天地之經」而不言義？又何以承云「則天之明，因地之利」而不言經義？近儒有改「利」爲「義」者，如何？曰：聖人之言，變化無端，而各極其至，固非可以經生之見律之也。既曰「天經地義」，下文止曰「天地之經」，則「義」在其中。下文又變「經」言「明」，變「義」言「利」，謂「利」可改「義」，則「明」亦可改「經」乎？此「利」字，即《易經》「利者義之和，不習無不利」之「利」。「明」即「經」，「利」即「義」，非二也。此所以爲聖人之言也。

論天經配天二章非雜取《左傳》

或問：先儒謂自「夫孝天之經也」至「因地之利」，皆雜取《左傳》所載子太叔爲趙簡子道子産之言，惟易「禮」字爲「孝」字。又「嚴父配天」章「以順則逆」以下，又雜取《左傳》所載季文子、北宫文子之言，與上文不相應。然乎？曰：孔子述而不作，豈古有是言而孔子述之耶？然左氏之學博而言夸，其作傳多借他人姓名、古人文字以發抒自己議論。蓋當時《孝經》尚未行，或者左氏取經言以自文之耶？如《易·文言》「元者，善之長也」等語，皆孔子之言也，而左氏取爲穆姜之言，可謂孔子《文言》雜取穆姜耶？

論先王見教之可以化民

或問：先儒謂「先王見教之可以化民」與上文不相屬，又謂温公改「教」爲「孝」乃得粗通，而下文「德義」、「敬讓」、「禮樂」、「好惡」都不相應，疑亦裂取他書之成文而强加裝綴，但未見其所出耳。然否？曰：此章因曾子贊孝之大而反覆推廣言之。「夫孝，天之經」一段暗應「夫孝，德之本也」，「先王見教之可以化民」一段暗應「教之所由生也」，「見教」之「教」即承「其教不肅而成」之「教」，何謂不屬？「博愛」、「德義」五段，皆自孝之德施於教者而言，何謂不應？既未見其所出，而必謂取他書成文，過矣。

或問：先儒謂先王見教之可以化民，而後以身先之，於理已悖。然否？曰：先王即下章明王，明王見道理極明，孔子因先王教民以身先之，而斷之曰「先王見理之明如此」，非謂見其如此而後始以身先之也。「見」字要看得活。

或問：温公改「教」爲「孝」，何如？曰：教，即孝之教也。「教」字自親切，不必改「孝」。温公改「教」爲「孝」，不知此經總爲「德教」二字而發。此蓋謂政教皆可以化民，而政之化民不如教之化民，故必以教化先之，即孟子所云「善政不如善教之得民也」。「政」「教」二字自有别。

論博愛

或問：《論語》「博施濟衆」與韓愈「博愛之謂仁」，學者多非之。《孝經》「先之以博愛而民莫遺其親」，似非立愛惟親之序。曰：此博愛與子貢「博濟」、韓愈「博愛」不同。彼是泛論濟人、愛人，此則專就孝親而言。博愛謂廣其愛於親，非泛愛衆人也。且博之云者，即「事父母能竭其力」、「左右就養無方」、「孝子惟巧變」、「孝子不匱」、「聚百順以事親」之謂。竭也，無方也，巧變也，不匱也，聚也，皆博愛之義也。

或問：「博愛」謂博愛其親，其説何據？曰：博，盡也，致也，備也，大也，通也。經文云「愛敬盡于事親」，又云「居則致其敬，養則致其樂，病則致其憂，喪則致其哀，祭則致其嚴，五者備矣」，又云「孝莫大於嚴父」，又云「無所不通」。此皆博愛其親之義，學者不可不知。

論引《詩》「赫赫師尹，民具爾瞻」

或問：先儒謂引《詩》「赫赫師尹，民具爾瞻」爲不親切，鄭氏註謂無天子在上之詩，義取大臣助君行化。然則此詩宜删否？曰：古人引《詩》多斷章取義，即如《大學》平天下章亦引此詩，朱子曰

「言在尊位者，人所觀仰，不可不謹」。在《大學》不可謂不親切也，在《孝經》可謂不親切乎？且鄭氏別添「大臣助君行化」一説，亦支離。

論明王孝治章

或問：「明王孝治」章有言一明天子之孝，一明諸侯之孝，一明卿大夫、士、庶人之孝者，是否？曰：此因上章言孝之大而又推極言之，以見孝之大如此也。明王以孝治天下，是孔子作經本意，故已答曾子之問而又提出言之耳。至有國有家之孝，皆明王之孝有以教之也。觀末段結云「明王之以孝治天下也如此」，乃知此章專爲天子之孝而發。

或問：舊註「得萬國之懽心以事其先王」，以爲得彼懽心助其祭饗奉養，是否？曰：得萬國之懽心，言萬國之人尊君親上同然無間。人心和悦，王業永固，即後章所云「自西自東，自南自北，無思不服」，不必專言祭饗奉養。

孝經或問卷之三

明新安呂維祺著

論天地之性人爲貴

或問「天地之性人爲貴」。曰：此句是全經精神所在。蓋天地之性，即「父子之道天性」之「性」，即「毀不滅性」之「性」。三「性」字，是《孝經》大開眼處。近世學者，無人識《孝經》中三「性」字。

或問：近世學者言性多矣，何以無人識三「性」字？曰：凡言性者，皆自《孝經》中三「性」字來。《孝經》者，千古言性之祖也。若舍《孝經》中「孝」字，别尋性命，便是不識《孝經》中三「性」字。

論周公嚴父配天

或問：先儒謂嚴父配天孝之所以爲大者，本自有親切處。若必如此而後爲孝，則是使爲人臣子皆有今將之心，而反陷於大不孝，似此段與孝不親切。曰：此蓋極言孝之大至於配天，非謂凡爲孝者皆欲如此也。且《中庸》論舜、武、周公大孝、達孝，至於宗廟饗之，子孫保之，追王上祀，豈謂凡爲孝者皆欲如此乎？不過言雖周公嚴父配天可謂孝道極盡其大，然無加於孝之毫末也，以見聖人之德無加於孝云爾。可與《中庸》「大孝」等章例看。

或問：周公嚴父配天，何如？曰：此是周公制禮之巧處。武王身爲天子，正可以遂其嚴父之心，而后稷既已配天，無兩配天之理。周公制禮，爲宗祀，爲配上帝，上帝即天也。由是得以曲盡其嚴父之心，然亦因文王功德禮所宜爾，非私意也。故謂其孝爲達孝。

論配天章上下文義聯屬

或問：「故親生之膝下」，先儒謂此段與上文不相聯屬，故有分爲二章、三章者，有顛倒删改者，有加兩「子曰」者，何如？曰：要知作經大義，只是「德教」二字。此舉嚴父配天一段言聖人之德如此而即以生教，「故親生之膝下」以下言聖人之教如此而即本於德。看此有何不聯屬？

或問：「故親生之」以下與上文聯屬何如？曰：「親生之膝下以養父母」，「親」字即應上文「人之行莫大於孝」「孝」字。「日嚴」，「嚴」字即應上文「孝莫大於嚴父」「嚴」字。「因嚴教敬」，即「日嚴」之「嚴」也。「因親教愛」，即「親生」之「親」也。

或問：「父子之道」以下與上文聯屬何如？曰：「父子之道天性也」，即應「親生之膝下」及「因親教愛」；「君臣之義也」，即應「日嚴」及「因嚴教敬」。

或問：「父母生之」以下與上文聯屬何如？曰：「父母生之，續莫大焉」，即應「父子之道，天性也」。「君親臨之，厚莫重焉」，即應「君臣之義也」。

或問：「不愛其親」與上文聯屬何如？曰：「不愛其親」，即承上文「父母生之」一段，與上文「親」字、「愛」字相應。「不敬其親」，即承上文「君親臨之」一段，與上文「嚴」字、「敬」字相應。

或問：「天性」與「天地之性」，兩「性」字同否？曰：同。天地之性賦於父子，父子之性即天地之性。無論聖凡，無論貴賤，人人俱有，人人該盡，人人欲盡。聖人既自盡其性，又教人使各盡其性。觀此兩「性」字，正見此章上下文義聯屬照應之妙。

或問：《漢·藝文志》謂「《孝經》『父母生之，續莫大焉』，『故親生之膝下』，諸家説不安處，古文字讀皆異」。何也？曰：觀此愈知劉炫古文之僞而不足信也。古文既於「父子之道」上加「子曰」二字，突然説起，有何意義？又去二「也」字，故其字讀突兀，不成文理。如曰天性，又曰君臣之義，成何文法？故謂「諸家説不安」，謂「字讀皆異」云爾。若如今文有二「也」字，何等順暢，有何不安？有何字讀皆異？

或問：朱子謂「君臣之義」下有脱簡，何也？曰：朱子但據古文「君臣之義」爲句，如何於「父母生之」句相接，似有闕文，未暇更覓今文細思之耳。只看今文「天性也，君臣之義也」有此二「也」

字，便上下聯屬，自無脱簡之疑。

或問：先儒謂「言思可道」以下泛而不切，何如？曰：此正是明君子以愛敬立教之目。「言思可道，行思可樂，德義可尊，作事可法，容止可觀，進退可度，以臨其民」，即首章所云立身行道之事。蓋本於愛敬之心者，而即推此心以教人也。何嘗泛而不切？

論孝子事親

或問「孝子事親」章大意。曰：孝者始於事親，終於立身。致敬五事，事親也。不驕三事，立身也。能事親立身，所以爲孝。驕、亂、争，不能立身也。「日用三牲之養，猶爲不孝」，不能事親也。不能立身事親，所以爲不孝。

論五刑

或問：《孝經》以德教立訓，其言五刑者，何也？曰：雖有德教，不廢政刑，五刑正所以弼教也。古之聖王，明刑、祥刑、省刑，便是德教最真切懇至處。

論非聖非孝

或問：吴氏解非聖、非孝，謂人所行非聖人之道，子所行非孝道。今子解作詆毁，然乎？曰：孟子有云「言則非先王之道」，朱子曰「非，詆毁也」。詆毁聖人，詆毁孝道，故爲大亂，而聖人所必刑，且要君之罪最重，安得以不能學聖，不能盡孝，謂罪同要君乎？「非」字當作詆毁爲是。

論孝弟禮樂

或問：孝、弟、禮、樂四者，既並言之，下文何爲專承「禮」字？豈禮果重於孝、弟、樂乎？曰：此是聖筆精微變化處。《孝經》雖愛、敬並言，而敬者尤爲孝子事親之本，且爲千聖傳心之要，故因「禮」之一字歸本於敬，以見孝之宗指蓋如此也。然敬父、敬兄，即是申言孝弟。子悦、弟悦，悦即是樂，樂則生，生則惡可已。惡可已，則不知手之舞之、足之蹈之，即是申言樂，何等精微變化。

論敬父敬兄敬君

或問：「敬其父則子悦，敬其兄則弟悦，敬其君則臣悦」，邢昺、朱申、周翰、董鼎皆謂敬人之父兄與君。今子謂敬自己父兄與君，何也？曰：玩其字意，乃是自敬其父兄與君耳。且與下文「敬一人」相應。若敬人之父兄與君，則敬千萬人矣，安得謂之敬寡悦衆？安得謂之要道？

論君子之教以孝

或問：「教以孝」，乃是君子教天下以各行其孝，所謂以順天下也。引《詩》後始推本於至德耳。今子謂教以孝，即躬行孝道以教之，何也？曰：此「教以孝」，即承上「敬其父」之孝也，謂君子之教天下以我躬行之孝云爾。若止空説教人行孝，便是言教之教，非身先之教也。引《詩》咏嘆，乃是極言身先之教，順民如此其大，以異於後世之以言教者耳。非謂前止言教人行孝，末推本於自己行孝也。

或問：「君子之教以孝」，若云君子教以躬行之孝，何以又云「非家至而日見之也」？曰：正合如此。蓋上文既言「敬其父則子悦」，明謂君子躬行其孝以教人子矣。此又言君子躬行其孝以教人子者，非必偏告人子以我之孝也。第以我所躬行之孝立的於此，象指如彼，天下之爲子者，自然各敬其父，是乃所以敬天下之爲人父者也。無非反覆申言以德生教，其感化人之神速不測如此。

論名立於後世

或問：《孝經》首章言「揚名於後世」，此章又言「名立於後世」，豈聖人教人好名乎？曰：聖人何常教人好名，但名不稱於後世者必其實未至也。玩「行成於内」，乃知君子之孝、弟、忠，惟是闇然内修，不求人知，全無好名之意，故前曰「揚名」，此曰「名立」，猶言植標於此而後世自稱揚之也。《論語》「君子疾没世而名不稱焉」，亦是此意。

論閨門章

或問：古文有「閨門之内」一章二十四字，今文無此，世儒多謂司馬貞削《閨門》章爲玄宗諱，然否？曰：《閨門》章古文有，今文無，非貞削之也。按《玉海》、《會要》唐開元七年三月一日，勑《孝經》、《尚書》有古、今文孔、鄭註，旨趣頗多踳駁，令諸儒質定。五月五日，詔鄭仍舊行，孔註傳習者稀，亦存繼絶之典，頗爲獎飾。六日，劉子玄議行孔廢鄭，司馬貞議鄭、孔俱行。據此，則司馬貞固專主今文，今文原無，貞何常削之乎？且玄宗亦謂孔、鄭兼行，豈玄宗不自諱而貞代諱之乎？儒者立言之不察類如此。

或問：《閨門》章於義何如？曰：今玩其文義，如「具禮已乎」、「百姓徒役」等語，殊淺鄙不倫，吴氏謂劉炫僞增無疑。先臣宋濂亦云諸儒於經文大指未見有所發揮，而斷斷紛紜，抑末耳。

論子不可以不争於父

或問：《孟子》云「父子之間不責善」，而《孝經》乃云「當不義，子不可以不争於父」，争與責有異乎？曰：父子之間，事事而責望之、督責之，情豈能堪？惟當不義，則争之，如號泣而隨，起敬起孝，又敬不違，勞而不怨，便有許多婉曲引掖之意。

論明王事父孝章

或問：「明王事父孝，故事天明；事母孝，故事地察。」鄭氏謂王者敬事宗廟，故事天地能明察也。孫本註明王推所以事父者，事天於郊而其理明。推所以事母者，事地於社而其義察。何如？曰：事父母，凡先意承志、立身行道、顯親揚名、繼志述事皆是，不專言宗廟祭饗。事天地，凡參贊調燮、財成輔相皆是，不專言郊社。

或問：「神明彰矣」，玩本文止言彰，而子謂「天時順而休徵協應，地道寧而萬物咸若」，何也？曰：上言「事天明」，「事地察」，下言「神明彰」，便有中和位育天清地寧光景。若不至位育清寧，神明於何而彰？《書》曰「至誠感神」，《詩》云「降福穰穰」，《易》曰「自天祐之，吉無不利」，即神明彰之義也。

或問：「天地明察，神明彰矣」，吴氏謂宜屬「鬼神著矣」之下，何如？曰：此章極言明王孝道感通之大，至於天地神明無不感格，故緊承之曰「天地明察，神明彰矣」。次段又就孝道感通之大復申言之，而緊承之曰「宗廟致敬，鬼神著矣」。末段乃總承之曰「孝弟之至，通於神明，光於四海，無所不通」。聖筆精微變化，言簡意盡如此。若謂「著矣」、「彰矣」二句文法恊比，改竄連屬，似非闕文之義。

或問：「神明」、「四海」原不並重，蓋「光四海」前章已言，此則專重「通神明」耳。且此章止有感通意，無應意，子何以註「相爲感應」也？曰：玩「光於四海」之「光」，似較前章所言更有光輝發越、顯榮暢達、淪浹融液之象，即是過化存神，帝力何有地位，故極言之曰「光於四海」也。「光四海」與「通神明」原不分輕重，玩「無所不通」、「無思不服」，便有感應意思在。

或問：經云「通於神明，光於四海，無所不通」，有其事乎？曰：人君果能篤行大孝，以化天下到至極處，自能使天地、人物、戎狄、豚魚、金石、草木無不靈通感化。《説苑》曰：❶「舜行孝道，天下化之。蠻彝率服，麟鳳在郊。❷『孝弟之至，通於神明，光於四海。』舜之謂也。」自是實理實事。

❶ 「説苑」，此下引文見於劉向《新序》卷一《雜事》首篇，劉向《説苑》不載。
❷ 「郊」下，《新序》有「故孔子曰」四字。

論進思盡忠

或問「進思盡忠」之義。曰：忠臣事君，如孝子事親。忠者，蓋自其不敢自欺盡心無隱之結念言之也。必正心誠意，愛君憂國，引君當道志仁，一片忠誠藴結於内，乃可以昭德塞違，繩愆補闕。所謂補過、將順、匡救，其皆本於忠乎？不然，身不行道，不行於妻子，況君父之前，徒翘其過以爲名，所以上下猜忌而不相親以此。

論退思補過

或問：「退思補過」，是補君之過，是補己之過？曰：人臣善則稱君，過則歸己，只見得自己有過，故所思補者，直補己之過耳。且盡忠匡救，即是補君之過矣。《國語》曰：「夜而計過，無憾，而後即安。」

論上下相親

或問上下相親。曰：古人謂君爲君父，臣爲臣子；又謂君爲元首腹心，臣爲股肱耳目。乃知君臣雖分上下，實如一家之父子，一身之同體也。原自相親，此「親」字即「親生膝下」之「親」。引

《詩》「愛」字，即「因親教愛」之「愛」。經云「君子事親孝，故忠可移於君」，若非親愛本於天性，如何移得？

或問：臣子事親事君，同一親愛，如存羹懷橘不失爲孝，而獻大龍團、小龍團者人以爲諂，豈忠孝有二乎？曰：忠孝雖無二理，親愛雖無二心，然經云「母取其愛，君取其敬，兼之者，父也」，可見君子事上貴在正色立朝，責難陳善，格君心之非，陳堯、舜之道耳。若小忠小愛，非所以爲忠也。不可不辨之於微。

論引《詩》中心藏之

或問：引《詩》「中心藏之」者，何也？曰：中心者，忠也，即「進思盡忠」之「忠」也。言君子忠君之心，存於中心隱微之地而默藏之。其中有蘊結而不可解者，故忠愛篤至，憂聖危明，防微杜漸，曲盡其忠。如《易》所云「有孚盈缶」、「納約自牖」、「遇主於巷」，皆忠愛之至也。故中心藏之之忠，與沽名市直表暴於外之忠自異。

論孝子喪親

或問：以喪親章終之，何也？曰：此又總承上文言孝子事親，不獨生前如此愛敬，死後亦無所不至其極如此哀戚，蓋亦廣「喪則致哀，祭則致嚴」之意，所以末段又總結之。

論毀不滅性

或問：「毀不滅性」，何也？曰：此性即天地之性，即父子相傳之性。人得氣以生，得性以爲生生之本。若毀而傷生，則滅性矣。人之所以參天地而體受歸全、揚名顯親者，恃有此性在也。滅性則參天地、顯父母，屬之誰乎？故曰不勝喪比於不慈不孝。

論孝子之事親終

或問：首章曰「孝之終」，又曰「終於立身」，末章曰「孝子之事親終矣」，三「終」字同否？曰：三「終」字皆同。然有終親之身者，有終子之身者，愛敬哀戚，即事親之完局也。立身行道，揚名顯親，即愛敬哀戚之完局也。

論《孝經》當實加表章頒行

或問：儒者皆謂《孝經》宜頒之學官，何如？曰：《孝經》者，五經之總會，百王之大法也。王安石以偏拗之學罷黜《孝經》。秦火雖烈，猶不數年而復於漢。安石何人，乃敢侮聖人之言，使至德要道之真經晦蝕五百餘年，其禍較秦火更烈矣。今皇上屢諭表章《孝經》、《小學》，《小學》已頒行矣，獨《孝經》尚屬闕典，則明王孝治之隆端有望於今日爾。

或問：頒之學官，一本作學宫，孰是？曰：皆是也。學宫者，學校之宫墻，指其地言之也。學官者，司教鐸之官，指其人言之也。

或問：王安石罷黜《孝經》，經筵不以進講久矣。今議經筵日講以此啓沃聖心，可乎？曰：我皇上以孝道風示天下，屢諭表章，必爲聖心所樂嗜者。況其書明白簡易，又廣大精微，宜令儒臣進講，以資啓沃，此固在我皇上之力行之爾。

或問：今東宫出閣講學，《孝經》可進講乎？曰：孔子有云「弟子入則孝，出則弟」，又云「行有餘力，則以學文」。孟子云「堯舜之道，孝弟而已矣」。皇太子養蒙作聖，宜以孝弟爲先。合無勅令儒臣明白進講，更啓皇太子朝夕玩味，異日爲太平有道天子，以成作聖之功，接唐虞之統，始基之矣。是東宫講讀，宜以《孝經》爲第一義。

或問：《孝經》文義不多，當附何經？曰：漢時行《孝經》者，有附《論語》，有附《孟子》。今行《孝經》，直當自爲一經，不必附他經。但令習本經者，俱通《孝經》，則天下無不習《孝經》之士人，而孔子真經大行於今日矣。

或問：小塲間出《孝經》題，或作論，或作制義，是矣。鄉、會塲既有三書四經，再加《孝經》，文不太多乎？曰：不必加也。三書仍舊，但減本經一篇，即加《孝經》一篇，序於書文後、經文前，仍爲七篇，似覺妥當。

或問：祖制取士，未嘗有《孝經》，今添習之，且加《孝經》一篇，減本經一篇，毋乃非祖制乎？曰：《中庸》有云：「夫孝者，善繼人之志，善述人之事者也。」祖制設科，後來漸有變通。如《大全》頒於成祖，《小學》頒於今上，此正善繼、善述之大者，不爲變祖制也。

或問：宋程明道看詳武學，添習《孝經》，今尚可倣行之乎？曰：如漢世虎賁、飛騎、羽林、期門皆令習讀，如何武學不可頒行？然何獨武學，即天下各王府及公侯、簪紳、宗學俱當頒行，以示明王孝治天下之大經大法俱在於此。

或問：今欲復古辟舉孝廉之法，何如？曰：辟舉不復，欲士人砥行，風俗醇篤，以復古雍熙之化，不可得也。況聖天子已復辟舉矣。宜特頒宸諭，使天下尊崇《孝經》，共篤孝道。令撫、按每歲舉真孝友廉讓有志有爲者二三人，或間令撫、按學臣每州縣各舉一人，如拔貢例，即慮有僞行冒售狥私濫舉者，務嚴舉錯連坐之法可也。

論表章《孝經》之効

或問：行《孝經》之効，何如？曰：姑言其小者，如仇覽以之化頑，邴原以之屏虎，顧懽以之痊病；徐份讀之而父病頓愈，馮亮執之而素霧彌天，盧操讀之而惡少感化，馮元、尹夢龍誦之、書之而異夢吞蓮、群烏集樹。《孝經》感應之理，焉可誣也。況聖天子以此倡明德教，其天地効靈，鬼神助順，黎民感孚，厥効當未可盡述也。

論元隱士預期表章《孝經》

或問：元隱士釣滄子預期五百年必有明王興起，表章《孝經》，朱鴻謂必仙家者流，其言是否？曰：釣滄子未必是仙家，蓋賢人而隱者，此必不欲仕，故隱其姓名。其言蓋有道者之言也。今我皇上適當五百年之期，而拳拳表章是經，乃知聖經興廢，自有天意存乎其間者。釣滄子其知天乎？

論《孝經》不宜與《忠經》並稱

或問：世儒多以《孝經》與《忠經》並稱，可乎？曰：不可。孔子萬世帝王之師，其作《孝經》爲萬世帝王法，馬融乃敢僭擬之乎？據融之意，謂衆善咸起於忠，故「孝行」章曰：「君子行孝，必先以忠，竭其忠則福禄至。」然則隱居之士終不得言孝乎？必先以忠，與「中於事君」之旨悖矣。且《孝經》立訓，言事君者不一而足。第十七章更詳言之，融不贅乎？至《忠經》中謂引夫子之言而多參臆撰，試比而觀之，無論其文字猥鄙，其意義亦索然無餘味，以擬《孝經》，何異井之窺天，蠡之測海也。

論《孝經》十二字之傳

或問：堯、舜、禹之傳何如？曰：堯、舜、禹之傳十六字。何謂十六字？曰「人心惟危，道心惟微，惟精惟一，允執厥中」十六字也。孔、曾之傳何如？曰孔、曾之傳十二字。何謂十二字？曰「戰戰兢兢，如臨深淵，如履薄冰」十二字也。蓋此十二字，是《孝經》最切要處。孔子以此傳曾子，曾子以此傳門弟子，所以謂曾子之傳，得其宗也。

論《孝經》帝王聖賢傳孝心法

或問：「《詩》三百，一言以蔽之」，《孝經》亦可一言以蔽之乎？曰：「敬」而已矣。敬者，帝王聖賢傳孝之心法也。堯、舜之精一執中，孔、曾之戰兢臨履，皆敬也。此孔子《孝經》之作，所以上接堯、舜之統，下啓萬世之傳也。有志堯、舜、孔、曾之傳者，其深留意焉。

孝經翼

先生之弟吉孺公與先生輯録《大全》，又作《孝經翼》以發《或問》之義。

明新安吕維祺著

按：經中每每言「順」，一曰「以順天下」，再曰「以順天下」，又曰「四國順之」。順民如此其大，何也？順者，孝之歸也。孝親者，聚百順。故孝治天下者，亦順而已矣。順則和，和則無怨，是以懽心衆而親安之。

身，動物也。見異而遷，故曰立道定理也。待人而行，故曰行。行道所以立身也，故下文止曰「終於立身」。

何謂事親？曰「致敬」五句，事親之目也；「安親」二字，事親之綱也。何謂立身？曰「言思」六句，立身之目也；「慎行」二字，立身之綱也。

夫子分别五孝，於《天子》四章用「蓋」字，《庶人》章用「此」字，何若是其異乎？曰「蓋」者，審量之詞。《天子》至《士》章，似非顯言養親者，實乃所以爲孝也。且其分量，各自不同，故用「蓋」字。「此」者，直指之詞。《庶人》章明言養父母之爲孝也。且其職分，不過如此，故用「此」字。

諸侯、庶人，地位懸矣。其曰「制節謹度」，與「謹身節用」語意無别，何也？凡人一有奢侈之心則用不繼，一有放肆之念則禍乃作，故曰節、曰謹，無上下，一也。

讀《卿大夫》章，首節服先而言、行後，似服重；次節申言、行而不及服，似服輕。斯何以故？蓋吾人居身應人顯著者，服也，故先慎服；一啓口而即有言，故次慎言；迨處事接物，而行乃見，故次慎行。此先後之次第也。但服易而言、行難，故申言、行而不及服。豈有輕重於其間哉？故末節總結之曰「三者備」。

士有禄位，言保禄位已矣。必言祭祀者，無廢先祀，所以爲孝也。諸侯保社稷，卿大夫守宗廟，不言祭祀者，社稷、宗廟皆有事於祭祀也。保守無失，其孝在是。

愛敬者，孝之實際也。愛而不敬則愛不至，敬而不愛則敬不真，二者闕一焉不可也。曰親、曰嚴，愛敬之原也。曰慈、曰恭，愛敬之形也。曰忠、曰順，愛敬之推也。曰惡、曰慢，愛敬之反也。曰德、曰禮，愛敬之成也。分之爲敬，爲樂、爲憂、爲哀、爲嚴，約之爲安，皆愛敬也。夫孝道無方，愛敬而已矣。

政、教雖並言，而教則可以化民，先王知之，故先之以博愛、德義、敬讓、禮樂、好惡，以身教也。身先之教，是謂德教，斯民從之。不以身先之，雖訓誨皆至德，仍是政而已矣，則民弗從。

事親者，不難於備物，而難於得人之懽心，難於致己之樂以懽樂。事親者，親未有不懽樂者也，孝莫大乎是。

經中三言「性天地」者，性之大原也。人之所以異於物者，以其得天地之靈性也，故曰「天地之性人爲貴」。孝非外襲，性之德也，故曰「父子之道天性也」。身非空殼，形色性也，故曰「毀不滅性」。盡性所以立身，立身所以孝親，孝親所以事天地。

「父子之道天性」一節，承上因本説來，爲下節張本。曰「天性」，見子之於父，本親也；曰「君臣之義」，見子之於父，本嚴也。以父子言有生之脉焉，是爲續；以天性言有親之道焉，以義言有君之象焉，是爲厚。惟續莫大，故他人不得問親；惟厚莫重，故愛敬不得薄親。彼不愛敬其親而愛敬他人者，亦忘本極矣。

愛親者不敢惡於人，敬親者不敢慢於人，順也。不愛其親而愛他人，不敬其親而敬他人，逆也。以順之事而逆行之，民何則焉？「雖得之」照「民無則」句，言雖强民從而得之於民，夫亦畏而不愛、則而不象矣。故君子不貴也。

「言思可道」二句，各進一步説，「言思可道」言而思見諸行也，「行思可樂」行而思慊於心也。「德義可尊」，豈德義猶有不尊與？曰：如不愛敬其親而愛敬他人，其愛敬人也，雖亦博德義之名乎，甚可鄙也。故曰「德義可尊」。

「孝子之事親」章，首節即始於事親之意，次節即終於立身之意，合言之而始成孝。

人之行莫大於孝，罪莫大於不孝。惟父母之大，於天地並者也。夫不孝之罪莫大，而人豈甘爲不孝？由邪説惑人而不知孝之是也。孝則爲順、爲安、爲和、爲善，不孝則爲悖、爲逆、爲凶、爲亂。奈何有非孝者，非孝者與於不孝之甚者也。論不孝而及此，亦《春秋》誅討亂賊，治其黨與之法也。

理同則任人取是，故以孝事君則忠，以敬事長則順，德盛而應不窮。是以事親孝，故忠可移於君；事兄弟，故順可移於長。

順親爲子，而從令非孝，敬親以大義也。此可以知順之意矣。喪致其哀，而毁不滅性，重親之遺體也。此可以思哀之道矣。凡此皆所以抑賢智也。

將順匡救，字各二意。美初萌則將之，已形則順之；惡初萌則匡之，已形則救之。此臣職也。然其得君處，全在進忠補過上。忠，己之美也；過，己之惡也。己無美，何以引君於美？己有惡，何以糾君之惡？君必曰：「是弔名也，是謗我也。」上下之不相親以此。

事父主愛，而曰「孝莫大於嚴父」，敬以成其愛也。事君主敬，而曰「上下能相親」，愛以成其敬也。此皆就人不足處言也。

刻孝經大全後跋

《孝經》乃先太傅苦心潛究、躬行實踐之書也。憶琳幼時口授句讀，即以課訓。每見自公退食，無不與此書寢食。後漸知書，先太傅即指示曰：「孔子欲發明王孝治之旨，故删述後作《孝經》，以爲六經之統會，猶滙江河而歸諸海，揭日月而懸中天也。秦火熾而經藏，魯壁壞而經見。孔傳既亡，鄭註無徵。古文僞作於王邵、劉炫之徒，而紛紛聚訟，穿鑿文義，即紫陽、涑水亦多未定。王安石乃蔑聖誣經，遂與《春秋》並斥。人皆知安石爲孔子之罪人，而不知諸家之割裂爲尤甚。」又曰：「爲人君父而不知《孝經》，則必無以立德教之極。爲人臣子而不知《孝經》，則必無以盡忠孝之倫。千古聖賢之道，只是一孝。千古聖賢之孝，只是一敬。堯、舜心傳在『精一』十六字，孔、曾心傳在『戰兢』十二字。」以故苦心二十餘年，其於經文奉之如神明師保，一字不敢增減移易。此《本義》、《大全》、《或問》所由纂註也。殆先太傅以身殉義，遭遇兵燹，不肖兄弟每奉是書避亂於河之南北，僅不絕如綫。琳以己亥謬叨一第，急欲廷對進呈，頒行是書，顧逡巡未敢。伯氏每貽書相戒以夙興勿忝之義，且謂《孝經》未行，深有日湮之慮。自先太傅手註《孝經》，而芝十八莖生於庭，乃甲午於今，新安青要諸山又芝草徧生，意者孔子二千載之精神，以待聖王之闡翼躬行，必有爲之叶應者耶？遂於癸卯之秋梓於淮上。嗟乎！《大全》諸書存，而千古學問、經術之原，帝王德教、政刑之本，庶不燬於秦火，輟於安石，割裂晦蝕於諸氏之説，固聖道之所係，氣運之所關也。寧獨不肖兄弟所深幸也哉！

康熙二年癸卯九月既望，不肖男兆琳敬述。

《儒藏》精華編選刊
已出書目

白虎通德論
誠齋集
春秋本義
春秋集傳大全
春秋左氏傳賈服注輯述
春秋左氏傳舊注疏證
春秋左傳讀
道南源委
桴亭先生文集
復初齋文集
廣雅疏證
龜山先生語録
郭店楚墓竹簡十二種校釋
國語正義
涇野先生文集
康齋先生文集
孔子家語　曾子注釋
論語全解
毛詩後箋
毛詩稽古編
孟子正義
孟子注疏
閩中理學淵源考
木鐘集
群經平議
三魚堂文集　外集

上海博物館藏楚竹書十九種校釋
尚書集注音疏
尚書全解
詩本義
詩經世本古義
詩毛氏傳疏
詩三家義集疏
書疑　東坡書傳　尚書表注
書傳大全
四書集編
四書蒙引
四書纂疏
宋名臣言行録
孫明復先生小集　春秋尊王發微
文定集

五峰集　胡子知言
小學集註
孝經注解　温公易説　司馬氏書儀　家範
揅經室集
伊川擊壤集
儀禮圖
儀禮章句
易漢學
游定夫先生集
御選明臣奏議
周易口義　洪範口義
周易姚氏學